晚清扬州私家园林

谢明洋 著

中国建筑工业出版社

图书在版编目（CIP）数据

晚清扬州私家园林／谢明洋著. —北京：中国建筑工业出
版社，2017.11
ISBN 978-7-112-21319-1

Ⅰ.①晚… Ⅱ.①谢… Ⅲ.①古典园林-园林艺术-研究
扬州-清代 Ⅳ.①TU986.625.33

中国版本图书馆CIP数据核字（2017）第248800号

　　本书选取遗存较完整的，具有代表性的八处晚清扬州私家园林为重点考察对象，从立意、布局、叠山、理水、建筑装饰、花木六个方面予以初步总结，并试图将造园现象还原至动态发展的历史事实中，从而形成对晚清扬州私家园林较为全面和清晰的认识。本书适用于建筑学、风景园林、艺术设计等相关专业人员阅读。

责任编辑：张　华
责任校对：王　瑞　张　颖

晚清扬州私家园林

谢明洋　著

＊

中国建筑工业出版社出版、发行（北京海淀三里河路9号）

各地新华书店、建筑书店经销

北京锋尚制版有限公司制版

北京中科印刷有限公司印刷

＊

开本：787×1092毫米　1/16　印张：21　字数：460千字

2018年4月第一版　　2018年4月第一次印刷

定价：**68.00**元

ISBN 978-7-112-21319-1

（31013）

序

　　古人造园不止于行文作画，追求可读、可观、可居、可游的境界。《说文解字》中"居，蹲也。二字为转注，若蹲则足底着地。若箕踞、则着席而伸其脚于前。"居指的是足底着地的蹲姿或者足部前伸的坐姿，不同于坐、跪等，都是比较放松，不拘礼节的停留状态，后引申为"居住、占有"等含义。而游字更为复杂。《说文解字》"游，旌旗之流也。"原指旗的流苏，为周礼中各个等级贵族的标志。《康熙字典》中"游"有十余种含义，如作为名词指上古河流的名称、帝王的离宫、天上的星星；作为形容词指悠闲自得，或玩物忘我的状态，或枝叶扶疏之貌。作为动词指游水，流动，漫行。而享誉海内外的扬州园林就是这样一种可以闲适地居游的空间，从而将人的身体感官和精神想象完融入到这人工营造的自然——可以诗意栖居的"城市山林。"

　　自中唐时期王维的辋川别业到清末民初余继之的餐英别墅，私家园林逐渐从郊野别苑演化为私宅后庭，从恢弘气象转为泉山勺水，从浪漫不羁变为精巧华美。士人阶层从山林隐逸的追求走向中隐之道，也把自然山水景貌更原型化、更意象化地转化在居住环境之中。晚清扬州的城市山林便是这种末世园林的典型代表。与整体建成年代稍早，即成型与明代和清初期的苏州园林相比，扬州园林的主要特征是：其整体布局是小型集锦园的特点，船厅、读书楼、戏台、觅句廊等多重场景并置并体现出天人感应、四季轮回的时空观念；擅用曲折的路径、花窗地穴等创造多样的视线关系以借景拓展空间；叠山脱离了峰石欣赏而发展出独特的中空外奇的扬派叠石技艺，追求山居意境，以残山剩水写仿真山气势；理水遵循汇水入园不外流的理念而有"天沟"的做法，水体形态仍沿用传统的方池静水，略有曲折蜿蜒的变化藏首匿尾，偶见"旱园水作"的案例。受南巡盛世形成的运河视角审美影响，园中运用山石与建筑结合、长楼复廊及"裏脚之法"等构建技巧构成复杂穿越的园林空间；园林植物偏重姿态欣赏和比兴含义兼顾四季有花，重视色香搭配。

　　在真实的历史进程中，苏扬两地园林呈双璧齐辉之势，各领风骚，甚至在清代中期至晚期的一百余年中，扬州园林的影响和评价高于苏州，尤其是建筑工艺与叠石技艺方面。造园大家计成的理论与实践在扬州园林中得到了更为集中和典型的展现，尤其是其最有代表性"影园"，为以董其昌为代表的文人阶层所推崇。此外，扬州文人绘画中个性张扬、求新求破的探索实验精神也在园林中有所体现，如石涛指导营造的片石山房，于咫尺方寸中将空间虚实相映，气象万千。

　　我的博士生谢明洋出生于南京，她自幼学习绘画时，就经常在江南各处园林中写生，从而对江南园林的美有了初步的了解，这也是她与园林的不解之缘。谢老师的博士论文正是以扬州园林作为研究对象。在调研过程中，她克服了诸多困难，认真地拍摄记录，调研测绘，查询档案资料，并精心绘制整理有关图纸，取得了丰硕的成果，填补了这一领域某些重要的空白点，值得充分肯定。如今有些扬州园林的文献已是孤本难求，亲历园林变迁的老人也为数甚少，亟需更多的专家、学者和爱好者去探索扬州园林许多不为人所知的奥妙和故事，去带领我们畅游隐身于绿柳城廓中的这些历史园林的传世杰作！

刘晓明

北京林业大学园林学院教授、博士生导师
中国风景园林学会副秘书长、常务理事
中国圆明园学会皇家园林分会会长
2018年4月9日

　　私家园林看江南，江南园林看苏扬。明清时期苏州、扬州两地的私家园林堪称双璧生辉，各领风骚。

　　扬州位于长江之滨，水土丰盈极适合叠山理水做地景文章，自唐宋即有营造住宅园林的传统，杨鸿勋先生称之为"城市山林"。自宋始，中国经济与文化中心转移至长江流域，苏、杭、扬、宁逐渐发展为经济文化高度繁荣的中心城市，初步构成长三角经济体，历史上富庶"江南"的概念随之形成。明清江南豪门望族在汉族文化圈成为主导力量，综合了各门类艺术的江南园林随之发展至鼎盛时期，甚至深刻地影响到清代的皇家造园艺术。历史上的扬州园林曾名满天下，如清代李斗《扬州画舫录》援引当时著名文人刘大观的评价"杭州以湖山胜，苏州以市肆胜，扬州以园亭胜，三者鼎峙，不可轩轾"；"扬州以名园胜，园林以叠石胜"；乾隆时期传"东南园林甲天下，扬州园林甲东南"；清钱泳《履园丛话》称"造屋之功，当以扬州为第一"等。扬州虽地处江北，但因位于明清时期两条中国交通命脉运河与长江交汇处的地缘优势成为江南城市中沟通南北的一个重要区域。明代的扬州被列为中国十六大城市之一，至清中期，客居扬州的徽商垄断了两淮盐业，长期为朝廷贡献近40％的税收。财富资本的高度集中带动了一系列的消费产业，同时本地文人士绅阶层致力于扬州的文化重建，经学、绘画、小说、戏曲、烹饪、工艺美术、雕版印刷水平均为全国之最。盐商出于政治邀宠和私人享乐等目的兴建了包括私宅别墅、酒肆茶坊、寺观庙宇、书院诗社等各种形式的园林，数量与规模居全国之首，扬州逐渐成为一座山水园林城市。1757年全国水患后，清乾隆帝第二次南巡确立了以准备第三次南巡的名义刺激经济的思路，扬州西北郊蜀冈瘦西湖一带由盐商私人投资，政府资助维护，公众使用的湖上园林集群大规模兴建，形成中国造园史上最后一次高潮。融合了皇家营造与苏南技艺并有所创新的扬州园林形成了自身的艺术特色与成就，一时间"扬州以亭园盛，亭园以叠石胜"的说法获得全国的认可，"扬州园林"也成为一个相对于"苏州园林"的概念，成为江南园林的两大风格之一。需注意的是，此时的扬州园林虽对公众开放，但并非真正意义上的"公共空间"，而是仰仗皇帝赋予的垄断特权生存的扬州盐商群体为取悦乾隆帝而建造的"帝王游览专线"，本质是构建在运河之上的一个皇权空间。湖上园林集群的布局朝向、造型体量、色彩装饰等均以皇帝船行时所见所感为核心安排构思，并未充分考虑民众经营与使用的具体功能。但是，这一阶段湖上集锦式园林的营造思想潜移默化并持续地延续到其后一百余年晚清扬州的城市造园活动中。

皇帝停止南巡后，湖上园林因没有可持续的运营管理模式而疏于维护，且1820年扬州府终止了维修基金的支出，因此迅速衰败。1832年两江总督陶澍改革两淮盐法，裁撤根窝，大批盐商破产，加之鸦片战争与太平天国运动的影响，扬州的造园活动一度中止。1864年曾国藩主持盐业改革重新培养具有垄断性质的大盐商以增加盐政税收，李鸿章基本继承了这一政策，因而清末的扬州又造就了一批新的以盐商为主的资本集团，如卢绍绪、周扶九等人，扬州城内再次形成私人造园的潮流，直至民国初年铁路开通而漕运停滞，扬州的城市地位被上海所取代为止。

综上，可将清代扬州园林划分为三大类别。一是明末清初以影园、休园为代表的文人士流私家园林。扬州是南明政权存续的重要地区，汇集了大量明末汉族文人、商宦阶层，客观促进了以集会社交为目的、以文人雅趣为审美主旨的别墅园林营造活动，如计成设计、郑元勋的影园及其兄弟的休园等。石涛等艺术家的直接参与造园主导了当时园林艺术的格调并对后世产生了深远的影响。当时城内有九峰园、乔氏东园、秦氏意园、小玲珑山馆等名园，至康熙南巡期间多往城西北郊转移发展，如当时的八大名园王洗马园、卞园、员园、贺园、冶春园、南园、郑御史园、筱园，构成乾隆时期湖上园林的基础。这一阶段的园林已经没有原址的实物遗存，但造园的风气与品味自上而下逐渐影响到扬州各个阶层，扬州城也形成群众性的营园风气。

二是清中期乾隆帝南巡时期，两淮盐业垄断政策培育的一批大盐商为寻求政治资本而在瘦西湖一带大规模兴建的湖上园林集群。以清朝帝王贵胄扶植的包衣官员为核心，逐渐形成了依附皇权垄断获取暴利的盐商集团，他们为博取政治资本而集体投资兴建蜀岗瘦西湖公共风景园林，刻意营造安居乐业的富庶江南景象以缓解社会矛盾，获得皇帝的信赖。这些园林具有私人投资、公众使用的性质，多与寺庙茶坊宗祠等公共场所结合，园主极少自住。湖上园林布局以船行路径的视角为主线核心，建筑群的最佳观赏立面正对运河，甚至以"档子法"弥补真实景物的不足。由于兴建湖上园林的主要目的是获得接驾之功，取悦皇帝，因而山水建筑大量吸取北方皇家园林和建筑的特色元素加以创作想象，例如湖上白塔、彩色琉璃屋顶，艳丽雍容的色彩搭配等，与宫廷院画、界画等风格相近。当时瘦西湖一带的"虹桥二十四景"伴着青楼美酒的梦景，召唤着全国的文艺青年前往游历。《扬州画舫录》中刘大观等人的记述正是对此时繁华城市面貌的感慨。这些园林由于帝王停止南巡而迅速衰败，除部分被寺庙风景区接管，多数于太平天国起事前已荒芜。

三是目前遗存较为完整的，于晚清即1820年后城内改建或新建的私家园林。乾隆年后，嘉庆帝打击官商勾结腐败行为，扬州盐政也逐渐衰微，湖上园林迅速衰败。至同治年间，扬州的经济又出现了短暂的恢复，各地商贾聚集，迎来了第三个园林建设繁荣期，即李霞在《说扬州：1550—1820年的一座中国城市》一书中界定的道光至清末（1821~1912年）期间。这个时期的扬州已经形成了比较发达的商品经济及初步的资本市场，手工业、实业与民间金融市场活跃。随着洋务运动和西方商人、传教士大量来到扬州，西方的文化思想与科学技术也深刻地影响到社会的各个方面，包括造园活动。现今扬州的园林遗存多为这一时期的富商、官员所营造，数量众多，保存基本完整，其中规模较大者多在前朝旧园的基础上增建改建，如个园、何园、棣园、小盘谷等，完全新建的园林如汪氏小苑、蔚圃、刘庄、珍园等则无力大规模叠山理水布局城市山林，多以寸草片石写意诗画意境，实为庭院空间的延伸。在本书列举的八座园林中，何园、瓠园、小盘谷主人为有经商经历的朝廷官员,逸圃主人为钱庄老板,其他均为盐商。其中何园主人何芷舠、汪氏小苑主人汪竹铭、小盘谷主人周馥为安徽人,个园主人黄至筠为河北人,棣园主人包松溪为江苏丹徒人,二分明月楼主人贾沅籍贯未知,瓠园主人何廉舫为江苏江阴人,逸圃主人李鹤生为扬州人。这些园主人多为外来移民,具有文人和商人的双重身份,有的盐商即使本身文化不高也会聘请有声望的文人参与造园以获得身份认同,如汪氏。他们营造的私家园林为家族第一居所,具有完整的礼仪空间格局,体现出家族传承的思想,更有商业洽谈接待、举办社会活动的需求,因而空间功能组织更加复杂,形式兼有文人意境和富丽豪华及民俗传统的特点,形成晚期扬州本地的私家园林特征。

借引顾凯在《明代江南园林研究》中对于晚明是江南造园风格转折的观点,晚清的扬州城市私家园林正是这个转折后的结果,是一种具有自身独立的形态审美价值(景物形式营造有其相对独立的评价标准)的自足的艺术。计成所著《园冶》中所总结的造园理法在扬州园林中得到比较集中的体现,尤其是借景的原则和掇山选石、屋宇列架部分。"……直到明末郑元勋营造、计成设计的影园,为扬州私家园林的建设开启了以计成思想及手法为核心的造园源流。"[①]就具体景物营造技法上的突出转变而言:清代扬州私家园林中多为纯石叠山,偏离了宋明时期峰石欣赏的审美传统转而追求真山气象;理水虽仍以方池镜水形式为主,但形态发生了转折变化;花木以姿态欣赏为主;建筑上则出现多种形态的廊甚至双层复廊的大量运用。晚清的扬州城市私家园林是在前两次造园高潮遗留的文化和物质基础上形成的,总体继承了清初文人士流园林的造园特征(如竹石芍田、觅句廊等);延续了清中期湖上园林的运河视角带来的审美意象及叠石理法与建筑复杂穿越的特色,并吸收了徽州、西方等外来艺术的部分形式,融合创新后发展为现有的私家园林风格,也是江南古代造园的最后辉煌。

谈古论今,研今必习古,应知我们从何而来,方可问我们将向何处去。国人有崇古之传统,虽时有怀疑,却从未真正失去文化的自信。以现代人居环境设计的视角重新回顾古代园林艺术,是寻根之旅,更是开拓之行,愿求真切,去芜杂;尽精微、致广大,是以本书与诸君共勉。

① 都铭. 扬州园林变迁研究(国家自然科学基金资助项目)[D]. 同济大学博士学位论文,2010,3.

目 录

序
前 言

第一章

晚清广陵城景

扬州古称广陵，自隋炀帝开京杭运河而始称扬州，因位于运河、长江交汇处成为交通枢纽，历代为东南重镇，是运河在江南地区的最大港口。扬州不仅连接运河，也是连接广州南海一带海运的重要港口，因而在江南城市中呈现出极为多元开放的文化特征，与以汉人士族文化为主流的苏州、南京等地不同。扬州现存的古代遗迹主要有：隋炀帝陵墓及其建造的迷楼遗址；为唐代鉴真东渡而建的大明寺，天宁寺等八大禅寺、宋夹城遗址及北宋欧阳修、苏东坡等文人官僚的府邸；始建于明代的清真寺；西方传教士普哈丁之墓；明末抗清名士史可法的衣冠冢、皇室遗孤画师石涛和尚墓；疏浚运河支流营造的蜀冈瘦西湖风景区；南北商号聚集的东关街、南河下会馆集群等等。扬州自古以来就是一座极具包容性的城市，其文化的丰富与糅杂性为江南地区所独有。

在中国园林历史研究的背景和语境下，"扬州"具有两层含义。一是政治地理的宏观视角中的行政区划的概念；二是在文化历史认知中的含义，即在特定时期发生的关于扬州的历史事件事实及其产生的影响的总和。"扬州"的概念应当结合本书探讨的特定领域内容予以进一步明确。

从地理与行政区划来看，"扬州"在中国明清以来是一个逐渐缩小的地方区划范围。明朝扬州府虽地处江北，却是整个江南地域中的中心，先属京师，后归应天府，崇祯时期改属苏州府，下辖高邮、泰州、通州3州和江都、仪真（今仪征市）、宝应、兴化、泰兴、如皋及海门7县，辖区范围基本上相当于今日扬州市、泰州市、南通市以及盐城市南部。**(图1-1)** 清朝扬州府属江南省，后归江苏省，辖区范围有所缩减，下辖高邮、泰州和江都、甘泉、仪征、兴化、宝应、东台8县 **(图1-2)**。直到新中国成立后的今天，扬州仅是江苏省的一个占地约6600余平方公里的地级市，下属江都、广陵、邗江三区及宝应一县。

从地方志图纸中可以看到清代的扬州古城与现在的范围大致相当，是临京杭大运河与长江交汇口北直线距离约12公里的一处水陆汇聚枢纽，属于原江都县的广陵地区。本书研究的晚清扬州私家园林也可称为"广陵私家园林"，因而需进一步厘清"扬州"在园林研究范畴内的含义。

首先，扬州作为一个有数千年历史的江南名城，其概念的内涵与外延已经超越了城市的政治区划概念的层面，是一个刻画在人们意识中的"烟花繁华"之都，如画家韦尔乔称"扬州是宋词般的城市"。历史上的扬州既是浮华的销金洋场，也经历过数次惨痛的屠城之难；来自全国甚至世界各地的商帮、文人、艺术家亦汇聚于此。这种复杂变迁和长期不同文化交融荟萃的过程赋予"扬州"这个地域概念厚重的故事性和强烈独特的个性特征，其文化概念大大超过了其地理空间范围。

其次，在中国古典园林风格体系中，清代的扬州在园林史上具有特别的位置。"扬州园林"作为一个典型的概念呼应"苏州园林"的提法，便于清晰直接地联系和比较江南园林，尤其是私家园林的两大体系。在长三角文化圈中，一直存在以长江为地理和文化界限定位"江北"与"江南"两种亚文化圈的现象：前者较多受徽、晋文化的影响，后者较多受苏、浙文化的影响，彼此之间也有非常紧密的联系和相互的影响渗透。虽然苏、扬两地仅一江之隔，文化特征却存在较大差异。建筑与园林历史学界"扬州园林"的提法已经具有较为具体的内容和较为广泛的影响，与"苏州园林"、"杭州园林"共同构成江南地区汉文化圈中的"明清园林"概念。

图1-1 明代扬州府界限示意图   图1-2 清代扬州府界示意图

清朝（1636～1912年）是中国最后一个皇权王朝，前后延续了276年。本书将研究的时间段定为"1821～1912年"这个时期，历经道光、咸丰、同治、光绪、宣统五朝，如果按照年代所占比的分配，应是晚清时期。这一百年的中国经历了短暂的同光中兴的历史阶段，国民生产总值位于全球第一，洋务运动取得丰厚成果，北洋舰队的规模和实力号称东亚第一，直到1894年甲午海战与明治维新进程中的日本对赌国运，战败之后清政府的信用尽失，其统治迅速土崩瓦解。这一时期的中华民族经历了太平天国运动与鸦片战争，英法联军破坏皇家园林等事件后，第一次睁开眼睛看世界，第一次真正打开国门，开放思想，引入了西方的理念与技术，走上民族奋发之路，也被称作"后鸦片时代"。对于扬州经济发展至关重要的盐政在清乾隆朝后逐渐衰落，直到晚清曾国藩与李鸿章推进两淮盐政改革，以"捐票输本，循环转运，招商联保"[①]的方式选择大商人，放弃小商人以保证课税，扬州的经济才有所复苏。1821年即清道光元年，嘉庆帝薨，中国进入晚清时代。经过实地考察，现存几乎所有城市私家园林均兴建于1821年以后（最早的个园动工于1818年）。直到1905年左右，上海成为租借地发展60余年后，成为全国的经济与文化中心，扬州的上流阶层与演艺文化阶层也大量迁往上海，扬州的繁华都市文化也逐渐衰落消散了。19世纪后期的扬州已经跌入了前所未有的历史困境，如《广陵潮》第五十七回对扬州的城市描述，就定位为"僻处江北，斗大一城"。

简言之，本书题目中的"扬州"并不是政治与地理区划中"扬州府"或今日"扬州市"的概念，而是指清代扬州府江都县广陵区扬州府城这一地理范围及以其为中心辐射整个明清"江南"概念中长江以北文化圈的历史与人文特质的总和。并且，根据造园现象呈现的结果，将研究的视角定位于晚清，即1821～1912年的扬州城（**图1-3、图1-4**）。

---

① 倪玉平. 李鸿章与晚清两淮盐政改革. 安徽史学, 2009,（1）.

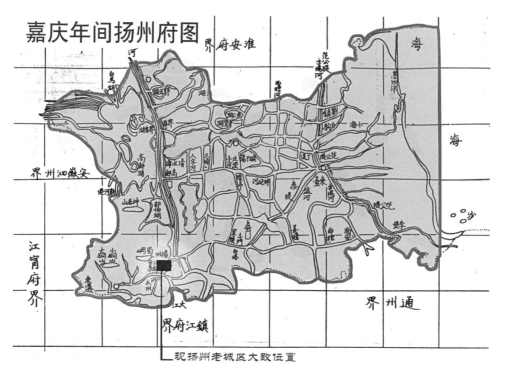

图1-3 嘉庆年间扬州府图（作者改绘自《扬州府志》）

扬州历来是消费型城市，城市人口主要从事商业、手工业等。扬州古城的形成是一个逐渐更新的过程，也称为"巷城"，新中国成立前有老街巷506条之多，宽者达6米，窄者仅1米有余，主街巷的高宽比接近1，给人舒适的封闭感受。今日老城区内尚存约60万平方米的传统民居，为全国地级市之最（全国重点文物保护单位6处，省级文物保护单位13处，市级文物保护单位129处）[①]。

历史上的扬州城虽繁华一时，却几度经受惨痛浩劫。第一次大规模屠城发生在元嘉二十七年（公元450年），北魏太武帝拓跋焘对峙南朝时撤军北退，在扬州大肆杀戮，之后因内战又经历六七年的兵乱之灾。第二次是明末清初清军入关遭到江南汉族民众的殊死抵抗，攻打扬州时史可法带领全城军民奋战至最后一刻，导致清军损失惨重，占领了扬州城之后展开了报复性的残酷屠杀，著名的《扬州十日》记载了这段惨烈的屠城经过。第三次大规模破坏是1851～1865年期间太平军和清军在扬州"拉锯"，太平军11次攻打扬州城，其间3次占领扬州，每次占领后均有报复性的破坏行为。扬州城外的湖上园林全部被烧光，著名的莲花桥只剩石基，城中私家园林也遭到抢掠或者由于园主不甘私产被夺走而自发地破坏等。清乾隆以来扬州园林的鼎盛面貌遭到了毁灭性的打击，此后扬州的繁华与风光也走向了衰败。平定太平军农民起义后，列强环伺，西学东渐，国内政治与经济

① 赵立昌. 扬州传统民居建筑特色与风俗习惯［Z］. 中国民居建筑年鉴（1988～2008）.

图1-4 清代扬州城位置
（作者改绘自清《江都县志》）

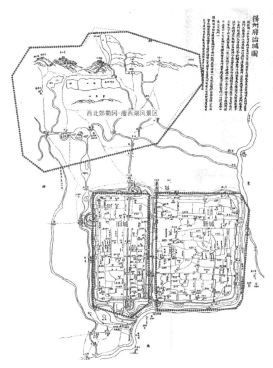

图1-5 清扬州旧城
（作者改绘自扬州市档案馆资料）

形势都极不稳定，国库空虚，官场腐败，清政府不得不自上而下地接受外来文化，重用南方的汉族官僚，展开洋务运动，以求奋发自强，攘外安内，维护统治。清朝出现了短暂的"同光中兴"，维持了数十年回光返照般的复苏景象。商业、实业受到一定程度的重视，成为晚清政治力量的依靠。此时扬州的盐商等大多是同光名臣的幕僚，为政治变革、实业发展等提供资金支持，甚至直接参与其中，如小盘谷主人周馥、何园主人何芷舠、瓠园主人何莲舫等。现存的扬州城市私家园林遗迹多数是这个短暂复兴时期直至民国初年的遗迹。

根据清代同治年间的《扬州府治城图》（图1-5）等资料可以看出，晚清扬州老城范围是从现在的西至淮海路，东至泰州路，南至南通路，北至盐阜路，总面积约5.09平方公里。根据《画舫录》、《怀旧录》、《揽胜录》及朱江《扬州园林品赏录》等资料梳理可看出，扬州城自明末清初即以南北向的小秦淮河为界，分为"新城"和"旧城"两部分，先有旧城，后连新城，有"新城居商贾，旧城居儒士"的说法。旧城街巷格局遗有唐代鱼背式排列缩影，和长安街巷的格局相似，而尺度略小，有秦氏小盘谷等一些文人园林遗迹，可惜今日皆无遗存。大部分晚清城市私家园林建于小秦淮河东的新城，分为"新城北"及"新城南"两大部分，大致以文昌路为界。

新城北部以东关街为核心，聚集有山陕会馆、黄至筠个园、安徽盐商马曰琯、马曰璐的街南书屋及小玲珑山馆、李长乐将军府邸、盐商华友梅住宅、逸圃、汪氏小苑、冬荣园、瓠园、胡仲涵住宅等园林及建筑遗存。东关街是扬州东西向的四条主要交通要道之一，明清以来逐渐成为盐商的居住地，街巷西首曾有"盛世岩关"砖砌圈门，东首在城市建设中已考古发掘出唐宋东门遗址。

　　新城南以南河下街区及广陵路为核心，聚集有明朝的治水机关准提寺、运河边上储存粮食的重要粮仓广储仓（今无存）、纪念隋朝治水的一位官员的二郎庙、盐商用来救济的公益慈善机构盐义仓等等。南河下地区是清朝盐商聚居的地域，有汉代就存在的后土祠琼花观，扬州仅存古代书院的遗址梅花书院，包括寄啸山庄、片石山房、湖南会馆（棣园）、平园在内的花园巷八大园林，建于康山草堂遗址的卢氏盐商住宅，吴道台府邸，两江总督周馥府邸小盘谷等，还有岭南会所、江西会馆、安徽会馆、湖北会馆等。（图1-6）

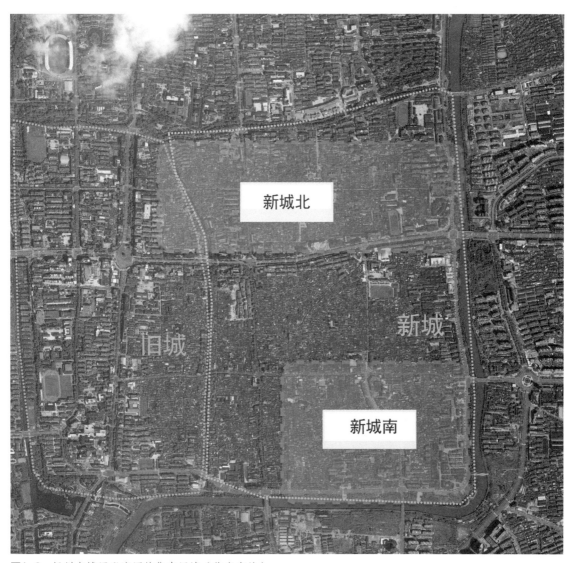

图1-6　扬州老城区私家园林集中区域（作者自绘）

文人商宦往来

    清军入关后，江南经济文化重镇扬州成为明末汉族士人阶层聚居处，扬州商宦以诗文酒会结交天下文士的风气十分盛行，一直延续至清中晚期。《扬州画舫录》称"扬州文讌，一时盛于江南"[①]。扬州的盐商有结交、资助豢养才学之士的传统，一方面为抬高声望，另一方面则为自己积累文化资本[②]。而励志读书治国的文人若科举无望，只能靠开私塾、为戏班青楼写曲、占卜、游幕、出售书画或依托于豪门富室，以之为衣食之所。文人与商宦间形成非常密切的关系，特别是在晚清实业救国的风潮下，文人与商宦的身份存在相互转换的现象，一些文人弃儒从商，捐资补贴军饷或资助文人，刻书藏书；巨商亦重视为子女重金聘请文人教师，以期科举入仕，光耀门楣。

    清代扬州士商往来结交的著名事例有：清初祖籍安徽歙县的郑氏四兄弟以盐业起家，各自筑有园林。长兄郑元勋（1604~1645）明天启年间与冒襄等在扬州结社，崇祯二年入复社。崇祯八年请计成来扬州设计影园，历时十年建成影园，作《影园记》，并举行影园集会，编《影园瑶华集》3卷，并录存梁于溪等18人所作影园黄牡丹诗。尤其是郑元勋延请董其昌游园，为影园提名，并论述了中国绘画的南北宗理论，被认为是扬州文界与园林界的一个产生深远影响的重要事件。清初郑元勋任吏司主事，继续结交南明复社文人名流钱谦益、侯方域等，在扬州文坛有着很高的声誉。孔尚任康熙年间任国子监博士，居于淮扬，与冒襄、龚贤、石涛等人往来密切，于琼花观、虹桥组织修契活动，其著名戏剧作品《桃花扇》即以侯方域与李香君的爱情故事为蓝本。

    清中期两淮盐运使卢见曾（1690~1768）组建幕府，广招贤才，甚至与京城要员如纪晓岚等人结为莫逆，并曾资助吴敬梓出版了《儒林外史》。康熙帝在江南的包衣人兼耳目曹寅（1658~1712）好藏书，精通诗词、戏剧及书法等，曾奉旨主理扬州书局校刊《全唐诗》等，为江南遗民文人群体认同推崇；盐商马曰琯（1687~1755）、马曰璐（1701~1761）筑小玲珑山馆刻书藏书结交文士，资助郑板桥、全祖望、金农、厉鄂等名家，《清稗类钞·师友类·扬州鹾商好客》云："扬州为鹾商所萃，类皆风雅好客，喜招名士以自重，而小玲珑馆马曰琯（号秋玉）、马曰璐（字佩兮）昆仲尤为众望所归。时卢雅雨任转运，又能奔走寒畯，于是四方之士辐辏于邗……"[③]马氏兄弟为乾隆帝《四库全书》所进呈的图书多达776种，为个人捐赠最多的藏家之一。两淮八大总商，负责接驾清乾隆帝六下江南的盐商江春（1720~1789）筑康山草堂（现为卢氏盐商旧宅），东园、净香园等，寓居过蒋士铨、卢见曾、程午桥等人；其兄弟江昉筑紫玲珑阁招待四方游学之士。《广陵纪事》卷7记载：阮元在江昉死后所作的挽诗中有"从今名士舟，不向扬州泊"之叹[④]。两淮盐运使曾燠是乾隆晚期介入盐商园林聚会的一位重要官员。《扬州画舫录》卷七称其："转运往扬州，且接宾

---

① ［清］李斗. 扬州画舫录（插图本）［M］. 北京：中华书局，2007.

② 文化资本（le capital culturel）是一种已被广为接受的社会学概念，由皮耶·布迪厄首先提出。是指包含了可以赋予权力和地位的累积文化知识的一种社会关系。

③ 徐珂. 清稗类钞［M］. 北京，中华书局：3609.

④ 徐永斌. 明清时期扬州与文人治生［J］. 安徽史学，2011，6.

客，夕诵文史；部分如流，筋咏多暇；著有《邢上题襟集》。"清乾隆五十八年秋，曾发起修禊汪氏南园，一时众人云集，赋诗绘画，堪称盛事。①盐商、大收藏家安麓村（1683~1745）曾重金延请诗人及散文家袁枚，赠路过扬州的学者朱彝尊以万金；集盐商、官员、诗人、学者身份于一身的程梦星（1678~1747）筑筱园，召集文人雅士举办诗文集会，编纂了《扬州府志》、《江都县志》、《两淮盐法志》，撰写了《平山堂小志》等。《浮生六记》作者苏州的沈复夫妇曾经多次到过扬州，亲历过乾隆南巡的盛况，对扬州园林评价很高，称其"工巧精美，不能尽述，宜似艳妆美人"，在建筑方面"奇思幻想，点缀天然，即阆苑瑶池，琼楼玉宇，谅不过此"。其妻芸娘客死扬州，葬在扬州城西金桂山。

晚清同光中兴时期八大盐商之一黄至筠（1770~1838）筑个园并结交文士，其子辑佚大家黄奭拜阮元、江藩等为师；包松溪筑棣园结交《浪迹丛谈》作者梁章钜，为友人刻印《瓶花书屋医书》，结交《海国图志》作者魏源等；瓠园主人何栻（1816~1872）为曾国藩幕僚，与屈大均、梁佩兰、陈恭尹、吴韦、王隼等往来，创立湖心诗社。寄啸山庄主人何芷舠留寓黄宾虹近三十载，倾其书画珍藏等供黄临摹学习，宾虹终成一代大家。除商宦宅园外，当时扬州城内有梅花书院、资政书院、维扬书院、安定书院、虹桥书院可供来扬文人讲学栖息。这种气氛无疑推动了清代扬州学术文化的发展，也不免出现一些文人行骗寄生的变异现象。总体而言，这种商宦文人诗酒聚会，流寓往来的现象打破了明以前单纯文人身份的"雅集"，是清代扬州独特的文化现象。

直至清末光宣年间，扬州盐商势力衰微，扬州文人追怀康乾时扬州文会之盛景，创办了我国近现代文学史上的著名诗社"冶春后社"，每逢花晨月夕，醵金为文酒之会，刻烛催诗，是扬州地方名流、文化学者等集结的文学团体。在刊行文学诗集的同时还搜集整理与扬州有关的地方掌故、趣闻轶事、风俗人情等方面的史料，刻印出版。如杜召棠的《惜余春轶事》、汤寅臣的《广陵私乘》、刘介春的《扬州艺坛点将录》、王振世的《扬州览胜录》等，是传承维扬文化的一支重要力量。直至今天，这种民间的研习的氛围虽零散，但仍然十分活跃，形成昆曲、古琴、金石、玉石、盆景、古建、叠石等不同领域的文化圈，并相互交融影响，构建了扬州文人文化阶层的坚厚基础。

总而言之，这种商宦文士身份互换、密切互动的风气深刻地影响了清代扬州私家园林的构园理念，在晚清时期的私园中仍可见到大量戏台、藏书楼、书房、觅句廊等与文人聚会活动相关的空间，如刘庄、何园、棣园的戏台，小玲珑山馆、个园的觅句廊，何园公子读书楼、棣园藏书楼等等，几乎成为富贵之家互相模仿的流行模式。

① 汪崇筼. 清代徽州盐商的文化贡献之三：园林聚会［J］. 盐业史研究，2005，4.

　　"中国山水画自晚唐始，延续了一千多年，至今仍列中国画之首要地位，这种持续性在人类历史上各类艺术题材中是极为罕见的，只有欧洲中世纪的宗教绘画可以与之相较。"① 农耕社会的中国人靠天吃饭，仰赖自然，在恐惧和依赖的矛盾心理状态中逐渐形成了"寄情山水"这样一种独特的环境观。古人造园"师法自然、虽由人做，宛自天开、天人合一"等观念的原则体现出一种主观审美的态度，将自然看做人内心感悟的投射，并不像西方人一样欣赏纯粹的、客观的自然美。山水绘画布局宏大、要素复杂、寓意丰富且含蓄、人被隐藏其中，充满了暗示，绘画的过程即是一种追求精神体验的修行。历代山水画大家王维、苏轼、黄公望、倪瓒、吴震、董其昌都是居士或者习禅之人。他们画的并非是肉眼能看到的山水，而是通过对山水的描绘来表达自己心中所修炼的境界。整个画面不需要与真实肉眼看到的世界一致，只需将心中所想的宇宙万物的规律对应上自然与现实中的景物一一完整展现即可。所以山水画不需要体现人眼视角的透视关系，而是运用"以大观小"、"小中见大"的手法，即把山水画家自己看做是一个巨人，面对自然，如做盆景观。行云流水般的走笔和落墨，代表这"心念"的无住与生灭，"山"寓意着人的心念之本体如不动，而"水"寓意着"念头"的流淌与起伏，树木暗示着山与水的关系如纤丝缠绕，互为彼此，生生不息，正如山水之骨血上的毛发一般，而山水画面中的"人"则是指那寻找精神之本来面目的"修道之人"，在"山—水—树"之间体悟"本体—欲念—生长"的关系。"云雾"代表着求道人心中或多或少的疑惑，或者直白，或者含蓄。建筑的出现表示修行人在求道途中出现的境界，以及心的归属之境（心斋），"道路"象征着求道过程的蜿蜒曲折，或者就是"道"之本身。远处山涧的瀑布象征着"识本还源"，"桥"意味着由此岸及彼岸，是境界的转换，"船"象征着"渡"或者"逍遥"，修行之人游走于人间与世俗之外，"庙宇"则代表着追寻人类精神之本的知识与方法，相当于世俗中的学校。中国的园林或多或少以山水画为蓝本，以营造意境为主旨目标。园林中的山、水、建筑、道路、草木都是描绘意境的素材，是创造这样一个精神世界的具体载体。对人类精神实相的描述，才是古人画山水画、造山水园的真实原因。

　　山水审美是贯穿整个中国文人文化主线的重要特征，山水绘画的历史与园林中的叠山理水的历史基本同步，明清时期文人画最为成熟丰满的时期，正是江南文人园林最为兴盛的阶段，甚至文人园林的风格深刻影响了清朝北方皇家园林的设计和建造，这种自下而上的文化传递现象在世界各国的历史阶段都是极为罕见的。北宋画家郭熙的《山水训》、《林泉高致》、《画意》、《画诀》、《画题》均谈及山峰的各种形态关系，是后来园林假山造景的基本依据。如龚贤《柴丈画说》指出："构思位置、要无背于理，必首尾相顾而疏密得宜，觉于宽平易而高深难，非遍游五岳，行万里路者，不知山有转折而水有源委也。"指出造景能力源自作者对自然山水形态规律的深刻理解与领悟。饶自然《绘宗十二忌》谈到"山无气脉，水无源流，境无夷险，路无出入，石止一面"等问题亦适用于

---

① 石溪谷. 古人为什么要画山水画［N］. 中国文化报.

园林造景的山水造景标准。郭熙的山水审美原则如"山以水为血脉，以草木为毛发，以烟云为神采；故山得水而活，得草木而华，得烟云而秀媚。水以山为面，以亭榭为眉目，以渔钓为精神；故水得山而媚，得亭榭而明快、得渔钓而旷落；此山之布置也"。李渔的《芥子园画谱》中谈到的山论三远法、宾主朝揖法、垂石隐泉法、山口分泉法等处理地形骨架、山水轮廓的指导性原则和画石间坡法、云林石法、二米石法等处理局部元素的技巧也部分体现在当时的园林营造中。

根据史料研究来看，清以前的扬州地区没有产生过艺术水平特别高超的画家，没有形成自己的绘画流派，基本处于追随外界风气的状态。扬州的文化地位和文化形象是在清初的重建中慢慢被发掘和重塑的。明末清初出现的唐志契所著《绘事微言》是当时江南最重要的一部画论著作。文中提出"画尊山水"的观点，将山水画的地位提高到各科绘画之首，将禅宗概念变形后引入绘画批评的领域。董其昌本人兼有地主、官员和文人三种身份，其绘画理论和实践对中国明清时期文人画的发展起到了重大的作用。他的"南北分宗"和"画禅"理论影响极其深远，对文人画的内涵有了相当全面而成熟的认识和总结，提倡文人画中为了"意"的表达而改编或者创造一些物象。根据明扬州盐商郑元勋《影园记》中记载，明崇祯五年（1632年）董其昌至扬州会见了郑元勋，并切磋画意，谈论六法，讨论了山水画的南北宗观点，扬州画坛逐渐形成崇南抑北的风气直至以扬州八怪为代表的文人画派成为晚清绘画的主流。至清末，扬州本地画师亦形成一支传承脉络，"扬州画师初推小某，小某以后推若木，若木以后当推石湖"①。

清代的扬州画坛大致可梳理为三条线索：一是明末至康熙、雍正、乾隆时期，复兴的扬州文坛开始需要技术性较高的画师来满足士人们在文事中的要求，故而许多职业画师的作品被文人广泛接受，这些职业画师的作品多推崇宋元画风及吴门四家的风格，如王云、袁江、袁耀、计成等。二是以石涛、龚贤、查士标等人为代表的黄山派及新安派等，即重传统笔墨，又重师法造化，具有介于古典山水与写意山水之间的特点。"这和盐商中的新安商人有着密切的联系，因此，扬州的文人画也多了一份世俗和商业的味道"②。三是清中晚期的扬州成为全国艺术市场的中心，文人画家成为职业，包括郑燮在内的扬州八怪等推崇以书入画，重笔墨写意与情感表现的创作风格，开启了现代山水绘画的先河。据《扬州画舫录》记载，清中晚期扬州本地和旅居扬州的画家达八十三人，书法金石家五十一人，如金农、黄慎等，可谓盛极一时。

王云为扬州府高邮人，其画作继吴门四家仇英、沈周风格，既有外师造化的写生功底，也有心中得源的笔墨创新意味，康熙时驰名江淮。其界画作品《休园图》写实地再现了郑侠如的私家园林景观面貌。王云在临摹的基础上创作的《丹霞仙馆图》和《桃源仙境图》**（图1-7）**从一个侧面体现出当时山水绘画创作中已经形成一些比较成熟的意境模式，在园林营造中不断地再现。扬州园林中黄石假山的堆叠讲究气势，峰峦叠嶂的形体与《丹霞仙馆图》十分相似，应是与宫廷院画描绘的北派山水是一脉相承的。袁江、袁耀均为扬州人，活跃于清康乾时期，描绘了《东园》及《扬州四景》等大量的园林绘画作品，受到当时扬州晋商的追捧。"南北宗"之说获得广泛认同后，文人画

---

① 董玉书. 芜城怀旧录［M］. 南京：江苏古籍出版社，2002：31.
② 阎安. 清初扬州画坛研究［D］. 中央美术学院人文学院博士学位论文.

成为清代画坛的主流，界画被视作工匠所为，有"画有十三科，山水打头，界画打底"的说法。但袁氏的创作并非纯粹的写实描绘，而是更多融入了画家的主观创造，在继承隋唐宫廷画的基础上进一步创造性地发展。具体说来，他们的画风秉承唐宋时期青绿山水富丽豪华的风格，重视细节描绘的精确性和色调的丰富变化，又受山水文人画的影响注重山水与建筑的关系和布局，并结合历史典故记载创造出场景的意境，富于创新。例如袁耀作《桃源图》描绘隐逸于山谷中的恬美村舍，依山傍水，曲折有致，建筑构造严谨，朴素雅致，具有浓郁的文人画意。

石涛（朱若极）在史料中被记载为画家和叠石家两种身份，主要被认为是清代最具有代表性的画家之一，提出"笔墨当随时代"，"无法而法"的观念，其山水创作及画论为扬州后来的叠石审美标准提供了范本，启迪了之后的扬州八怪，一扫主流传统绘画日渐僵化的风气，开启了中国画坛的水墨新风。石涛貌似反对四王，其实是反对当时文人画坛盛行的脱离体察自然、一味机械摹古的风气，倒是真正地秉承了南派写意山水理论的思想精髓，继承了古人创作方法，并一生践行之，留下了大量的作品，并总结了自己的绘画主张。《苦瓜和尚画语录》中清晰地界定并排序了绘画的十八要义，分别是"一画、了法、变化、尊受、笔墨、运腕、氤氲、山川、皴法、境界、蹊径、林木、海涛、四时、远尘、脱俗、兼字、资任。"强调绘画如修禅，应追求"无为"之法，即以禅悟之心求"一画之法"，不执着于物体的表面，而是在深刻认识到物质的本质规律后，以自己的笔墨个性表达出来。石涛一生尤其热爱黄山，绘有《黄山八盛图景》，据传扬州个园的黄石假山即为写仿石涛黄山笔法而造。他的名作《搜尽奇峰打草稿》**（图1-8）**亦

丹岩仙馆图

桃源幽境图

图1-7 ［清］王云 山水绘画作品

图1-8　石涛《搜尽奇峰打草稿图卷》（资料来自昵图网）

图1-9　石涛山水画作（资料来自网络）

是其山水绘画的总结。石涛晚年还俗信道教，并收扬州八怪之一高翔为徒。后世的扬州八怪之首郑板桥、齐白石均十分推崇石涛。石涛与八大山人等被称为清初四画僧，都是极具创新意识的画家。相对于八大画中流露出的悲怆绝望的情感，石涛的绘画充满生气和希望，讲究构图的形式感和笔墨章法的趣味，尤其善用"截取法"以特写之景传达深邃之境，同时讲求气势，画面有奔放淋漓的气质（**图1-9**）。扬州园林中截取山脚幽谷的局部营造"卷石洞天"的手法以及叠石理水追求气势的特点应与石涛画理具有高度相似性。

石涛的山水审美物与人的言行精神联系，进一步阐释了君子比德的思想，如"山川，天地形

势也；风雨晦明，山川之气象也；疏密深远，山川之约径也；纵横吞吐，山川之节奏也；阴阳浓淡，山川之凝神也；水云聚散，山川之联属也；蹲跳向背，山川之行藏也。高明者，天之权也；博厚者，地之衡也。风云者，天之束缚山川也；水石也，地之激跃山川也。""且夫天之任于山无劳；山之得体也以位，山之荐灵也以神，山之变幻也以化，山之蒙养也以仁，山之纵横也以东，山之潜伏也以静，山之拱揖也以礼，山之纡徐也以和，山之环聚也以谨，山之虚灵也以智，山之纯秀也以文，山之蹲跳也以武，山之峻厉也以险，山之逼汉也以高，山之浑厚也以洪，山之浅近也以小。"[1]石涛还提出中国艺术一个原初性的概念"氤氲"，是构成艺术本体的中心。《石涛画语录氤氲章第七》写道："笔与墨会，是为氤氲。氤氲不分，是为混沌。辟混沌者，舍一画而谁耶！画于山则灵之，画于水则动之，画于林则生之，画于人则逸之。得笔墨之会，解氤氲之分，作辟混沌手，传诸古今，自成一家，是皆智得之也。不可雕凿，不可板腐，不可沉泥，不可牵连，不可脱节，不可无理。在于墨海中，立定精神。笔锋下决出生活，尺幅上换去毛骨，混沌里放出光明。纵使笔不笔，墨不墨，画不画，自有我在。盖以运夫墨，非墨运也；操夫笔，非笔操也；脱夫胎，非胎脱也。自一以分万，自万以治一。化一而成氤氲，天下之能事毕矣。"[1]对于石涛"氤氲"的思想，王铁华在《主人的居处》一文中写道："在此，对于园的研究来说，我以为有价值的是，从石涛的画论中借鉴出空间的一对基本概念，从混沌和一画中锦抽出最小化的空间度量单位'身'和'文'这两个对于世界原发性的观念交错杂陈，它们之间建构了多孔中的园我交互关系。'文'本身是主人偶睹外界事物而触景生情，而采用外界事物作为比附，'身'是主人比附外界事物的先验基础，继而演化为内部向外部的投射，以自身之外的同一性使得自身得到更深入、更细密的理解与分析，从而立身挺身于世界，境界因为两者的显隐也意味主人在超越层次里达到一个从容的存在。"[2]（**图1-8**）

　　"扬州八怪是18世纪扬州画界的代表，光绪二年李玉棻所作《瓯钵罗室书画过目考》中所载汪

①　石涛. 苦瓜和尚画语录［M］. 济南：山东画报出版社.
②　王铁华. 主人的居处："看"视域的古典园林文化研究［D］. 中央美术学院博士论文.

士慎、李鱓、金农、黄慎、高翔、郑板桥、李芳膺、罗聘八人为扬州八怪。此外，还有高凤翰、华喦、闵贞、李勉、边寿民、陈撰、杨法等人，因作品水准高且名声不小，也被列为八怪之中，称作八怪十五家。"①这些画家的作品从立意、构思、风格来看，皆是不泥古、不拘束，画意新颖且自成一格。他们中多数出身贫寒而不事权贵，如高翔、黄慎；或者即使入仕也不屑钻营，如郑板桥曾因擅自开仓放粮救济百姓而被辞官，有的完全淡泊名利，终身苦难贫困，如金农、罗聘等。他们的作品中往往是书画并重，有时甚至是以书为主，如汪士慎《梅花图轴》上画墨梅一支，题诗"驻马清流香气吹……"诗句一百五十余字，可见其作品中浓厚的文人意趣。

总体而言，清代扬州画坛是一个繁荣的黄金年代。较早期的袁江、袁耀、王云等人的作品振兴了宋以后衰落已久的界画艺术，较强调"外师造化"的写生手法，这种倾向对扬州一些湖上园林及大型私家园林的营造产生影响，如个园、何园、棣园中均以大型的较写实的叠山手法作为造园的主体。另一方面，晚清更多的文人及未受专业绘画技能培训的画师也加入到画家行列，强调主观意趣和文人心性的文人画，把画家从绘画的形式语言中解放出来，更自由地表现观念、思想与情感的主题，与19世纪西方抽象主义、立体主义、表现主义等新的绘画潮流一起成为并行的向现代主义转变的两条线索，石涛、龚贤等可视为两者之间重要的过渡。清代的扬州画坛以郑燮明确提出润格为代表，已形成十分成熟的艺术市场。根据高居翰先生的考证，包括龚贤、查士标、石涛、扬州八怪等在内的大量文人画家均存在创作雷同的写意作品应付买主的情况。"从清康熙到乾隆时期在扬州从事绘画的画家倾向于在一种独特的经济基础上从事创作，迥异于中国早期画家的惯例；他们为更多的主顾创作，不涉及私交，顾主以直接的方式买画，支付现钱，得到一幅画作为回报。而画家和顾主之间的这种新型关系刺激着画家用更少的心思和时间作更多的画"②。但是，这也促成了绘画艺术的广泛传播，培育了晚清扬州市民阶层的书画品赏风气，这些写意绘画中重意境与概括的观念也间接地渗入园林造景实践中，尤其是一些用地局促，财力不足的中小规模的私家园林如逸圃、汪氏小苑等。清末的黄宾虹寓居扬州何园，其山水创作集古今大家之大成，晚年以积墨等技法创作了大量具有逆光效果的山水绘画，为现代山水创作开启了新的篇章。

① 钱辰方. 扬州画派掇记［M］. 扬州史志，1993，（3），（4）.
② 高居翰. 写意：中国晚期绘画衰落的原因之一［J］.湖北美术学院学报，2004，1.

四　通俗文艺盛世

除扬州学派、南宗绘画等文人阶层艺术，晚清扬州的通俗文艺似乎更具活力。自清初南明王朝衰微，大量报国无门理想破灭的知识分子投入以青楼文化为代表的大众文艺建设中，积极创作小说笔记、诗词歌赋、戏曲杂剧等，名家辈出，作品如林，形成了长达数十年的通俗文化盛世。其内容多以描摹现实，反映当时城市平民的现实生活中的平凡琐事或扬州本地的风景习俗为主，形成了鲜明的扬州本地特色。"扬州歌吹"自古有名，雍正曾批评扬州曲艺的奢靡之风道："俳优伎乐，恒舞酣歌，宴会嬉游，殆无虚日……骄奢淫逸，相习成风，各处盐商皆然，而维扬为尤甚。"至乾隆朝，扬州曲艺已发展成为中国的中心，根据史料记载，清乾隆南巡时在龙舟驶经的河道两岸，"分工派段，恭设香亭"，每座香亭皆演昆曲，剧目各不相同。龙舟在运河上荡漾，岸柳如烟，香亭四周，轻云缭绕，人影衣香。乾隆五十五年（1790年），为祝寿调集徽班从扬州出发进京献艺，从而形成了京剧。清中期以来扬州一直是徽班的大本营，优伶们聚集于苏唱街的梨园总局，商议演出事宜并排班演练等。

清代扬州流行的曲艺（清曲、鼓书、道情）等，其曲词大多是经过历代艺人传唱后才逐渐固定下来的，属于集体创作。扬州清曲成型于明，清代达到顶峰。当时流行的作品有《牡丹亭》、《占花魁》、《王大娘问病》、《小郎儿曲》、《鼓儿词》等。其他通俗诗歌、小说多伴随着青楼文化，描写风月故事，在当时也极为流行。其中成就最大的，应属费轩、董伟业、林苏门，代表作有《扬州梦香词》、《扬州竹枝词》、《邗江三百吟》、《风月梦》、《扬州梦》、《雅观楼》、《广陵潮》等，在当时流传极广。"扬州歌"、"扬州调"都是扬州传统的曲艺形式，在《风月梦》里，不仅记录了许多扬州歌词，还具体记载了嘉庆、道光间扬州歌的演唱情况，如十六回："贾铭着人将弦子、笛子、笙、鼓、板、琵琶、提琴取来，放在云山阁桌上，十番孩子唱了两套大曲。凤林豪兴，叫十番孩子做家伙，他唱了一套《想当初庆皇唐》，声音洪亮，口齿铿锵……"[①]

曲艺就如同今日的电影，成为当时最为流行的雅俗共赏的艺术门类。清康熙乾隆盛世以来的扬州曲艺之风一直延续到民国年间，城内富商人家园林逐渐形成专属的戏台空间：如《棣园十六景》图册中《洁兰称寿》明确点出此处为奉母孝亲颐养观戏之处，戏台约四米见方，包括一个完整的后台空间。广陵路的刘庄为清末民初在旧宅基础上扩建，据扬州学者韦明铧先生介绍，刘庄的戏台呈长方形，坐西朝东，面阔三丈余，深一丈二尺，高出地面约四尺许，是扬州现存私家古戏台中最大者。台后是一堵高墙，犹如回音壁。台前假山参差，草木扶疏，暖风吹来，花气怡人（**图1-10**）。

由于传统社会女子多足不出户，戏曲中为男女见面、定情欢会设置了一个浪漫美好的场景，就是私宅中的后花园，逐渐形成曲艺中有些套路的模式："私订终身后花园，落难公子中状元。"反之也使得园林与女性的关系更为亲密。大户人家的小姐从娘家的绣楼到嫁入夫家，除了每年的庙会与清明可以出门感受下市井生活以外，其一生的活动范围局限于仪门以内。并且，前宅签押房等家

---

① ［清］邗上蒙人. 风月梦［M］. 哈尔滨：黑龙江美术出版社，2014.

图1-10 刘庄戏台建筑被改建为某单位会议室（作者自摄）

中男性管家仆人活动的空间也不方便小姐女眷行走，因此真正属于女眷活动的范围即闺房及后花园。有些园主人为方便在家中聚会，还会专门僻出一处小姐专属的花园，如汪氏小苑中的可栖徲小院。根据寄啸山庄遗址推测，其桂花厅西南应有一处“西华园”，其中遍植桃花，也是专属于女眷的。清范鹤年创作的昆曲《桃花影》中的故事描述：女主角倩倩喜爱桃花，其父为其构小园，遍植桃花，题名“红雨”。其他以园林及亭台楼阁为题的昆曲有《牡丹亭》《翡翠园》《芙蓉楼》《桂花亭》《合欢殿》《画锦堂》等等；大量的园林折子戏如《连环计》的《拜月》，《牡丹亭》的《游园》《惊梦》《拾画》《叫画》等都是发生在园林中的场景。对于昆曲等艺术形式与园林的关系，正如陈从周所说：“明清之园林，与当时之文学、艺术、戏曲，同一思想感情，而以不同形式出现之。”

明清以来扬州的手工艺非常发达，已列入国家非物质文化遗产的扬派叠石、扬派盆景在清代达到鼎盛，很多工匠技师被召入宫廷参与皇家园林的营造。其他工艺如雕版印刷技艺，玉雕、大漆工艺等亦有极高造诣，闻名于世的“扬州八刻”，即木刻、竹刻、石刻、砖刻、瓷刻、牙刻和刻纸、刻漆在今日仍享有盛誉（**图1-11**）。清末的扬州仍沿袭着传统消费城市的注重生活意趣的传统，民风好工艺玩赏，存在较大的市场需求，仍有大批手工艺从业者群体，许多工艺精品被全国的皇室贵族高官富商等收藏，而不知出自何人之手。一些文人雅士也爱好并参与动手劳作，构成了整个手工艺行业的庞大生态。扬州手工艺以传统的师傅带学徒的匠人方式传承，注重手艺的熟练程度和经验的积累。乾隆帝命扬州工匠雕刻的大型玉雕《大禹治水》重达5吨，高224厘米，宽96厘米，由新疆和田青玉制，现藏于故宫博物院，是史上用料最巨，花时最久，费用最贵，雕琢最精的玉雕工艺品，以至于皇帝自觉过于奢侈而写诗自省。

除了普通市井大众喜爱追逐这些工艺品，也有不少文人雅士爱好并精于手工，创作了不少雅致的作品。如金石大师吴熙载不仅精于纂刻书画，并且是竹刻艺术中扬州浅刻的开创者，常在扇骨象

吴南愚微刻象牙章　　　吴南敏微刻《江川图》　　　吴熙载浅刻篆书　　　黄汉侯牙刻　　　余啸轩牙刻
　　　　　　　　　　　　　　　　　　　　　　　　　　　　　　　　　　《盆兰图》　　　《赤壁夜游》

图1-11　扬州牙刻工艺（资料来自网络）

牙上雕刻书画作品。晚清雕刻工艺逐渐发展的精细微雕形成潮流，如在指甲大的象牙板、桃胡甚至头发上刻书画作品等，全凭艺匠的感觉控制刀法，令人惊叹。如光绪年间的黄汉侯精于书法，并开创浅刻缩临技艺。他镌刻的苏东坡体《金刚经》扇骨赠章太炎，章回书赠"以小见在，鬼斧神工"表达赞赏。

　　晚清扬州手工艺的发达也为园林设计施工起到重要的实践支撑作用。扬州的砖雕、石雕、木雕工艺多作为建筑构件应用，极少见大面积或体积独立欣赏的作品（**图1-12**）。扬州砖雕是建筑最主要的构建，多见于园林歇山顶建筑如船厅的山墙、大门顶部、福祠、门框、窗框等。砖雕工艺以高浮雕为主，参以镂雕和线刻，且以高浮雕见长。照壁、园林花窗和厅堂地面的水磨砖挑选纹理均匀的上品，经过六道以上的打磨工艺，边角处理精致细腻，可以连续大面积铺设而几乎拼接无错缝，体现出十分高超严谨的技艺。建筑装饰构件的人物题材较少，偶尔出现八仙仰寿，和合二仙等传说中表现吉祥如意的人物，大多是花卉、福寿、如意蝙蝠、铜钱鱼龙等表达喜庆祝福的民俗图案。扬州木刻主要应用于门窗、挂落、隔罩及屏风等室内家具陈设中。如个园宜雨轩、汪氏小苑船厅、春晖室的室内装修都不乏木刻精品。

图1-12　作为建筑构件的砖雕（作者自摄）

第二章

造园的参与者

一 园之主人——以盐商为主的晚清扬州儒商群体

扬州繁华以盐盛，依托运河便利，自西汉吴王刘濞在其领地扬州邗沟煮盐运盐以来直至清末，扬州一直是两淮盐业的中心，设有两淮盐运衙署机构，负责两淮地区盐的生产、运销和缉私等事务，统辖江南、江西、湖广、河南4省36府的盐税出入。据史料记载，至元十六年（1279年）各场运至扬州待转各地的海盐达58.76万引，在全国盐税982万两税银中，两淮盐税高达607万两，占总数的62%。清代扬州的盐税一度占到国库总税收入的四分之一，关乎国家经济命脉。扬州盐业最为繁盛的清康雍乾三朝是中国的经济、文化都发展到封建社会鼎盛时期，形成全国三大商业资本集团（广东行商、山西票商、两淮盐商）。乾隆帝提出"商人奢用亦养"的经济主张，意图用消费拉动经济，稳定社会。① 黄傲成教授在2007年江苏省社科大会上曾提出，18世纪东西方几乎同时爆发了商业革命，西方的中心地带在地中海沿岸，如威尼斯、热那亚等城市，而中国的中心则在扬州。② 事实上，盐商的巨额收入来自皇帝御赐的垄断权，并没有参与实体经济建设，其经营权也随时可能被剥夺。因此，清代盐商敛集的巨大财富除随时准备应对朝廷的不时之需外，只能用于购买田宅房产，或者放贷，或者用于奢侈的生活。乾隆年间发生的两淮盐引案令盐商们深刻地体会到极大的不安全感，因而更加迫切地寻求朝廷官员的庇护，或者竭尽全力培养子孙考取功名，摆脱商人的身份。他们的生活方式可以概括为旦接宾客，昼理简牍，夜通文史。这些原因也客观上导致扬州私家园林的繁荣并影响到扬州私家园林的空间立意布局等特征。

清代两淮盐商以徽商为主，清中叶甚至出现过"两淮八总商，邑人恒占其四"③的局面，即指徽州歙县人占到一半。徽商群体的突出特点是亦商亦儒，好读书养仕，或者说是借经商获得进入官僚文人圈子，以提高社会地位。柯玲在《民俗视野中的清代扬州俗文学》一书中总结了扬州儒商群体的三大特点：崇儒、富足、仗义，或者说，扬州清代儒商身上体现出中国科举、青楼、镖局三种典型文化的特征，并将其发展到顶峰。因商人身份在当时社会仍居四民之末，因而崇儒好儒，教育子女读书科举立业；由于经济富足，条件享受美食娱乐，追求浪漫自由，促进了扬州青楼和曲艺文化的发达，成就了昆曲发展的黄金年代；商人依赖保障运输安全的镖局等江湖组织，必须仗义疏财、讲究规矩与排场，必须通过宴席酒会演出等大场面的社交活动与各色人等交往获得合作、维持声望、抬高身价等。这些特点对扬州私家园林的空间构成特点起到关键的作用。

其一，崇儒。

"清代扬州的盐政长官在扬州的闻名倒不一定是因为其政绩，其儒雅名声往往更胜一筹，两淮盐商中读书、藏书、刻书的风气在清代蔚为大观，远较历史上的其他商人群体更为突出显著，而反映在园林中的则是藏书楼了。"④清代儒商在私园内建藏书楼的有：季振宜藏书楼，马氏兄弟的小玲

① 郑志良. 论乾隆时期扬州盐商与昆曲的发展［J］. 北京大学学报，哲学社会科学版2003，40（6）.
② 杨欣. 扬州盐商住宅园林旅游资源可持续开发研究［D］. 扬州大学硕士论文，2008，5.
③ ［民国］歙县志. 卷1，风土.
④ 冯媛媛. 扬州园林的秀与雄——兼与苏州园林的比较［M］. 2007，4.

珑山馆，汪氏兄弟的问礼堂，秦恩复的石研斋，吴引孙的测海楼，阮元的隋文海楼等等。儒商们多有科举经历，对子女教育十分苛刻，如个园、何园主人均把长子读书的书房藏于假山深处，仅以蹬道连通，刻意营造一个不受干扰的苦读环境。其他晚清规模较小的园林也必定设置一处幽静的书房，如汪氏小苑静瑞馆东侧书斋、瓠园"悔余庵"、二分明月楼的"夕照楼"、小盘谷东北角的"桐荫山房"，逸圃"尘镜常磨"书屋等。

其二，富裕。

扬州儒商群体相较于文人阶层表现得更加入世务实，追求奢华和享受，或者说，诗画文艺等亦是体现其社会地位的文化资本。奢侈的生活包括美食、美色、美景、美器等各个方面。淮扬菜、扬州瘦马、昆曲、扬派园林盆景艺术、扬州八刻等正反映出当时扬州餐饮、青楼、营造等各相关服务行业的繁荣状态。扬州当时民间流行"千户生女当教曲，十里栽花当种田"，侧面反映出扬州盐商生活上文艺浪漫的特点，甚至引导形成扬州百姓喜欢生养女儿，种花卖花获得经济回报的社会风气。因而，即便是处于没落时期的晚清扬州儒商私家园林也体现出用料讲究、布局规整、工艺精湛，长楼阔宇、雕饰精细等特点，比苏州等地文人园林叠石更奇峻潇洒，建筑更高大精致。

其三，仗义。

因为园主人有着强烈的广集人脉，行走江湖的需求，因而园林具有明显的开放性社交特征，园中多设有戏台，家中豢养专业戏班。李斗《扬州画舫录》卷五载："两淮盐务例蓄花雅两部以备大戏，雅部即昆山腔。"黄钧宰《金壶七墨全集》卷一"盐商"曰："扬州繁华以盐盛，两淮额引一千六百九万有奇，归商人十数家承办。……最奇者春台、德音两戏班，仅供商人家宴。……由是侈靡奢华，视金钱如粪土。服用之僭，池台之精，不可胜纪。而张氏容园为最著，一园之中，号为厅事者三十八所，规模各异……水木清湛，四时皆春。每日午前，纵人游观，过此则主人兜舆而出，金钗十二，环侍一堂，赏花钓鱼，弹琴度曲，惟老翁所命。左右执事，类皆绮岁俊童，眉目清扬，语言便捷，衣以色别，食以钟来。其服役堂前，而主人终世茫然者，不知凡几。梨园数部，承应园中，堂上一呼，歌声响应。岁时佳节，华灯星灿……"[①]除了戏台，还有环绕全园的觅句廊、花厅（即四面厅，有条件则分设男厅及女厅）和种植芍药、牡丹、金银桂的花圃花畦等，供春季赏花、秋季赏月等诗文修契活动使用。

清文人园林，如苏州园林的园主多是仕途受阻，理想受挫的文人官僚阶层，建造园林寄情山水、自我慰藉、修身养性，园林内多布置与"耕、读、樵、渔"相关的意象景物，总体偏于"退隐"，审美取向亦十分个人化，总体偏于朴素淡雅。而扬州园林园主态度更为入世，造园为取悦官僚、豢养文人、号令江湖，整体偏于彰显、外向，注重空间的便利性，偏爱奇花异木，山石奇峭，建筑材料珍贵，造型新颖，工艺繁复。梁启超先生概括评价道："淮南盐商，既穷极奢欲，亦趋时尚，思自附于风雅，竞蓄书画图器，邀名士鉴定，洁亭舍、丰馆谷以待。"陈从周先生认为："扬州盐商是一个庞大的具有复杂人格的群体，他们精明强干，但又庸俗猥琐，他们挥金如土，但又锱铢必较，他们礼贤下士，但又目空一切，他们趋炎附势，但又诗酒风流，他们最大的弱点在寄生

---

① 黄钧宰. 金壶七墨全集 [M]. 刻印本.

性，注重消费享乐，不思生产进取。"① 晚清扬州以盐商、钱庄老板、贸易商为主的儒商群体的盈利模式主要在于攫取特权，垄断销售渠道，不占有资源、土地和劳动力，因而缺乏改进生产方式和生产工具的动力，但是他们的活动也极大地推动了经学（扬州学派）、出版业（雕版印刷）、书画市场（扬州八怪）、饮食文化（淮扬菜）的发展及手工艺（扬州八刻）的兴盛，也为后人留下了独特的扬州园林。

---

① 陈从周. 梓翁说园［M］. 北京：北京出版社，2011.

主事之人——以计成为代表的江南哲匠群体

　　盐商们对奢侈生活的追求创造了大量的就业机会，一些优秀人才在大量的造园实践活动中脱颖而出，成为职业造园家或叠山相士。他们大多精通绘画，有文采，具有极高的艺术修养。如计成在扬州营造的影园等开创了明清之际扬州私家园林的高水准，对后世产生深远持续的影响。

　　计成，字无否，江苏吴江县人，生于明代万历十年（1582年），少时善于绘画，因为家境贫寒，以卖画为生，后游历北京、安徽、湖南、湖北等地，从自然中领悟造园技巧。史书记载与计成交往较为频繁的人物有：当涂人曹元甫和来自安徽的盐商郑氏家族、汪氏衡、文人阮大铖等，多为徽州籍或附近地区人，因此很可能计成造园理念受到徽州山水和文人风尚的影响。计成晚年开始造园生涯，先后在常州、南京、扬州、仪征等地为江西布政使等官员造园，其中较著名的是常州吴又"予园"、仪征汪士衡的"寤园"和扬州郑元勋的"影园"，其中两座都在扬州地区。[①]计成在阮大铖、郑元勋等权贵的资助下于1634年在寤园完成了《园冶》，是中国留存于世的唯一一部论述园林设计的典籍。扬州郑元勋于明崇祯八年（1635年）请计成为其造影园，历时十年建成，因董其昌的赞赏在江南文人商宦阶层中影响深远，一举成名。

　　计成在《园冶》的《兴造论》有一段关于造园人的因素的论述："世之兴造，专主鸠匠，独不闻三分匠七分主人之谚乎？非主人也，能主之人也。"[②]张家骥先生将这段话译为："造园和建筑工程十分之三靠工匠，十分之七要依靠主人，所谓主人，不是指园林的产业主，而是能主持规划设计和施工的人，即今天所说的工程主持人。"可见明末清初的造园合作方式已经比较接近今日的设计项目运作过程：即园林的产业主提出需求和偏好，提供资金，由设计师制定方案和时间程序，包括相度地形，经营位置，叠山凿池，建造厅馆台榭等，并带领工匠实施建造。明末出版的《园冶》只字未提拙政园、留园、沧浪亭等当时早已闻名的园林实例，而是列举了很多人文典故，以及文学性很强的有关动植物景境。可见作者似更侧重于探讨设计思维的发生与传达，而不是赘述造园技术，很多观点具有独到之处。由于阮大铖后来的声名狼藉导致《园冶》被弃置，乏人问津，后经民间书坊流入日本译为《夺天工》，于20世纪50年代才回到国内，整个清代三百年间《园冶》这本书并未广泛流传。尽管现存晚清的扬州私家园林中存在建筑布局拥塞，雕饰繁琐庸俗，局部叠石过于求奇等计成十分反对的做法，但是其主要造园思想仍基本秉承了他的造园主张，主要体现在：

1. "因地制宜"的理性主义思想：

　　计成在《园冶》"借景"章节中写道："构园无格，借景有因。切要四时，何关八宅。"表明造园林意境需要有时空变化的观念，应依据场地实际状况扬长补短，所谓风水中的八宅之说多是无稽之谈，体现出强烈的理性主义思想。计成在开篇《相地》部分写道："市井不可园也；如园之，必向幽偏可筑，临虽近俗，门掩无华……宅傍与后有隙地可葺园，不第便于乐闲，斯谓护宅之佳境

---

① 何小弟. 中国扬州园林［M］. 北京：中国农业出版社，1982.
② 张家骥. 园冶全译［M］. 太原：山西人民出版社，2012，1：162.

也……设门有待来宾，留径可通尔室。"①与本书所研究的八大私园布局基本一致，均是前宅后院，且正门只为贵客使用，平日不开放，真正的日常出入从园林北门而入。不仅书房或绣楼，园林各处均有暗藏的门或道路通往"尔室"。根据《诗经·大雅·抑》中"相在尔室"词义所解，"尔室"应指"隐蔽的、私处的房间"。扬州私家园林中的假山蹬道、过街楼、侧门、暗室等为主人组织了便捷而隐蔽的交通路线，实为"因地制宜"的突出特色。另外，计成认为"亭楼易构建，嘉木难得"，也提倡"旧园妙于翻造，自然古木繁花"。但是"写诗容易改诗难，改园之难更甚于改诗"，因而"因地制宜"才是园林主事之人最重要的能力。扬州具有代表性现存的私家园林几乎均是在园主收购旧园的基础上扩建而成，如何园"片石山房"，个园"芝寿园"等。晚清商宦或在"相地"时就优先选择具有古木繁花山水格局的基地，或不得已而为之，均是以因地制宜之法巧做文章的改建营造项目。

2. "虽由人作，宛自天开"的创作原则

"宛自天开"的原则是指园林造景应天真自然，不着人工做作的痕迹；其更深一层含义，并不是指造景完全与自然一样，而是指一种奇特的偶然性，是艺术家不拘成法，外师造化，心中得源后创造出的独特个性美。自然界没有相同的两片树叶，造园也不应当有固定的模式，而是应当体现出作者对自然的理解和体悟。计成认为造园的审美不是欣赏纯粹的自然野趣，重点在于"人作"，即人的创造。这与中国山水绘画的审美核心价值是一致的，即不求精确再现，而是追求画家心中的"意趣，"核心是人的情感。计成在《相地》、《掇山》、《选石》等多个章节谈到"因借无由，触情即是"的思想，强调自然之物本无情，顽石枯木被有情之人赋予神奇的灵性，就能造就感人的美景，从而升华审美的境界。

例如，计成在《园冶》中明确提出了叠山石的趣味与手法，对当时"分列五老"等僵化的造景方式提出批判，主张有两个方面：其一，以残山剩水体现山水之精魂，即以局部表现整体的气象；以土戴石法构筑园内较大的山体，山石与建筑结合。其二，并不特别强调单独石形的优劣美丑或名贵与否。因此，扬州园林中极少见苏州"冠云峰"、北京"青芝岫"之类的单独欣赏的名贵美石，即使有孤置点景的做法，也是把置石作为整篇园林文章的点睛之笔烘托升华整个园林的意境。如扬州个园夏山池塘中的"月"字石与倒影隐喻着天上的明月与"水中月"，使得环境具有浓厚的文意，耐人寻味。亦多见碎石包镶成具有姿态感的置石，植以藤蔓花草，既是屏门、花钵，又是抽象雕塑，如何园牡丹厅东侧置石。其他江南文人园林内多以孤赏奇石为景观中心，如留园五仙峰馆、上海玉玲珑、苏州的狮子林等，园主人多具有米芾拜石的文人情怀，于园中赏石、敬石、供石。从《园冶》看来，计成并不很重视赏石在园林中的主导地位，而是强调叠山要追求"山居意味"，师法自然，宛自天开。他认为只要运用合适、构思巧妙，顽石劣石也可叠出佳作，体现出其对艺术设计的自信态度。虽然扬州本地不产石，但按照盐商的财力，寻些奇石，做些米万钟"修路运石"的事情并不困难，但清代扬州仅有九峰园和小玲珑山馆的"玲珑石"为孤峰赏石的造景手法，多数园林叠石追求整体的真山气势，更注重山水与建筑、花木等要素的整体关系。可见园林叠石的方向发生

---

① 张家骥.园冶全译，太原：山西人民出版社，2012，1：162，183.

了关键的转变，即摆脱了孤峰赏石而转向叠石空间的山居意味。

3. 南宗山水的审美取向

计成在园冶自序中表达"最喜关仝、荆浩笔意，每宗之"。《园冶》中谈到园林营造的绘画范本有云："小仿云林，大宗子久。"这种观念应当是受到董其昌《画旨》提出的南北宗论及扬南抑北思想的影响。董认为关、荆、倪、黄均是始于王维的"渲淡，一变勾斫之法"的南宗绘画代表人物，是文人画的正宗，境界高于宫廷院画等写实工细的青绿山水，董其昌本人亦有水墨金笺扇面《仿子久云林笔意》存世。

荆浩在其画论《笔法记》中写道山水的画法："远取其势，近则取其质，山立宾主、水注往来。布山形、取峦向、分石脉、置路湾、模树柯、安坡脚。山知曲折、峦要崔巍……溪间隐显，曲岸高低……"并强调应追求"气质俱盛"的"真"，摒弃"得其形而遗其气"的"似"，即应通过写生"心中得源"，才能创造感人的艺术形象。荆浩的徒弟关仝偏爱秋山寒林的荒疏气氛，局部点缀幽隐渔樵等小景，气势宏伟，笔法不落俗套。云林（倪瓒）、子久（黄公望）是元四家中的二人，均以写意山水著称。无锡倪云林，本属江南山水画派，但也从关画中吸收了皴笔横竖交接、层层相叠的画法，并将关画的中锋为主改为侧锋为主，成为一种新的皴法——折带皴，用于表现太湖沿岸的坡石，自成一家。倪瓒信佛，主张绘画作品应表现"胸中逸气"，即注重主观意兴的抒发，反对刻意求工细形似，其画作萧疏简单，极为精简而能捕捉山水姿态的特征。常熟黄公望信道教，晚年以给人卜算为生，七十多岁开始创作的《富春山居图》历时近四年，气韵雄秀苍莽，开创了水墨山水之新风。黄观察自然的方式十分特别且专注："子久终日只在荒山乱石丛木深筱中坐，意态忽忽，人不测其为何。又每往泖中通海处看急流轰浪，虽风雨骤至，水怪悲诧而不顾。噫！此大痴之笔，所以沉郁变化，几与造化争神奇哉！"[1]可见黄子久的创作方法及审美与荆浩一脉相承。

扬州私家园林的叠山形态高峻雄浑，具有真山气势，如个园、片石山房、小盘谷等假山主峰均接近9米，为江南园林少见，如"寄啸山庄"也取《园冶》中提及的"孙登舒啸"之意命名，刻意营造深山奇壑的意境。在局部处理方面，《池山》谈到的"池上叠山，为园中第一佳境"在小盘谷最为典型；逸圃前园的小池符合《山石池》中介绍的做法；汪氏小苑的可栖迟院落景致生动再现了《峭壁山》论述的"仿古人笔意，做境中之游"……《园冶》全篇以建筑山石为造园重心，没有单独论及理水和植物配植，可见计成是以南宗山水绘画中的山川景象为理想范本造园的，而现存的扬州城市私家园林中的叠石数量之多、体量之大、造型意境之丰富的确体现出"亭园以叠石盛"。

4. "巧于因借，精在体宜"的设计理念

计成认为，理想的人居环境应是讲究合体得当、人性化的，即"精在体宜"，而"巧于因借"则是实现体宜的手段。"因"是指要素本身，即如何利用园址的条件加以改造。如："因者，随基势高下，体形之端正，碍木删桠，泉流石注……宜亭斯亭，宜榭斯榭，小妨偏径，顿置婉转，斯谓'精而合宜'者也"。"借"是指要素间的关系。"借者，园虽别内外，得景则无拘远近"，它的原则是"极目所至，俗则屏之，嘉则收之"。《园冶》中最后一章《借景》总结道："构园无格，借景有

---

① 李日华. 六研斋笔记［M］. 上海：上海古籍出版社，2010.

因。……夫借景，园林之最要者也。如远借、邻借、仰借、俯借，应时而借，然物情所逗，目寄心期，似意在笔先，庶几描写之尽哉。"①计成明确指出因借之法为园林造景的精髓，即顺应、利用现有的条件，借助有利因素，化解不利因素，因势利导地创造出富有诗意的环境。

计成总结的"借四时、应时而借"，明确指出园林景观的构想要有时空变化的观念，需完整考虑园林中春夏秋冬、昼夜朝夕的效果，例如把春日的兰芽归燕、夏日的流萤荷风、秋日的落英红叶、冬日的雪影暗香，以及鹤、鹿、蝉、蛙等生命的活动都融入园林美的境界中。

其他清代的造园家或多或少参与或影响了扬州园林的营建，并逐渐形成传承的脉络，如"扬派叠石"传人等。《清史稿》列传有《张涟传》，出自其手的作品有无锡寄畅园、上海豫园、北京清漪园等名园的假山。他主张因地取材，追求"墙外奇峰、断谷数石"的意境，叠石以土为主，用石较少，给人以自然天成之感觉，被称之为"土包石"筑园法。虽然张涟并未在扬州留下作品，但根据史料梳理，他通过曹元甫与计成有往来交流，造园理念也有不少相似之处，对扬州园林营造产生了重要间接影响。

清中期以后的名匠主要有董道士、仇好石、戈裕良、王老七（王庭余）、张国泰、余继之等，并未有精于山水绘画的记载，被《画舫录》评价"直是石工而已"。很可能自计成后，造园叠石发展为和建筑木作等相似的一项专门的技艺，文人不甘以此为业，从业者大多因为生计而入行。扬州城内尚存一些出自其手的园林遗迹，如现位于瘦西湖南门外的卷石洞天景区原为陨园遗址，园中的九狮图山叠石为董道士所堆叠，被李斗誉为"郊外假山，是为第一，以怪石古木为胜"。近年由扬州古建园林公司修复后重新对外开放，基本恢复了原貌，体现出极高的堆叠水平（**图2-1**）。清钱泳（1759—1844）在《履园丛话》卷十二《艺能》篇《堆假山》条记载：堆假山者，国初以张南垣为最。康熙中则有石涛和尚，其后则有仇好石、董道士、王天放、张国泰，皆为妙手。近时有戈裕良者，常州人，其堆法尤胜于诸家。如仪征之朴园、如皋之文园、江宁之五松园、虎丘之一榭园，又孙古云家朽厅前山子一座，皆其手笔。尝论狮子林石洞皆界以条石，不算名手，余诘之曰："不用条石，易于倾颓奈何？"戈曰："只将大小石钩带联络，如造环桥法，可以千年不坏。要如真山洞壑一般，然后方称能事"。余始服其言。至造亭台池馆，一切位置装修，亦其所长也。有诗云：

"奇石胸中百万堆，时时出手见心裁。错疑未剖鸿蒙日，五岳经甘位置来。

知道衰迟欲掩关，为营泉石养清闲。峰出水离奇甚，此是仙人劫外山。

二百年来两轶群，山灵都复畏施斤。张南桓与戈东郭，移尽天空片片云。"

苏派叠石家戈裕良字立三，出生于江苏常州武进县城，少家境贫寒，祖辈皆务农，年少时即随父兄种树垒石。据载他堆砌的假山："能融泰、华、衡、雁诸峰于胸，所置假山，使人恍若登泰岱、履华岳、入山洞疑置身粤桂。"②说明他可用少量的石头在极为局促的空间里，把自然山水中的

---

① 张家骥. 园冶全译［M］.山西：山西人民出版社，2012：325-326.
② 冯晓东. 承香录——香山帮营造技艺实录［M］. 北京：中国建筑工业出版社，2012，4.

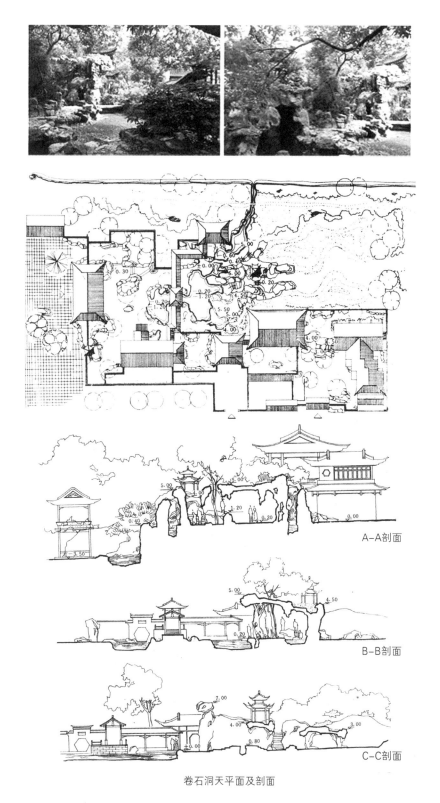

卷石洞天平面及剖面

图2-1 扬州古建园林公司修复的卷石洞天现状及图纸
（作者自摄，图纸改绘自园林局资料）

峰峦洞壑概括提炼，虽工巧而不失真山的气势，有咫尺山水，城市山林的妙处。戈裕良曾创"钩带法"世称"天然派"，这种叠石技法使得假山浑然一体，即逼真，又可千年不坏，驰誉大江南北。这种方式应是巧妙地利用石块之间的关系搭建接近拱券的结构，相较于计成以条石结顶的手法有所不同。他的代表作有苏州环秀山庄湖石假山、扬州秦复恩意园小盘谷假山（今已不存）等，扬州私园中南河下小盘谷的假山也有戈氏手法特色，不排除出自其手的可能。戈裕良活跃于嘉庆至道光年间，被认为是我国古典园林叠山艺术的最后一位大师。

　　民国初年扬州经济衰落，已经鲜少有大规模的造园叠山活动，城市私家园林大多只有两三进院落，数百平米的庭园而已，只能以只杆片云，筑诗意小品。这个时期扬派叠石名匠有余继之、王氏后人王长玉等，出现了蔚圃、匏庐、明庐、汉庐、怡庐、萃园等小巧精致的园林佳作。余继之出自扬州隐士家庭，居所名"餐英别墅"，以经营冶春花社为生、擅长花鸟绘画、园艺和盆景等，与民国初年扬州画家宣古愚、陈含光、张甘亭交好。造园作品有蔚圃、匏庐、怡庐和杨氏小筑等。蔚圃位于南河下风箱巷6号，为商人李蔚如宅园，占地仅400余平方米。宅园位于住宅西南，园门南向偏东，嵌石刻"蔚圃"门额。花厅前所叠湖石"游龙戏凤"假山，绕以青藤，具葱茏之气。园西南角有半阁临水，鱼游浅底，幽静而生趣。蔚圃现为一中国台湾国学馆经营，建筑经过改造，总体院落保存较好。怡庐位于扬州城稽家湾2号，为钱业经纪人黄益之住宅，分前后两院。前院园门东向，筑游廊三折，环其东南，接坐北花厅。西墙叠宣石假山一丘，石旁植丛桂修竹，地坪铺鹅卵石吉祥图案。花墙开月洞门，内筑两宜轩，自成院落。园两侧各建精舍一间，题为"寄傲"、"藏拙"。花厅后经狭长天井与后院相通。后院中构书斋三盈，叠有湖石厅堂山，并筑花坛植以花木。花墙开以漏窗，两面泄景以扩大空间景观。[①] 杨氏小筑面积仅63平方米，宅内北端建有朝南花厅两楹，题名"金桂玉兰花馆"。馆前小院点缀少量山石竹木，又以花墙分隔为二，前小后大，设六角门贯通……园的格局具备，构思巧妙，分隔得宜，虽咫尺天地，亦自然成趣……"[②]匏庐位于甘泉路211号，为镇扬汽车公司创始人卢殿虎住宅，占地约1800余平方米，分东西两院，因占地狭长似葫芦，称"匏庐"。东园叠湖石假山配青桐修筑老藤，有亭栏临水池上；西园门额题"可栖"、"留余"，叠黄石山，垒花坛，构筑紧凑，亦分亦合。这几处小园虽不具备自然山水的气势，却因尺度宜人，构筑小巧精致显得格外清幽闲适。

　　经过战争与动乱，扬州叠石技艺一度面临绝迹，随着21世纪初扬州古城的修复重建浪潮，才逐渐培养了新的传承人才，如王氏家族、孙氏家族、方惠等人，完成了大量园林修复工程。"扬派叠石"非遗传承人王鹿枝先生是《画舫录》记载中王天宇（真名为王庭余，很可能是李斗耳闻误记）的第七代孙，17岁跟从父亲学艺，24岁独立从事叠石工程。在2011年《扬州晚报》的访谈录中，王先生坦承当初选择叠石为生计原因，认为"石头有灵性，叠石如训子"，而叠石的过程完全靠"自己去堆，自己去感受"是一个身体感悟的过程。即使有数十年的叠石经验，王先生仍然会在施工过程中受伤，且必须时刻亲临现场，一块一块石头地选择、尝试。现存扬州宅园中的假山修复

---

① 扬州市广陵区地方志编纂委员会．广陵区志［M］．北京：中华书局，1993：231.
② 扬州市广陵区地方志编纂委员会．广陵区志［M］．北京：中华书局，1993：229.

工程如街南书屋、逸圃等均出自其于。"何园西南部假山，以黄石作壁，湖石作蹬道……1965年，曾由扬州叠石名手王老七指导重堆。"①

笔者有幸采访到主持包括东关街整体修复项目的扬州名城公司项目经理梁先生，谈到卷石洞天、小玲珑山馆等清代宅园的假山修复过程时坦言：所有假山工程都没有测绘图或是施工图或是模型，而是完全根据现有的石材，由叠石专家和工人一起现场堆叠。扬州园林局叠石研究所所长黄春华女士也谈到，传统扬派叠石面临的最大问题和发展的瓶颈就是没有一套类似《营造法源》这样规范与模式化的叠石理论与方法范式指导，因而不可重复，不可学习，难以传承。扬州传统造园技艺已于2014年入选国家非物质文化遗产扩展名录，中国非遗专家，前扬州广陵古籍刻印社社长管世俊先生评价为："扬州园林营造技艺是一种以建筑为主体表现形式，结合叠石，辅以植物及理水，科学配置，精心组合，构建最宜人居住和观赏的生态、诗画环境的传统技艺。"扬州与园林盛，园林与叠石胜，扬州传统叠石技艺得到了较好的传承，目前大部分扬州城内的私家园林叠石均出自方氏、孙氏、王氏叠石等艺匠之手，如二分明月楼、梅花岭、小玲珑山馆等名园的假山修复等（**表2-1**、**图2-2**）。

扬州叠石名家艺匠传承简录② 　　　　　　　　　　　　　表2-1

姓名	生卒	扬州造园叠石作品	简述
计成	1582 ~ 1642	影园、寤园	《园冶》作者
张涟	1587 ~ 1671	白沙翠竹江村石壁	明末清初江南叠石造园家
石涛	1630 ~ 1724	片石山房	清四画僧，明皇室后裔
仇好石	1723 ~ 1795	净香园	《扬州画舫录》记载：乾隆间扬州石工，有画名。尝为江氏堆叠净香园怡性堂前宣石假山，山上筑室，额曰"水佩风裳"，联云："美花多映竹，无处不生莲"。时好石年仅二十一岁，因点是石，得瘩擦而卒
董道士	1736 ~ 1795	卷石洞天九狮图山	《艺能编》记载：工于堆假山石，为时名手
王庭余	1736 ~ 1796	个园部分假山、李长乐故居、周扶九盐商住宅庭院假山等	又记载为"王天于"，擅书法，叠石名手。王氏叠石师祖，今传人仍从事叠石行业

---

① 扬州市广陵区地方志编纂委员会. 广陵区志［M］. 北京：中华书局，1993：226.
② 根据许少飞《扬州园林叠石艺术》，载于2006年9月9日《扬州晚报》；黄春华《扬州叠石申遗可行性研究》，载于《中国民居建筑年鉴1988—2008》及《扬州府志》、《扬州画舫录》、《履园丛话》等综合整理。

姓名	生卒	扬州造园叠石作品	简述
戈裕良	1764 ~ 1830	秦氏意园、小盘谷（待考）	苏派叠石造园家，创"钩带法"，叠苏州环秀山庄等
余继之	1903 ~ 1961	蔚圃、匏庐、怡庐、杨氏小筑	清末民初叠石造园家，精于花鸟画，居于冶春花社"餐英别墅"
方惠	1952 ~	史公祠、梅花书院	扬派叠石家，著有《叠石造山的理论与技法》等三本专著
孙玉根	1958 ~	春波桥黄石假山、双峰云栈、北京园林博物馆"片石山房"等	当代叠石艺匠，与孙文海、孙小明等修复大量扬州古迹假山。完成无锡蠡园湖石山修复工程等
王鹿枝	1963 ~	街南书屋、逸圃等假山修复	王庭余后人，王氏叠石传承人

图2-2 史公祠梅花岭假山（作者自摄）

第三章

私家园林实录

一　文献记载中的扬州园林

文献中对扬州园林最早的记载见于《太平寰宇记·淮南道》记载的南朝宋元嘉二十四年（公元447年），刺史徐湛之为游宴所构风亭、月观、吹台、琴室。100多年后隋炀帝在扬州开凿运河，并在长阜苑（阜字本义指无石土山，长阜本意指体量较大的土山，可能是疏浚堆山而成的蜀冈早期雏形）内"倚林傍涧，随城形置"建造了十个宫苑。自唐代始，扬州城市出现私家园林营造的风潮。诗人姚合在《扬州春词三首》写道："园林多是宅，车马少于船。"《太平广记》中记载有裴氏造樱桃园"楼阁重复，花木鲜秀"，另有郝氏园、席氏园等。清代阿克阿当修撰写《嘉庆重修扬州府志》中记载晋谢安在扬州城东建"芙蓉别墅"。应当说，唐以前的扬州园林以皇家追求的宏伟壮丽，近仙人之境为审美追求，大片的土山、竹林、花海、楼宇，美女等，正是天上的瑶池在人间的缩影。统治者及权贵认为这样的环境可以赋予其神的力量庇佑，并暗示其具有超越普通凡人的特质，是神在凡间的代言。

宋元以后，扬州园林的发展基本分为蜀冈一带官方营造的寺观等公共风景园林和运河畔城市私家园林两条线索，直至18世纪，两者呈现出融合的趋势。宋代文人阶层为社会精英主流，讲究生活优雅精致，造园之风极盛，为扬州私家园林发展的第一个高潮。文献记载有丽芳园、新园、万花园、壶春园、东园、朱氏园等。元代载有崔伯亨园、平野轩、居竹轩等，其中崔氏园以种植大量芙蓉出名。倪瓒为平野轩题诗"雪筠霜木影参差，平野风烟望远时。回收十年吴苑梦，扬州依约鬓成丝"。可见宋元时期扬州私家园林借鉴隋唐遗风，形成种植竹林，修建花圃的风尚。

明清时期是江南园林的黄金发展时期，扬州的私家园林无论是数量还是质量都显著提升。明中后期始，出现了大量专业造园从业者，在杨永生先生编写的《哲匠录》"叠山"中元代仅有倪瓒一人，而明清两代即有米万钟、高倪、林有麟、计成、陆叠山、张涟、叶洮、李迪、道济、仇好石、董道士、戈裕良等十八人。其中计成、张涟的造园实践与理论在今天看来已经超越了匠人的身份，是具有整体综合统筹和局部控制能力，具有艺术修养和工程技术的设计师。明末扬州郑氏四兄弟各自造私园，郑元勋的影园，郑侠如的休园，郑元嗣的嘉树园，郑元化的五亩之园均被誉为江南名园，其中计成主持的影园更因为董其昌为其题词而为世人心向往之。除此之外，明代扬州私园还有"皆春堂"、"江淮胜概楼"、"竹西草堂"、"康山草堂"与行台"西圃"以及"荣园"、"小东园"、"乐庸园"、"偕乐园"等。明末清初文人士大夫汇聚江南，以南京、扬州为中心举办文艺沙龙，畅所欲言，纵情声色。这种融合了爱国情怀和青楼文化的气氛促生了园林艺术的流行，贵族官商的私园、高档妓院，直至市井酒肆茶坊都极力营造出刻意脱离世俗的山水环境，既优雅精致，又浪漫自由。这种空间中的行为被诗词小说、手卷册页、坊间曲艺等不断流传，持续发酵，直至给北方的皇族带来强烈的好奇和吸引，而清帝七次南巡又反过来促进了扬州园林的进一步繁荣直至鼎盛，形成"扬州以亭园盛、处处是烟波楼阁"的盛景。

"园林多是宅，宅与园结合的住宅园林，成为唐以后扬州私家园林的显著标志"①扬州学者朱江

---

① 韦金笙. 扬州园林史观［J］. 中国园林，1994，10.

先生在《扬州园林品赏录》中记载了明清扬州的240多所园林，分为七大类，分别是官衙署园林、茶坊酒肆属园林、会馆属园林、祠堂属园林、书院属园林、寺观属园林、私家住宅园林与别墅。"其中，以私家园林为数最多，也营构最好。扬州的私家园林，无论数量之多，抑或构筑之精，皆非其他园林可以望其项背者。城内以马氏街南书屋为盛、城外以李志勋所构高咏楼所在的蜀岗朝旭为最……明清时期的扬州，大小盐商们在城内外筑有62座第宅或别墅园林。"① 清代诗人袁枚在《随园诗话》卷六第87节中写道："扬州40年前，平山楼阁寥寥，沟水一泓而已。自高、卢两榷使，费帑无算，浚池赞山，别开生面，而前次游人，几不相识矣！"②18世纪晚期的数十年是扬州城扩展的关键阶段，此后很快又开始了收缩阶段。19世纪40年代城中的校场和九巷依然喧嚣，而蜀冈和瘦西湖沿岸的园林已经成为废墟。19世纪所新建造的园林几乎全部位于城墙以内。"园林不仅作为城市景观的主体存在，亦是阐释他者的载体。园林的结构像文学作品，能够清晰地阐释园林主人的思想，表达他的价值观和理想。换言之，园林的建构特点反映了建造者的生存状态——广而言之，是城市文化记忆的微观表达。若是城市本身属于外向扩张的状态，其开放空间具有较强的可达性，则园林本身无须过大——正如扬州早期的园林，庭园只占很小的一部分。当城市处于收缩之时，个体的内在需求难以在城市层面实现时，只得寻求内向的改变——何园和个园均是如此。"③"清代扬州园林按照一种是否具有相应明确的物质边界的原则进行划分为相应的'封闭式园林'以及'开放式园林'，前者是指城市宅园与市郊园墅，而后者主要指的是湖上园林。到了清朝的中晚期，湖上园林呈现一种一蹶不振的态势，而城市宅园反而呈现一种复苏的趋势，同时涌现了一大批的名园，而且相当一部分能够保存至今。在扬州现存的园林（瘦西湖以及大明寺除外），可以划分确定为'市郊园墅'和'城市宅园'"。前者大多是第二居所性质的别墅园林，布局依山傍水，较少约束，以游赏观景为主，多用于接待友人举办聚会活动等，节日祭祀时对普通民众开放，例如瘦西湖园林集群中的"趣园"，原为黄履暹的城郊别墅等，因缺乏维护而损毁。后者聚集于原广陵，即现老城区内的商业繁华地段，是园主家族的第一居所，具有基业传承的意义，因而严格按照礼仪风水等人工营造出一种兼具脱离市井喧闹的山水诗意与世俗功能的居住环境。这类城市私家园林是扬州目前最完整、最具原真性的历史遗存，是本书的主要研究对象。

园记是园主人或游园人对园林的直接记录，大多介绍园林变迁，园名由来，园主人事迹品质，简要描述园林位置样貌，最后有感而发议论或抒发某种情感。如《假园记》是写一位居士借住他人园林而毫不别扭，乐在其中的小故事，更像一则寓言。部分园记是当时的名士受园主人之托，阅览园林绘画后为其题写的园记，而本人并未亲自去过。因此，这些园记对景致模糊概括的描述并不能十分完整客观地再现园林的真实形态，而其中大量对人物经历品性、园林历史变迁等的描述却可帮助揭示出造园的根本思想、立意审美等精神内核。（**表3-1**）

园林现状	名称	作者	园记要旨/类型	内容举例
有遗迹留存	个园记	刘凤诰（1761~1830）	观景议论	盖以竹本固，君子见其本，则思树德之先沃其根；竹心虚，君子观其心，则思应用之务宏其量
	个园记跋	吴熙（1755~1821）	议论	夫个园崇尚逸情，超然霞表，不染扬州华腴之习，而自得晋宋人恬适潇远之趣。然个园之抱负岂久于山中者哉
	何园游记	易君左（1899~1972）	游何园废址，借景抒情/议论	盖创业难，守业尤难！苟吾人而有为者，则破碎江山，犹可一致兴复，况区区一园乎
	棣园十六景图自记	包良训	记述造园始末	深念有此园不易，即为此图，以有此诗若文，固皆赖太夫人之教，得以不鄙弃于君子
	小玲珑山馆图记	马曰璐（1701~1761）	记述造园缘由，描述景致	其四隅相通处，绕之以长廊，暇时小步其间，搜索诗肠，因颜之曰"觅句廊"
	小玲珑山馆图跋	包世臣（1775~1855）	受人之托题跋，追悼园主，感怀往昔	予适旅邗上，学士持此索题，觉盛衰之理，今昔之感，不免怦怦欲动矣
	刘庄记	徐庸清末	观景议论	台榭轩昂，树石幽古，颇极曲廊邃室之妙
无遗迹留存	休园记	计东（1625~1676）	释"休园"园名	"休"之字意有二，曰止、曰美。美莫大于知止。……忽然悟曰：即此间，有何不可止者？由是，如脱钩之鱼，无不解脱
	重葺休园记	方象瑛（1625~?）	记述休园来历及景致	园之适宜春、宜秋、宜夏、而余以仲冬至，积雪满天，寒鸦叫树，时闻竹中鹤唳声，寂绝似非人境
	重葺休园记	吴绮（1619~1694）	回忆园旧址，介绍新建样貌	樵山渔水，类盘谷之幽踪；修竹茂林，兼兰亭之盛概
	重葺休园记	许承家	记述郑氏兄弟诸园及休园兴衰变迁	……复举而新之。又有三峰草堂、金鹅书屋、有不波航，有玉照亭，有九英书坞，有琴啸、枕流、得月诸台榭
	三修休园记	李光地（1642~1718）	感慨休园变迁，肯定其地位	他日有记维扬名园者，吾知其必以休园为称首，且将推本于今之天下
	三修休园记	张云章（1648~1726）	借议论休园赞郑氏为人	休之为名，止息之义也，其所以能止息者，知足之故也

园林现状	名称	作者	园记要旨／类型	内容举例
	三修休园记	宋和	描述休园现状样貌	此园雨行则廊，晴则径，其长廊由门曲折而属乎东，其极北而东则为"来鹤台"。望远如出塞而孤
	东园记	王士禛 （1634～1711）	为友人绘制《东园图》题记	予足迹未经，不能曲写其状，姑就图中所睹，已不啻置身辟疆、金谷间矣
	扬州东园记	张云章 （康熙年间）	描绘景致面貌，议论抒怀	堂之前数十武，因高为丘者二，上有百年大木
	张印宣柘园记	陈霆发	描绘园景，议论抒怀	有堂，有楼，有台，有廊，巡廊折入，有轩有别室有池有山
	容园记	汪滮 （？～1742）	记述造园缘由，描述景致	其第在城之东南隅，旁有地数百弓，于是垒石为山，捎沟为池
	总宪李公半园记	张云章	记述造园缘由，描述景致，议论抒怀	以公所营构者方之，未足为弹丸一隅，安能当其园之半乎！维忠与孝，辅以俭德，不可以不书
	御题九峰园记	钱陈群 （1686～1774）	汪氏南园游记	扬州名园甲江左，而汪氏南园以御题九峰得名
无遗迹留存	主园图记	姚鼐 （1731～1815）	受人之托题记	意谓量地于此，古今不易，而人事无桓，己之寄此犹客耳
	主园记	吴锡麟 （1746～1818）	释园名，议论抒怀	凡入望之楼台，皆如我有；告来游之鸥鹭，请受斯盟。主园之名，由兹以立
	慈园感旧图记	李肇增 （1823～1877）	释园名，描绘园景，议论抒怀	地不逾数亩，有梅、桃、竹、桂诸植，而两银杏高百尺，广及十围
	榆园记	唐桂	释园名，议论抒怀	榆之为物，材大而耐久，未尝与他木争能，有抱其质而终身者
	意园记	董对廷	释园名，描绘园景，议论抒怀	意之所在，皆园之所在，又岂兹园之足为吾圃也耶
	纵棹园记	潘耒 （1646～1708）	描绘友人园景，议论抒怀	园内外皆水也……不叠石，不种鱼、不多架屋，凡雕组藻绘之习皆去之，全乎天真
	梅庄记	郑燮 （1693～1765）	议论、借咏梅赞主人敬斋先生	益主人把梅之清，揽梅之韵，挺梅之骨，聚梅之神
	榆庄记	袁枚 （1716～1798）	观景议论	守园如守身，有古人凿坏阃土之遗风

扬州园林现存图像文献资料非常丰富，按照描绘的内容主要有三大类：

一是以西北郊的蜀冈—瘦西湖一带的湖上园林为主要描绘对象的写实或半创作作品：多数为清中期伴随着皇帝南巡活动而衍生出的文化产品，即宫廷画师及职业画家绘制的记录扬州名胜的，具有强烈纪实功能的图纸，大多为鸟瞰的全景表现图，是近年瘦西湖复建的主要依据素材。主要有：绘于清乾隆第六次南巡前后，即乾隆四十九年（1784年）左右的《江南园林胜景图册》；清乾隆朝文华殿大学士、吏部尚书高晋等编纂的《南巡盛典名胜图录》，收录了著名画家上官周等绘制的大量插图，其中有十八幅关于扬州园林（**图3-1**）；李斗的《扬州画舫录》中关于北郊湖上园林的版画插图等（**图3-2**）。

一些民间画家也在此期间为藏家创作湖上园林为主题的作品。袁江、袁耀叔侄（亦有父子之说）均为扬州人，存世作品有数十幅，其中大部分是为晋商等北方藏家绘制的山水楼阁建筑界画。袁氏作品继承了唐宋青绿山水的传统，耳濡目染扬州的山水园林，加以瑰丽的想象，画面既精美富丽又充满浪漫诗意，比较客观地展现出清中期扬州园林的艺术特征。部分作品直接以扬州园林为题材，如袁江绘制的乔氏《东园盛概图》（**图3-3**），是一幅完全的写实之作（现存上海博物馆），配合曹寅所提的"八景"及张云章的《扬州东园记》等，基本真实地反映了这座清代园林精品的原貌。袁耀于1740～1746年间为山西商人贺君召在瘦西湖建造的私家园林东园两次分别绘制了《扬州东园图》及《东园十二景图》，前者包括春水步、苹风槛、踏叶廊、云山阁、芙蓉畔等景致，后者为醉烟亭、凝翠轩、梓潼殿、驾鹤楼、杏轩、春雨堂、云山阁、品外第一泉、目瞩台、偶寄山房、子云亭、嘉莲亭十二景。

袁耀的《扬州四景》（**图3-4**）《邗江胜览图》（**图3-5**）比较写实地展现了乾隆南巡期间瘦西湖一带的园林景观，成为今日复原湖上园林集群的重要依据。其他作品有高翔的《弹指阁》、卢雅雨的《虹桥揽胜图》等，酣畅淋漓地描绘出扬州园林"十里春风景物稠"的繁华景象。

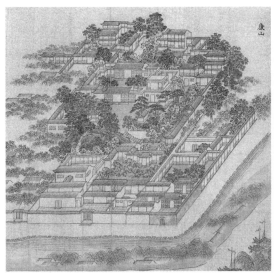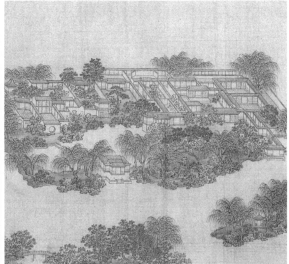

图3-1 《南巡盛典》插图（引自《扬州园林甲天下》）

图3-2 《扬州画舫录》中木刻版插图

郭俊纶先生整理的《清代园林图录》；由孟白、刘托、周奕扬主编，学苑出版社出版的《中国古典风景园林图汇》可谓中国园林图像资料集大成者，收录了大量具有一定真实性和较高参考价值的园林绘画，其中第一卷即收录了《广陵名胜全图》共四十八幅，以西北郊的湖上园林集群为主，黑白刻印，附有文字记载景致概貌、历史与特征等。鲁晨海编注的《中国历代园林图文精选》收集和整理了大量的园林图像资料（**图3-6**）。

二是城市私家园林园主人聘请画家为园林绘制的册页或鸟瞰图，这类作品较为零散，存世较少且品质较高，多为十分精美详尽的工笔绘画纸本、绢本设色等，由博物馆或私人收藏，是本文案例研究的直接参考资料，相关性最强。这类图纸是为满足客户的需求提供的比较写实的场景再现，相当于今日的园林设计图、效果图或竣工图等，配以园主或名士的题跋，多总结为园林十二景、二十景等，内容完整，比较真实可信。主要有王云为郑氏绘制的《休园图》、王素为包氏绘制的《棣园十六景图册》，根据僧人几谷绘制的棣园鸟瞰图拓印的碑刻及佚名画家绘制的《秦氏小盘谷园景图》《娱园图》《焦园图》等（**图3-7~图3-9**）。近年由广陵书社出版，顾风主编的《扬州园林甲天下——扬州博物馆馆藏画本集萃》中收录了大量扬州博物馆馆藏的园林绘画，是本研究的重要参考。

图3-3 袁江《东园盛概图》局部

春景：春台明月

夏景：平流涌瀑

秋景：万松叠翠

冬景：平岗艳雪

图3-4 袁耀《扬州四景》

图3-5 袁耀《邗江揽胜图》

图3-6 郭俊伦复制的《东园图》

清初界画家王云的《休园图》是为其好友扬州盐商郑侠如的私家园林休园绘制的绢本设色横轴，共十二段，真实地描绘了休园的四季美景，反映出清代扬州私家园林的典型造景特征。图中灰瓦通脊歇山顶长轩接长廊环绕中心水池，水中有玲珑湖石升起，三折石板汀步桥架设于水面收窄处，池中莲鱼相戏的场景在晚清的私家园林中亦十分常见；秋景图中的长楼对望植有苍松茂林的湖石山，与何园北花园蝴蝶厅和植有白皮松的湖石山的关系如出一辙；冬景中描绘的山峰、蹬道与书屋的隐现关系与个园的藏书楼、何园的书房等均极为相似（图3-10）。清代王素作《棣园全图》共16幅，每一幅图均配有诗文题词点景，现存于扬州博物馆，通过拍卖得以回归，十分珍贵（图3-11、图3-12）。这也是唯一的一套描绘晚清扬州城市私家园林的完整册页作品，与画僧几谷绘制的鸟瞰全景图及王小梅绘制的育鹤轩图（图3-13）等图像资料对照。可以大致推测复原棣园原貌。

三是笔记小说、杂记等中出现的有关扬州园林的插图及一些以园林为背景的绘画，如仕女图、

图3-7 佚名《秦氏小盘谷园景图》

图3-8 佚名《娱园图》

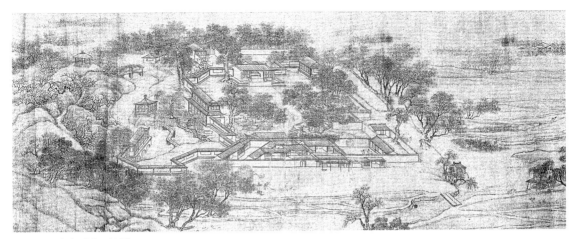

图3-9 佚名《焦园图》

休园图 春

休园图 夏

休园图 秋

休园图 冬

图3-10 王云《休园图》
（引自《扬州园林甲天下》）

士图、春宫图等，从侧面客观地展现了当时人们游览园林的视角及如何在园林中生活的细节等，亦
可以作为研究的参考线索。如清完颜麟庆晚年所编纂的考古游记《鸿雪因缘图记》延请著名的扬州
画家汪英福（字春泉）、陈鉴（字朗斋）、汪圻（字惕斋）三人按题绘成游历图，每事一记，每记一
图，共有图文对照的笔记二百四十篇，比较真实地反映了19世纪上半叶中国江南地区的状况。郑

图3-11　王素《棣园十六景之 洁兰称寿》

图3-12　王素《棣园十六景之 沁春彙景》

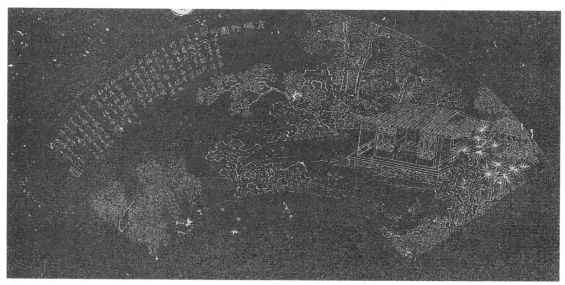

图3-13　王小梅《育鹤轩图》

振铎《中国古代木刻画史略》著录此书，评价道："以图来记叙自己生平，刻得很精彩，可考见当时的生活实况。"清康熙年间的《扬州梦传奇》小说中的插图展现了清代扬州城市民真实生活的环境，对了解当时私家园林的使用状况具有一定参考价值。如《被逐》图中可见水榭为招待客人进餐处，门扇可以拆除作为轩敞；《辞家》图中可见厅或堂屋檐下悬有花篮，园内水面架竹木桥；《投亲》图中亭廊的围栏为镂空云纹，而不是今日复建常见的浮雕样式，等等，（**图3-14**）。另外，一些学士图、美人图描绘出文人淑女等在园林中与山石梅菊相伴，与琴棋书画为友的场景，从侧面反映出当时的上流阶层在园林中居游的状况。

图3-14　清代小说《扬州梦传奇》插图

二 晚清扬州城市私家园林名录

明代园林是园林史上的黄金时代，江南园林更是黄金版块。明代扬州的造园过程促进了南北方营造理念和技术的融合，为清代扬州园林的风格形成奠定了基础。明初运河得到修整，成为南北交通动脉，扬州再次成为两淮盐运的集散地，经济复苏，沿运河筑十里新城，明代私家园林复兴。明中期以后，扬州徽商成为主流，也吸引了赣商、湖广商、粤商等。商人兴建的城市或城郊住宅园林形成一定规模，且比前代的园林更为讲究整体布局和花木配植，营造工艺等也更为讲究。计成在"城市地"中所写的"虚阁荫桐，清池涵月，洗出千家烟雨，移将四壁图书"所描绘的应当就是扬州旧城的景象。明代的扬州园林构筑有简有繁，简约的园子重在意趣，往往是一园一景，点到即止。如明万历二十年（1592年）扬州太守吴秀浚城壕，将掘出的淤泥堆积在北岸，聚成土岭遍植梅花，即今日"史公祠"内的梅花岭，其叠石的艺术以技术均达到极高水平。如嘉靖年间（1522~1566年）欧大任的"苜蓿园"以院内遍植苜蓿出名。同时期也出现一些集锦式的宅园，构筑复杂，在有限的空间内营造多重胜景，影响甚广，成为后来扬州城市宅园风格的典范。郑氏四兄弟的影、休园、嘉树园、五亩之园是其中的优秀代表，尤其是明末影园的文人修禊活动一时传为佳话，董其昌游园并题"影园"门额，被视为扬州文化发展史的重要事件。此外，还有"皆春堂"、"江淮胜概楼"、"竹西草堂"、"康山草堂"与行台"西圃"以及"荣园"、"小东园"、"乐庸园"、"偕乐园"等。

清初，官僚文人大夫阶层在扬州建有王洗马园、卞园、员园、贺园、冶春园、南园、郑御史园、篠（小）园，号称八大名园。郑侠如的休园严格说来是清初顺治年间所建，一时文人汇聚，留下大量园记及图卷等。盐商马氏兄弟所建造的街南书屋是扬州乾隆以前比较出名的一座园林，《扬州画舫录》记录街南书屋内建有十二景，包括"小玲珑山馆、七峰草堂、清音阁等"，马氏重金藏书，延请并资助文人前来研学交流，传为美谈。

至清中期，扬州成为南北漕运的咽喉，经济、文化再度出现极度繁华局面。因在扬州设立两淮盐运使，因此全国各地盐商云集扬州。清代的盐商在商人中最为富有，生活极为奢靡讲究，积极交结权贵竞相造园邀宠，为接驾康熙与乾隆六下江南大兴造园，瘦西湖十里楼台不断，一度形成扬州园林甲天下的盛况，客观上掀起了中国历史上规模最大的一次公共园林建设高潮。如清乾隆四十五年、四十九年第五、六两次南巡，下榻江春的康山别业，御临董其昌书《康山草堂》额，题"奇花二月之中遇，古树千年以上论"对联，赐御临董其昌《仿杨凝式诗贴》。据扬州市文物局资料记载，2001年于康山街清理发掘出清代康山草堂园林叠石（**图3-15**）。此时比较出名的园林多为瘦西湖一带为接驾所建的别墅，如黄氏造"趣园"，由乾隆赐名，又叫做四桥烟雨；洪氏别墅倚虹园（虹桥修禊）和小洪园卷石洞天；盐商汪氏的九峰园是扬州园林中极少见的以孤峰立石为主要造景手法的一例，"九峰园奇石有九，后择其尤者二石，移入北海。金雪舫诗云：洗砚池边绿水湾，海桐树里闲花关。九峰园有玲珑石，移向金鳌玉栋间。"① （**图3-16**）城内有秦恩复建小盘谷，传由名相士戈裕良叠假山，惜今日大多毁损不存。

---

① 董玉书. 芜城怀旧录［M］. 南京：江苏古籍出版社，2002：125.

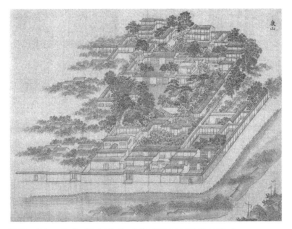

图3-15 康山图（引自《扬州园林甲天下》）

图3-16 九峰图（引自《扬州园林甲天下》）

　　清嘉庆八年（1803年）因盐业渐衰，皇帝停止南巡，扬州经济也迅速衰落。到嘉庆二十四年（1819年）阮元游瘦西湖时感叹道："楼台荒芜难留客，花木飘零不禁樵。"而此时期的城市私家园林却日益兴盛起来，尤其是1820～1910年的晚清期间，在朱江《扬州园林品赏录》中有记载的"城市山林"有近百处，虽其中大部分已毁损，仍有二三十余处尚存遗迹，构成了今日扬州城区的基本面貌。如嘉庆年间两淮盐总黄至筠建个园，包世臣所筑小倦游阁，刘文淇筑清溪旧屋，道光年间包松的溪棣园，阮元的小云山馆，魏源所筑絜园等。同治、光绪年间（1862～1905年）"海内承平，两淮盐业渐盛"，扬州经济"回光返照"，如何芷舠于同治元年筑寄啸山庄、卞氏娱园、卢氏意园（**图3-17、图3-19**），魏氏逸园、贾氏二分明月楼、蔡氏退园、刘氏刘庄、周氏小盘谷、许氏飘隐

图3-17 卢氏意园现状（作者自摄）

园、徐氏倦巢、江西盐商集资庚园、方氏容膝园、珍园等。这些园林大多由历代旧园合并扩建而成，也是扬州传统园林最后的篇章。结合现状来看，清代扬州城市私家园林中历史最久的应属郑氏影园，面积最大为个园，保存原真性最好的应是汪氏小苑。

清末至民国初年期间，随着津浦铁路开通，扬州彻底失去了水陆运输的优势，20世纪30年代日军入侵也占领了扬州，大批商人实业家举家迁往上海，扬州的繁华走向了终点，成为一座被遗忘的城市。此时扬州城内陆续新建或改建的一些私家园林多为"容膝半亩"之地作拳山勺水写意小品，已无法与康乾及同治、光绪时期相提并论。从总体风格上看，民国的私家园林可视为清代扬州园林的延续，也是扬州古典园林的最后篇章。现存遗迹较为完整的民国扬州城内私家园林主要有二圃四庐，以及一些以"小筑"命名的庭园，包括明庐（**图3-18**）、蔚圃（**图3-20**）、匏庐（**图3-21**）、

图3-18 明庐现状（资料来源于扬州园林局档案及现场草测）

汉庐、怡庐、蔼园、憩园、平园、杨氏小筑、英餐别墅等，其中蔚圃、英餐别墅内假山由晚清叠石高手余继之堆叠。蔚圃的主院落占地不足一百平方米，布置了五间的花厅，左右环绕抄手游廊，置半亭于六平方米的水池上，叠石不到三米高，传为余继之所叠"游龙戏凤"主题，全院仅种植四株枝条姿态优美的木本植物，点缀盆景若干，终年郁郁葱葱，给人逃离喧嚣的悠然世外之感。其他有记载的还有徐氏祇陀精舍、邱氏邱园、张氏拓园、盐商集资萃园、胡氏息园、周挹扶辛园（**图3-22**）、钱氏讱庵、郭氏问月山房、杨氏蛰园、丁氏八咏园等。

现存遗址较为完整的清代扬州城市私家园林　　　　　　表 3-2

园名	园主	年份	位置	现状
个园	黄至筠（盐商）	1818	盐阜东路 10 号	中心园林基本完整，缺失西南部分建筑。五路住宅仅存三路。
何园	何芷舠（官员）	1883	徐凝门路 77 号	包括寄啸山庄与片石山房两部分，保存基本完整，可能缺失西花园和东侧签押房处园林。
汪氏小苑	汪竹铭（盐商）	1915	地官弟街 18 号	保存十分完整，维护良好。
小盘谷	周馥（官员）	1987	丁家湾大树巷 42 号	东部园林基本完整，住宅北侧建筑做过较大修整改建。
逸圃	李松龄（钱庄老板）	1910	东关街 356 号	格局完整，建筑和假山等经过较大修复，仍缺少南部客房和北侧菜园等。
刘庄（陇西后圃）	刘景德（盐商）	1885	广陵路 64 号	主要建筑框架尚存，大门已毁，部分庭院完整，存 21 块《泼墨斋法帖》。
瓠园	何栻（官员）	1865	东圈门 22 号	地形格局基本完整，东侧园林缺失，建筑和山石等经过较大改动。
贾氏宅园（二分明月楼）	贾沅（盐商）	清道光年间	广陵路 263 号	住宅建筑尚未修复，园林部分基本完整，庭院中央部分改动较大。

园名	园主	年份	位置	现状
卢氏意园（康山草堂）	卢绍绪（盐商）	1894	康山街 22 号	前身为著名的康山草堂，阮元曾居住于此，后为卢氏所得。现保留基本格局及部分墙体，建筑与花园均毁。后复建，花园已无。（图 2-13、图 2-15）
李长乐故居	李长乐（将军）（1838—1889）	1865	东关街五福巷	仅存旧址格局，后部分复建。
萃园	包黎先（待考）	清末	小秦淮西岸，三元路 49 号	并非纯粹的宅园。园基为潮音庵故址，清宣统末年，丹徒包黎先筑大同歌楼于此，后毁于火。民国七、八年间，盐商集资改建"是园"。抗战时为汪伪师长熊育衡占据，改名"衡园"。新中国成立后萃园改为市政府第一招待所，并将西部的"息园"并入，现为萃园饭店。
冬荣园	陆静溪（文人）	清末	东关街 98 号	尚存部分建筑及土石山，怪石松梅，古树若干，现在已经基本修复。
陨园（卷石洞天）	洪徵治（官员）	清初	扬州新北门桥西北侧，今卷石洞天	毁于咸丰年间兵火。1988～1989 年重新扩建部分景点。景区由东部的水庭、中部的山庭与东北部的平庭等几部分组成，共包含十个景点。
珍园	李锡珍（盐商）	清末	扬州市广陵区	住宅建筑环绕四周，园林居中的布局，小巧精美。现被占用。
廖园	廖可亭（盐商）	1908	南河下 118 号	盐商廖可亭于光绪三十四年（1908 年）购此宅及与之相连的严姓住宅修。现存老屋 150 余间，建筑面积 2600 余平方米，破坏严重，园林无存。

园名	园主	年份	位置	园林概况
街南书屋（小玲珑山馆）	马曰琯、马曰璐（盐商）	1808	东关街薛家巷西	2013 年复建完工，恢复了"街南书屋十二景。"总占地面积约 12000 平方米，其中建筑面积约 8200 平方米。
棣园	包松溪（盐商）	1844	广陵区南通东路南河下 68 号	存世有《棣园十六景册页》《棣园全景》、包良训《棣园十六景图自记》等。
休园	郑侠如（盐商）	清初顺治年间	广陵路北，皮市街东流水桥	存计东《休园记》、方象瑛、吴绮、许承家《重葺休园记》、李光弟、张云章、宋和《三修休园记》、王云《休园图》等。
秦氏小盘谷	秦恩复（官员）	1788	堂子巷六号	戈裕良堆假山，存有赵怀厚做《小盘谷图卷》。
九峰园（南园）	汪氏（盐商）	约 1710	扬州城南，今荷花池公园	存世有《九峰园木刻图》《御题九峰图》、钱陈群《御题九峰园记》等。
平园	周静成（盐商）	清末	花园巷路北	楠木结构，占地 3500 平方米，现在被某单位占用。
容膝园	方小亭（官员）	清末	金鱼巷五号	现存何绍基题"容膝"门额。
娱园	卞宝第（官员）	光绪年间	广陵路 129 号	存有陈崇光《娱园》图。
江氏东园	江春（盐商）	清乾隆年间	现扬州重宁寺东扬州宾馆附近	园内有梅花岭、熙春堂、俯鉴室、琅玕（意美石）丛等。
退园（裕园）	蔡露卿（官员）	清光绪年间	广陵路 248 号，因此邻康山草堂	园内有晴庄、墨耕学圃、交翠林等。存世有《退园觞咏图》，由同里人氏汪鋆绘制于光绪二年（1876 年）。
焦园	待考	约 1853	待考	存世有《焦园图》，王素绘制于咸丰三年春。

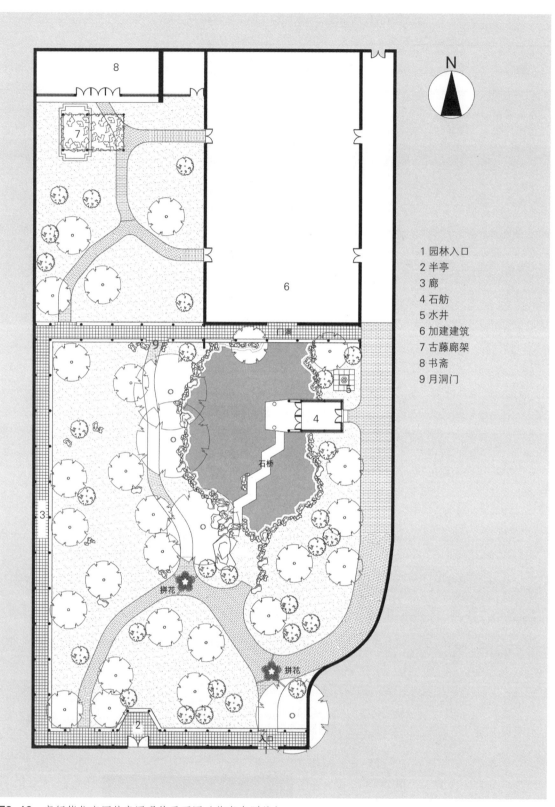

N

1 园林入口
2 半亭
3 廊
4 石舫
5 水井
6 加建建筑
7 古藤廊架
8 书斋
9 月洞门

8

7

6

5 (水井symbol)

4

石桥

拼花

拼花

3

2

入口

门洞

9

图3-19 卢绍绪住宅园林意园现状平面图（作者自测绘）

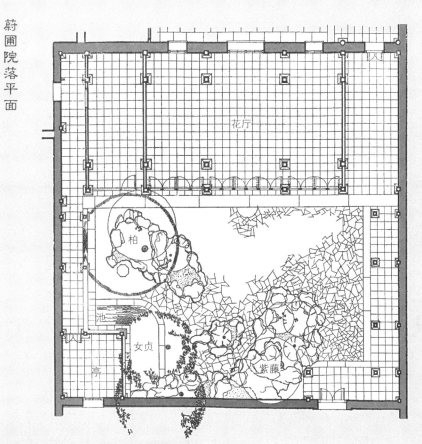

蔚圃院落平面

花厅

柏

入

池

女贞

亭

紫藤

图3-20 蔚圃平面及院落龙凤叠石现状（作者自摄、自测绘）

1936年民国政府成立"风景委员会"着手对扬州园林进行保护和修整，可惜不到两年爆发战争，城市宅园几乎全部荒废。对于这些扬州民国私家园林本书仅罗列相关资料以为参照，不展开具体分析阐述。

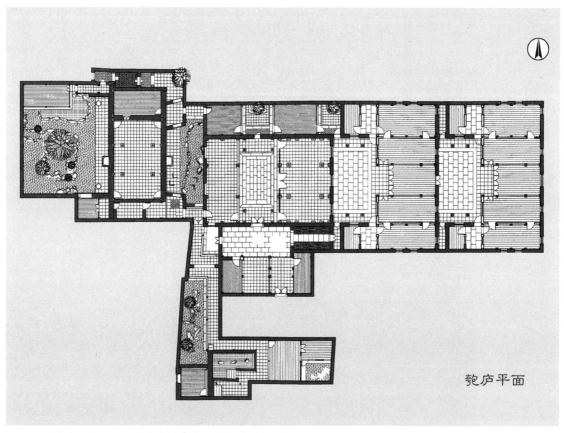

图3-21 匏庐现状平面图（作者改绘自扬州文物局档案）

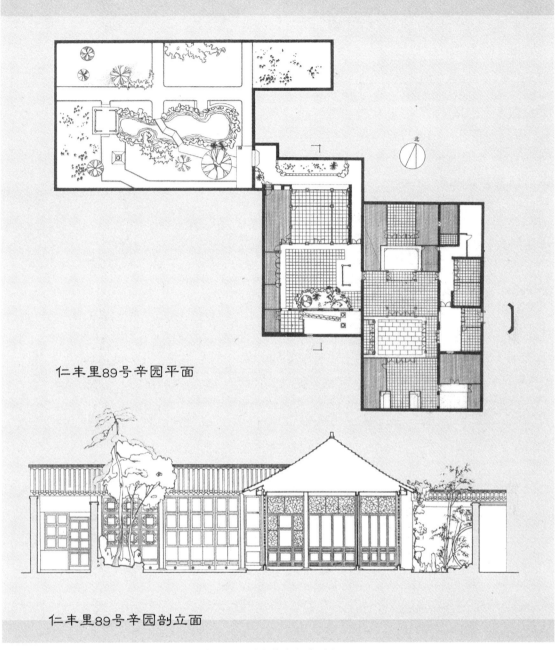

仁丰里89号辛园平面

仁丰里89号辛园剖立面

图3-22 辛园原平面及剖立面图（作者改绘自扬州市档案馆资料）

第四章

造园艺术综述

一 构园立意

（一）运河基因，船行体验

大运河的变迁决定了扬州园林的兴衰与特征。晚清扬州城市私家园林造景意象是由运河与盐业经济鼎盛时期的审美追求演变而来，是连续的文化网络中的一个局部，是运河与盐业、晚明文人艺术等几条脉络的交汇处。援引都铭在《扬州园林变迁研究》中的观点，扬州园林的发展可分为三个阶段："18世纪前园林、风景两条脉络并进的发展时期，18世纪主要在城郊集中建设整合的高峰时期以及19～20世纪初回归城市园林的转折时期。"[①]在1757年前，运河主要是扬州园林营造中可利用的资源，如借运河疏浚工程初步成形的梅花岭、康山等名胜，富贵人家也往往在运河及其城内支流水系旁边建造私家园林，如康山草堂等。这一阶段的运河没有对园林形成直接的影响，只是因借的一个外部条件。

1757～1820年是扬州园林发展的高峰期。为应对水患、刺激经济、团结汉族士绅阶层，乾隆南巡默许并鼓励盐商以私人接驾的方式大兴土木打造湖上园林集群，形成了扬州"一路楼台直到山"的运河景观。皇帝行船的路线、视角、停留地点决定了湖上园林的造景模式，如建筑体量高大，屋顶变化复杂，叠山追求疏浚造山形成的整体感与大体量等特征。大量的文艺绘画创作如袁耀的《扬州四景》《平山堂图志》《广陵名胜全图》等都是采取船行的视角绘制，采用横向构图，视点较低，画面空间向水平方向延伸，而空间的进深层次较为扁平。可见"一叶轻舟下扬州"的游赏方式深深影响了晚清扬州文人商宦的观景模式，逐渐形成一种"动态视角"的审美观。这一时期的运河成为社会重大事件的载体，新建的湖上园林综合了南北造园文化与技术并发展出自身的特色，"扬州园林"成为一个专有名词。

1820～1912年西北郊的湖上园林迅速衰落，而城内的私家园林逐渐兴盛起来，虽影响与规模不可与前者同日而语，所幸至今存有较多真迹。这一时期的园林虽地理位置与运河稍远，但在营造立意及特点上仍延续着运河基因的影响。主要体现在几个方面：

一是模仿船行于山水间的意象。晚清扬州城市私家园林中的中花厅也叫船厅，或四面厅、桂花厅，通常位于整个院落中的核心位置，有些直接设计成船的外形。厅下凿池，或以波纹状花街铺地写意水面，四周倚墙壁建陡峭的贴壁假山，仿佛"两岸猿声啼不住，轻舟已过万重山"的潇洒境界。典型的有汪氏小苑可栖徯院落花厅、卢氏意园、瓠园船厅、小盘谷曲尺船厅、街南书屋小玲珑山馆中的船厅、秦氏意园不系舟、瘦西湖上净香园的不系舟等。有些船厅造型为普通四面厅，通过楹联地铺等周围环境设计营造出"行舟"的意象，如何园"桴海轩"取孔子"道不行，乘桴于海"之意命名，周围地面用瓦片与鹅卵石拼出波光粼粼的效果。小盘谷、个园、片石山房的湖石山均为崖壁造型，其意象原型很可能来自长江两岸山水景貌。如清代画家王翚的《秣陵秋色图》写实地描

① 都铭. 扬州园林变迁研究（国家自然科学基金资助项目）[D]. 同济大学博士学位论文，2010：237.

绘了长江沿岸的山水景致，很可能已成为当时江南造园叠山的摹本。

二是追求连续与穿越的空间体验。江河中行舟的过程使得视觉主体与景观界面一同推进，这种目光不断游动的状态要求园林造景不单纯是轴线与节点的关系，而是类似手卷绘画一般展开的线性的景观界面。湖上园林界面向运河空间开放，呈现出连续不断、此起彼伏的效果，园林建筑与山石连为一体，主体建筑的屋顶标高多样，空间体量多变，形成李斗在《扬州画舫录》中提到的"裹角之法"，即一种实现多变的屋顶组合关系的小木作结构。长楼、长廊等构成循环往复的连续空间，没有特别强调固定的观景点。这些特点明确地体现在城市私家园林中，如"觅句廊"、"蝴蝶厅"、"曲尺花厅"等，并且山石与建筑紧密结合，形成连贯的路径。另一方面，船行于水面时穿过桥洞，岸边景物与视线平行的感受丰富了人的空间体验，也反映到平地造园的意识中。扬州园林叠山讲究"中空外奇"的效果，不仅造洞室山房，峡谷溪涧，并特别追求山体内部交错变换的空间关系，有"明不通暗通，大不通小通，直不通曲通"的说法，给人多样奇特的穿游感受，这也是扬州园林非常突出的特点与成就。

三是疏浚造山与登高远眺。据《都水志·扬州府》记载，除了大运河外，晚清扬州城内有大小十一条河流（市河、运盐河、白塔河、沙河、山洋河、宝带河、新河、茱萸湾、芒稻河、瓜州闸河、瓜州月河），这些丰沛的水系带来了疏浚的问题，因此每隔一段时间就会开挖泥土，堆积成山。如梅花岭和康山，就逐渐成为城内园林造景的依托，声名日盛。这些土山尺度较大，延绵不绝，虽没有特别的形态和细节，却为之后晚清扬州城市山林中的叠山提供了参照的蓝本。从现存遗迹看，扬州私家园林中的假山形态受疏浚叠山的影响体现在几个方面：第一，大多追求整体延续、一气呵成的气势，孤峰置石欣赏的做法非常罕见，即使有，也是作为一个完整的山水景致中的一部分出现，如个园夏山的"月石"；第二，假山的尺度较大，往往达到8、9米，超过了大部分的江南园林，接近三层建筑，并且设置攀登的路径、远眺的平台或亭等，很可能是为登高欣赏运河风光而设计，也可能作为盐商的园主希望能在自宅中俯瞰视察商运的情况。如棣园中"平台眺雪"中的高台是全园的至高观景点，题"江南江北山，银海铺琉璃，罗列露台下，此景叫绝奇"，可见于园中观赏运河风光应是造景的目的之一（**图4-1**）。何园的档案中亦有记载蝴蝶厅东北角原有一处高台，可惜现在并未修复。个园中的"拂云"亭高于抱山楼，离地面近7米，登上可望运河。抱山楼二层回廊已将园景尽收眼底，因此"拂云"亭应为俯瞰园外风光所置。

（二）四时园居，时空轮回

中国自古有时空一体的观念。战国尸佼《尸子》中提出"四方上下曰宇，往古来今曰宙。"说明整个空间就是宇，整个时间就是宙，宇宙就是具有时空属性的运动着的客观世界。《管子·宙合》篇中的"宙合"也是取时间与空间的统一观念。中国古代风水的堪舆罗盘，天文历法等均同时标记时间和空间，选择良辰吉地进行重要仪式，也是"天时地利"观念的反映。西方哲学家黑格尔也持有时空交融的观点："空间的真理是时间，因此空间就变成时间。"中文"空间"的概念是指物质存在的广延性。"空"指虚无、空旷、广大之意，既可以向外无限扩展延伸，又可以容纳他物。"间"指充实界面的内空体。空间是形体向内与向外扩延的一种视觉与心理上的形体感受，具有时

图4-1 王素《平台眺雪》（引自《棣园十六景》册页）

间、立体场景和人的因素特征。中国人习惯主观地融入人的情感与想象将万物的规律与时空联接起来，形成非常复杂多元的关联，这种思维体现在庆典、历法、堪舆、医学等各个生活领域。传统建筑学的研究成果有关于时空探讨的线索，如王绍森的《透视"建筑学"——建筑艺术导论》提出古代园林的空间处理手法让使用者在时间中行进，是时间性在空间中的表达。张永和在《非常建筑》中提到"在中国，传统的概念中不分时空"，"时空二者共同构成经验的世界"，"时间的距离是由空间的分隔暗示出的"。方珊在《诗意的栖居：建筑美》中写道，"不仅空间在展示时间，时间也在烘托空间，时空交会在主体的流动中，并在主体的观赏中不断拓展、延伸"，充分表述了时空的密切关系，以及时空与建筑、与人的体验关系。王振复所著《建筑美学笔记》提到园林建筑是一种具有时间因素的空间意象，富有音乐般的美感。"以时空为视角研究中国传统建筑的时空融合特征，必然要涉及以时间意识为特点的中国传统观念，也必然更能揭示时间对中国建筑空间特色的意义。"[①]

① 童淑媛. 时空融合观念下的中国传统建筑现象与特征研究［D］重庆大学建筑城规学院博士论文. 2012，9.

营造诗意的时空是为了唤起人的情感和直觉。人的记忆是情感记忆，只有唤醒了直觉，被击中，被打动，才有可能回忆起无数平凡过往的某个人生片段。人的感受与印象形成取决于视觉、听觉、味觉、触觉、嗅觉等感官体验与记忆、联想、潜意识等心理层面的综合作用，因此，中国文人园林追求时空交融的、开启并连接所有感官和情绪的意境营造，园林中充满了园主个人的主观情感与偏好。主人邀您游园，意味着邀请你进入他的生活和他的梦，用桂花的香味、浮动的竹影、幽暗的山洞、静谧的池塘含蓄地倾诉他的过往经历、性格特征和内心的情感。

农耕文明的生产生活节奏较缓慢，与自然深刻关联，人们体验四季物候的变化比今日要敏锐得多，由此发展出天人合一的富有诗意的时空审美观念。清康熙年间陈扶摇在《秘传花境》中描绘了一种当时颇为流行的四季园居活动：

春

晨起，点梅花汤，洒扫曲房花径，阅花历，除阶苔。禺中，取蔷薇露浣手，熏玉甦香，读赤文绿字。晌午，采笋蕨、供胡麻、汲泉试新茗。午后，乘马携斗酒只柑，往听黄鹂。日晡（音bu：下午三点到五点），坐柳风前，裂五色笺任意吟咏。薄暮，逸径，指园丁理花，饲鹤种鱼。

夏

晨起，支荷为衣，傍花枝吸露润肺，教鹦鹉诗词。禺中，随意阅老庄数页，或展法帖临池水。晌午，脱巾石壁，据匡床，与忘形友谈齐谐山海。倦则取左宫枕，烂游华胥国。午后，刳椰子丕（pi），浮瓜沉李，捣莲花，饮碧芳酒。日晡，浴龙兰汤，棹小舟垂钓于古藤曲水边。薄暮，捧冠蒲扇立高阜，看园丁浇花。

秋

晨起，下帷，捡牙签，挹花露，研朱点校。禺中，操琴、调鹤，玩金石鼎彝。晌午，用莲房洗砚，理茶具，拭梧、竹。午后，戴白冠着隐士衫，望霜叶红开，得句即题其上。日晡，持蟹、螯、鲈、鲙，酌海川螺，试新酿。醉听四野虫吟及樵哥牧唱。薄暮，焚畔月香，罋菊，观鸿，理琴数调。

冬

晨起，饮醇醪，负喧盥栉（zhi）。禺中，置牦褥，烧乌薪，会名士作黑金社。晌午，挟英理旧稿，看树影移阶，热水濯足。午后，携都统笼，向古松悬崖间，敲冰煮建茗。日晡，羔裘、貂帽，装嘶风镫，策蹇驴，问寒梅消息。薄暮，围炉促膝，煨芋魁，说无上妙偈。剪灯阅剑侠，列仙诸传，叹剑术之无传。

园林的空间是诸构成要素的并存关系，它们之间固有上下、左右、前后的延展性，并同时具有四季、晨昏、晴晦各形态的交替关系及景象引导程序的先后持续性。西方油画以固定视角描绘实体细节与光影关系，而中国绘画以运动的视点展开，重视画面的空白与笔墨共同表达。例如，同样的留白，有的是水面，有的是香气，有的是山林深处等等。同样，西方古典建筑重视实体的功能与结构及装饰细节；中国的建筑与园林早已相互渗透交融，与书画艺术一样，实体的建筑、山石水体（笔墨）与空间及光影（飞白），甚至暗示的意境（画外之音）共同决定了整个空间体验的效果，而局部特征是相对面目模糊的、平淡的、内敛的。园林中的匾额楹联诗词所凝聚的意境是几乎可以穿越时空存在的信息，成为延续园林意境品格的核心。漫步于园林中，人们感受到的是极为丰富的、似是而非的、变幻无穷的、耐人寻味的空间气质，被整体和谐中孕育的无穷可能性所感染。扬州私家园林作为中国古典园林的最后篇章，其空间意象已形成相对固定的模式，是集诗画、山水、建筑、动植物等古典审美要素之大成的载体，是一种高度概括的典型的时空交融的艺术。个园的分峰造景叠山被解读为象征四季轮回的"四季假山"，是国内园林叠山的孤例，但从扬州私家园林的遗存来看，这种多石并用的做法并不罕见，很可能是当时流行的造园时尚。如刘庄现存有约一米余高的不同石材的石笋、湖石山和黄石遗存；清末的瓠园、民国初年的八咏园亦有湖石及黄石山的部分遗迹，说明晚清的扬州私家园林造园具有成熟的时空观念和借景手法，并且形成了"四季假山"这样的模式。

晚清扬州私家园林中位于园林中央的四面厅或方亭水榭这样通透的园林建筑都是以空间的渗透为目标来建构的，其主要功能就是交汇时间、空间和人的情感，以点带面，以虚带实，以静带动，以有限带无限，以期营造一种涵纳时空和催化心灵的悟境。扬州宅园空间造景亦十分注重四季的交融，擅长以片石寸草开启景物与日月星辰、季相变化、风霜雨雪、云蒸霞蔚等的联结，寓情于景、寓意于物、以物比德，并且兼顾遮阴朝阳，避风通风等适宜小环境气候的营造。如逸圃铁镜常磨书屋前假山留出洞口透视圆形透窗的造景，既提供了山洞的采光通风，又巧妙地借阴影与圆形营造出月的意象，呼应了"铁镜"的含义。

另一方面，在集权的农耕社会中，对土地和人口流动的限制使得全社会必须倚靠家族宗法的伦理约束来维系整个社会的稳定、平衡和发展，中国人"基业"、"乡愁"等概念也都根源于此，这与其他民族有所不同。仅以东亚范围来看亦有区别：如多灾多难，资源匮乏的日本人深刻感受生命无常，自然可畏，因而怀有十分虔诚的心态，以禅宗的"悟道"为最高追求，反而看淡个体生命以及物质享受，因而日本的宅园空间简朴细腻，充满抽象的哲理；蒙古等游牧民族逐水草而居，没有定居及囤积物资的观念，因而也没有发展出建筑园林艺术。晚清扬州城市私家园林的主人持有"耕读传家"的观念，因而建园时即抱有家族千秋万代轮回永续的期待。主人选取昂贵的材料构筑主厅堂，照壁、仪门、大门、山花、花窗等细节的雕饰不惜工本，假山的堆叠也是精工细作，追求"千年不坏"等。这种时空永续的思想在造园的总体构思上体现在两个方面，一是在空间中追求完整的生命体验感，如春风拂面，夏日蛙鸣，秋夜赏月，冬雪腊梅，晨曦中有百花承露，夕阳下山石生辉等；二是空间中蕴含着周而复始，循环往复的理念，如造景中体现的四季轮回，山水相依，柳暗花明，水流云起等等，总的来说，是追求一种轮回永恒的人与时空的关系。例如，个园宜雨轩又叫作四面厅，取纳四时四方美景于"一方天地"的含义，其南侧是"百兽闹春"的画面，西北是盛夏幽谷停云，荷塘蛙鸣的浓翠、松鹤延年的潇逸，东侧是丹枫黄石的岩谷丘壑，坐于厅中虽静观不动而可见四时流转，体验生命轮回往复的过程（**图4-2**）。

图4-2 个园分峰造景，体现出四时变化（作者自摄）

二 空间布局

（一）前宅后园，城市风水

相较于其他江南园林的布局，晚清扬州私家园林的总体空间结构较为严格地体现出清代营造则例中的礼制规范，亦讲究风水理论的一些基本原则。

《周礼·考工记》记载了城市营造原则为"前朝后市，左祖右社"，自城市规划格局、皇家宫苑布局到普通民居，基本都遵照以南北为中轴线，前（南）宅后（北）园，东祠西庙的模式布局。晚清扬州私家园林的住宅建筑一般分为东、中、西三路甚至五路并列，以狭长的火巷作为分隔，东西向的院落间有地穴通道串联，经火巷处均设置雨搭，讲究的人家将雨搭设计成骑楼样式，题砖雕匾额，如东关街的逸圃。纵向的住宅通常是单数，主房三进、五进或七进，更大者前后有九进，如南河下汪鲁门盐商住宅建筑群。每一进院落均是中轴贯穿，两厢对称，后一进比前一进略高六寸左右，有"步步高升"之意。院落进深与建筑高度基本1：1，满足采光的条件下最大程度地利用了土地空间。主厅堂天井布置花坛或山石小品，大水缸内存水防火灾，也可为金鱼过冬使用。住宅院落为避免礼制僭越，常作明三暗四或明三暗五的式样，即耳房与厢房联通成为套间或密室，而堂屋面积较小些。南北向的院落从侧门连接，屏门挡中一般作为厅堂的影壁，悬挂字画匾额等，只在重大节庆时打开。一般而言，中路建筑为主路，第一进设置倒座仪门福祠；第二进为全家主厅堂，婚丧等重要礼仪及正式接待场所；第三进为主人住宅，.之后为长子住宅等。"正西代表女儿，正东代表长子"[1]，在晚清扬州私家园林的建筑布局中，一般都把绣楼闺房等女眷居住的场所置于整个住宅的西侧，而东路建筑多为儿子的住所及公子读书楼等。由于夏季西晒，冬季寒风，东路建筑并不十分舒适，因而北侧通常为厨房、签押房、仆人房等功能空间。西路为女眷住宅，尺度体量较大，最北侧通常是二层的闺房绣楼。西路前进院落一般为奉亲孝母处，很多扬州大家族主母吃斋礼佛，因而常演变为家庙。如历史记载中的何园、棣园均在西路建筑设置家庙。若家族女眷多，西路厅堂常专门辟为"女厅"，庭院空敞，作为家班表演堂会之所，如个园西路建筑第一进主厅堂也是观戏厅。

由于晚清扬州城市用地局促，且很多园林为旧园改建，因此整体布局很难取得理想的南宅北园模式。多数19世纪60年代后间的私家园林布局显得较为零散，似有拼凑之感。另一方面，宅园结合具有更强的空间渗透效果，居住空间与园林空间信步可达，推门即见山水，内外连贯，彼此融透，园内的路径交通也更为灵活多变，如何园、汪氏小苑、逸圃等。大多晚清及民国初年的私家园林实为庭院空间的拓展，通常仅数十平方米，类似日本的茶亭，一石一木皆经过精挑细选，摆放为具有特定含义的场景。这种简洁的置景方式与扬州八怪文人绘画的主题如竹石图、墨梅图等异曲同工，如蔚圃、卢绍绪宅园、珍园、冬荣园、李长乐故居庭院等处。

---

① 魏宪田，黎光. 相宅者说——解读藏风聚水的中国建筑文化［M］.北京：中国物资出版社，2010.

传统理论通过观察和总结人与自然的感应关系，指导人们如何因势利导地选址建造，发挥场地的优势，克服化解不利因素，以达到天人合一的和谐相处状态，亦对私家园林的布局产生了深刻的影响。晚清扬州私家园林中"营造风水气场"的原则贯穿在选址规划、建筑装修、叠山理水等各个营造环节，主要体现在几个方面：

1. 要素完整。传统风水中的"形势宗"又称峦头法，主要是"以形观风水，形中寓理，即通过山川形势、河流形态等相关自然环境因素选择好的地址，讲究宾主、隐显、空白、疏密聚散、顾盼呼应、纵横、开合、取势等各种关系"[①]。这种方法与现代环境科学的部分观点较为接近，对自然环境系统有一系列的评价标准，概括其五大步骤是：觅龙、察砂、点穴、观水、取向，要求龙要真、砂要秀、穴要的、水要抱、向要吉。对于井邑之宅，形势法中龙、砂、穴、水的寓意发生了一些转化。《阳宅集成》写道："万瓦麟麟市井中，高屋连脊是真龙，虽曰汉龙天上至，还须滴水界真宗。"《阳宅会心集》说："一层街衢为一层水，一层墙层为一层砂，门前街道即是明堂，对面屋宇即为案山。"若宅基地位于闹市，则将周边的房屋看成是山，周边环绕的房屋为砂，周围的街道为水，连脊的房屋看成是龙脉，如逸圃、小盘谷、汪氏小苑的封火墙做成延绵曲线形状，也称为"云龙墙"。《黄帝宅经》记载："以形势为身体，以泉水为血脉，以土地为皮肤，以草木为毛发，以舍屋为衣服，以门户为冠带，若得如斯，是事严雅，乃为上吉。"清代姚延銮在《阳宅集成》中主张："阳宅背山面水称人心，山有来龙昂秀发，水须环拖作环形，明堂宽大为有福，水口收藏积万金，关煞二方无障碍，光明正大旺门庭。"因此，整个宅园用地应当方正完整，不宜缺角，房屋最好八方完整，前窄后宽，并且南北向有一定的空间进深，否则难以聚福。晚清扬州城市私家园林多为层叠向心式的布局，园中心处往往布置四面花厅或是船厅，空间较为开阔；北侧筑二层楼可俯瞰全园。个园、何园、瓠园、二分明月楼等均是如此布局。房间也应当尽量方正，避免缺角。如有零散不规则场地，也应当尽量融入整体的概念或寓意中，如汪氏小苑西南处的狭长三角形地块就被融入船厅的整体空间概念中。如贾氏宅园的二分明月楼和逸圃园林面积仅百余平方米，因此设置"大仙楼"这样的亭或阁取代大型园林中的家庙供奉财神。数十平方米的庭院也力求山水花木厅等要素齐备，因此常出现半廊、半亭、小池、孤石的做法，如清朝武将李长乐故居的宅园有一处斗鸡场，是李氏出征前以斗鸡的活动来占卜胜败的兼具仪式性和休闲娱乐的小庭院，不到100平方米，却有山有水，有回廊半亭，配以四时花木，意境完整（**图4-3**）。

2. 藏风聚气。"气"是中国风水理论的核心，追求"藏风聚气"的生态居住场所，即"穴者，山水相交，阴阳融凝，情之所钟处也"。在空间形态的处理上，忌讳"直去无收"，认为这样会气散，有变化，有弯曲，才能"藏气"。因此，道路讲究"曲折有情"，建筑、假山讲究"高低错落"，水流讲究"弯曲萦回"。

"阳宅三要六事"的位置布置应符合藏风聚气的原则。三要（门、主、灶，即大门、正厅和厨房）与六事（门、路、灶、井、坑、厕）中，门为第一要素。清代高见南《相宅经纂》卷一中说：

---

① 冗亮，尤羽.风水与建筑［M］.北京：百花文艺出版社，1999，2.

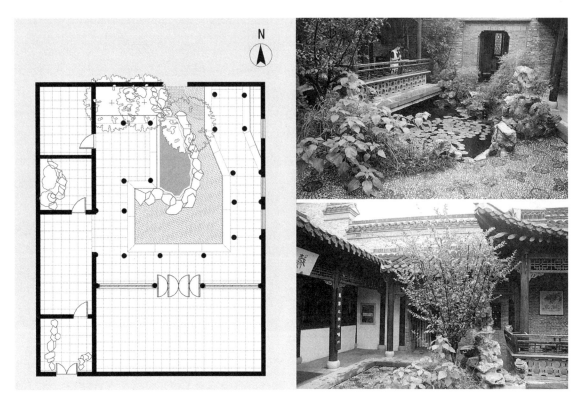

图4-3 李长乐故居中的庭院平面及现状（作者自摄、测绘）

"宅之受气于门，犹人之受气于口也，故大门名曰气口。"①扬州城市私家园林多坐北朝南，南宅北院，又称之为"坎宅"，大门多设置于巽方（东南）为最佳，也称青龙门。住宅内的第二道门即仪门较之正门偏西，一般位于西南，也叫白虎门，应和风水中"左青龙，右白虎"的说法。两道主要的门不能位于同一轴线上，避免穿堂气影响主人的运势。如果正门朝东，则仪门偏西一些。大门仪门均忌讳直对别屋的山墙或墙角。进入仪门，即为全宅的正厅，一般是坐北朝南，其后也是全宅的主人房，即"阳宅三要"中的"主"。厨房一般设在东厢房的位置为吉，若是大型宅园则将厨房整体置于偏东北的位置，这是因为阴阳五行中，北方属"水"，而厨房为"火"，取镇水之意。

"气"产生于"穴"，"穴"指阴阳交合之地，山水交汇处即其中一种类型。中国传统风水有"山管人丁水管财"的理论，叠山理水也象征家族人丁兴旺，富裕昌盛。因此扬州宅园中或依壁掇山，掘地蓄水形成静池，或两侧布山，中间引水营造山环水抱之势。若是没有水系，就必然见到"旱园水做"的手法，如二分明月楼平地筑岗仿造岛屿意向，或用青砖铺砌漩涡纹理代水意。园内通常设计有完整的雨水收集系统，务必使得"肥水不流外人田。"如"明堂"（院落天井）地坪较低，四周有汇水渠的设计，设水缸承接雨水，养鱼载荷，也可用于消防，被称为"门海"。扬州私

---

① 高见南.相宅经纂[M].台湾：台湾育林出版社，1999.

家园林中讲究理想的山水形态，如"好山应是：笔锋挺立，曲涧深沉。"好的水应弯环缠绕着住宅，而且看不见水的源头，悠扬畅达。"天门"是指水的源头，"地户"是指水的出口，水应从高处而来，流往远处，让人看不见边界。如片石山房、汪氏小苑春晖室设计有廊上的引水槽，将雨水汇入池中；水池的尽头往往架设一具小桥，或者筑水榭等于其上，给人蜿蜒无尽的想象。

3. 阴阳关系。"阴阳"是风水学的基本概念。风水学认为大到城市，小到房间都是一个包含着对立统一因素的太极，只是体量规模层次不同而已。水为阴，山为阳；低为阴，高为阳；曲为阴，直为阳……"。如方位按照风水中的阴阳关系，面南而立时，左（东）为阳而右（西）为阴，因此，宗庙阳（东）而社稷（西）阴；儿子（阳）居室居东路而女儿（阴）住宅位于西边。再者，住宅总体应呈负阴抱阳之势，山静为阴，水动为阳，南阳而北阴，则家族中对外接待，承办礼仪的主厅堂等建筑都设置在南侧，而居住的寝室及园林等位于北侧。

（二）多重场景，集锦并置

晚清扬州城市私家园林的空间结构与晚清章回小说的体例相似：以独立的、片段的"景点"串联空间，每个功能空间根据使用者的身份立意造景，以集锦的方式穿插并置，彼此之间的关联度并不十分明显。两个相邻空间以透窗漏景的方式给游园者提示，起到"预知后事如何，请听下回分解"的作用。这种集锦并置的布局在晚清扬州城市的大型私家园林如个园、棣园、小玲珑山馆、瓠园等均有体现。何园被认为是最接近《红楼梦》中大观园的一座晚清私家园林，北园中象征闭门苦读的"书山"与象征出门合辙的"桴海"并置，即各自成景，又相互构成一个共同的"读万卷书，行万里路"的整体意象，实现了时空意义的延展。片石山房中"琴、棋、书、画"四景随曲径通幽的路线渐次展开，在时间和场景的转换中构成音乐般的韵律。

中国传统艺术物我相融的意象思维是非逻辑性的，这种运用点题的"言"与感性体验的"象"的双层结构来进行空间叙事的方法是中国文人私家园林最重要的特征。晚清的扬州城市私家园林是中国传统园林最后的篇章，对空间意象的把握和塑造已形成相当成熟的体系，且由于园主身份的多重性、土地的稀缺、使用效率的需求，体现出极为复杂的穿越与并置的特征，以紧凑而写意的方式融合，力图在方寸之地融入居、游、聚、读等多重的场景和无限的时空。

从现有的晚清扬州私家园林遗迹可看到一些共有的空间意象，如象征归隐的"云水居游"、"小方壶"（**图4-4**）、体现禅境的"九狮图山"，以及孝亲的空间、聚会的戏台和"觅句廊"、芍药牡丹花池等。从功能与行为的角度分析，比较典型的空间场景有：

读书楼——公子读书处。盐商的财富仰赖于皇帝赐予的垄断特权，这种盈利模式决定了他们的财富不具有可持续性，他们也没有将财富用于再生产和创造的勇气与能力，唯一能带来安全感的途径就是家族子弟能通过科举进入官场为家族提供庇护。晚清虽有可用钱财买官的制度，但是真正能够跻身士族、获得权利的职位还是必须取得科举的名分。因此，越是富有的商人对子孙的教育越是严格，不仅聘请最好的教师，还要为他们创造一个绝对专心苦读的环境。例如，个园的书房隐藏于黄石山东南角、藏书楼北侧，周围被山石树木环绕遮蔽，仅有一条崎岖曲折的蹬道可及，几乎与尘世隔绝。其他园林也是如此，如何园的公子读书楼位于北园复道回廊的角落，以湖石贴壁假山蹬道

图4-4 个园、何园、棣园均有筑亭于水上（小方壶）的意象

连接；贾氏宅园的二分明月楼园林中的"夕照"楼也是一处没有楼梯，以黄石山蹬道相连的读书楼。较小的园子如汪氏小苑、逸圃、小盘谷等的读书空间也是居于较高处，仅设置一处出入口，周围以山石花木遮蔽，十分清幽僻静（**图4-5**）。

戏台与芍田——综合的社交空间。晚清的扬州是中国戏曲中心，富贵人家有蓄养家班的风气，职业梨园也培养出大量人才。昆曲表演、举办堂会等活动是当时扬州上层社会社交生活中的重要内容。因此，扬州私家园林内通常设有单独的表演空间，如刘庄的余园半亩戏台、棣园的洁兰堂戏台等。扬州当时流行的戏曲如昆曲，是极为简洁优雅的表演艺术，其场景通常可与园林环境结合起来。如何园的水心亭及怡萱楼前的山体二层平台都是适合小型表演与观赏的空间。扬州有近千年培育、观赏芍药的传统，与之相关的活动也称为重要的社交生活内容。大多私家园林在较为开敞的外向空间常布置"芍田"，种植不同品种的芍药，用以招待客人欣赏。如《棣园十六景图册》中专门有《芍田迎夏》一景；何园骑马楼前的芍药花池及牡丹厅周围的牡丹花坛；二分明月楼档案亦记载"原园西南有大片整齐的花坛，种植芍药牡丹……"

觅句廊与碑廊——文人雅集空间。扬州的文人雅集活动由"流觞曲水"的传统演变而来。扬州城内并无天然水系，城内大型园林也仅仅开凿浅池静水，极难实现"流杯"的行为，因此，出现了替代修契活动的"觅句廊"、"碑廊"。据传主客以诗文相会，拟定创作主题后，需在绕廊一周的时间内完成诗句，而后集结成册刻印出版。如小玲珑山馆和个园的觅句廊经考证都是环绕园林一周的布局，随山石建筑等有丰富的起伏变化。为增添人文气息，晚清扬州私家园林的园主人也乐于将私人收藏的经典书作等刻印为石碑，镶嵌于园林的廊的一侧的墙壁，称为碑廊。如个园抱山楼一层、何园底层回廊、棣园的"掩映花光"碑廊等。刘庄的廊嵌有数十块十分珍贵的《泼墨斋法帖》碑

刻，目前尚存一半，并未得到专业的保护，很多已经字迹不清。

　　花厅与对厅——男主人和女主人的会客空间，分别以梅棠松鹤和凤凰牡丹为主题。如个园主花厅宜雨轩是男主人聚会活动的场所，而对厅透风漏月轩则为老夫人或女主人日常使用；何园栙海轩是男宾花厅，而南侧的牡丹厅为女宾所用；汪氏小苑更为明确地分别建造了男厅春晖室及庭院与女厅秋娱轩。其他园林也基本如此，主园内一般有两处或以上的适合观景的休闲空间为男女主人分别使用，如二分明月楼，不到一千平方米的院落中原有一座歇山四面厅为男主人会客处，而现有的梅溪吟榭应为女主人所用，小盘谷的曲尺花厅与丛翠馆，瓠园的花厅与船舫等也是如此。值得注意的是，当时的大户人家妻子作为女主人主持内务，在家中是居于与丈夫平等的地位的，也并不需避讳男性访客，而未出嫁的小姐一般则藏于深闺，有专属的活动空间。晚清扬州大户人家的小姐从小接受琴棋书画等艺术教育，是按照德才兼备的标准去培养的。如个园园主黄至筠的儿媳妇不仅知书达理，帮助丈夫辑佚研学，而且割股和药以孝养病重的婆婆，不幸感染致死。未出阁的小姐在家中需严守道德理法，读诗书，习女红，只能通过中秋的拜月仪式来期盼获得如意良缘。从大量的美人图可看到当时女子行拜月礼的场景，家中姐妹与丫鬟们在园中焚香抚琴，摆出几案，备美酒点心等，实为一场雅致的女性聚会。《红楼梦》中史湘云组织的赏菊品蟹，诗社的"中秋诗会"及黛玉葬花等桥段，均是与此相关的行为描写。这个园林空间在整个宅子中是最为私密的，普通访客无法进入，通常与绣楼相连。如汪氏小苑的"可栖徸"院落及何园西南尚未复建的西华园等。

　　植松育鹤——奉母孝亲的空间。晚清社会主流仍十分重视"孝悌"的美德，认为是为人之根本。以奉母为由兴建园林者不在少数，如棣园主人包松溪在《棣园十六景自记》所记建园起因等。个园原名"寿芝"园，亦为园主为母请寿而造，现存湖石山二层的鹤亭、何园怡萱别院、小盘谷的群仙拜寿假山等均为奉养长辈的场所，通常以湖石配松、藤、女贞等造景，局部装饰寿字纹雕刻或花街铺地，放养仙鹤。旧时大家族的嫡母大多吃斋念佛为家族祈福，因此其居住空间常紧邻家庙，园林环境也较为清幽，具有禅意，如棣园育鹤轩旁有小型佛塔作为园景装饰。楼或堂前留有小片空地可能为小型观戏活动而设（图4-6）。

个园读书楼　　　　　二分明月楼读书楼

图4-5 晚清扬州私家园林中的读书楼

何园怡萱楼园景　　　　　小盘谷群仙拜寿园景

图4-6 晚清扬州城市私家园林中的孝亲空间（作者自摄）

（三）壶中乾坤，以小见大

晚清扬州城市私家园林因面积、地形条件的局限，往往缺乏可资因借的天然条件，因而布局时在空间的层次关系处理方面有独特的手法和成就，给人壶中有乾坤、芥子纳须弥的小中见大的感受。除现存宅园面积最大的为个园，有20000多平方米；何园14000平方米，其中建筑面积7000平方米外；其他如小盘谷，面积仅5000多平方米，其中园林部分仅2000平方米。大部分的宅园为隐藏在街坊里弄的城市山林，园林面积均在1000平方米左右，蔚圃和匏庐的面积更是仅仅数百平方米，却给人流连往复，不知所终的感受，与园林布局中空间处理的手法有关。

1．多重立体路径，多转折变化。

晚清扬州城市私家园林中道路面积比重较大，经计算统计，多数园林中道路所占面积达十分之一以上。面积较大的园林如何园、个园中布置池山或厅山形成复杂多变的竖向空间变化，通行的路径必然随之旖旎蜿蜒，形成步移景异的趣味；面积较小的壶园等，则是起坡做微地形，配以山石花木等。园林内以复道回廊与假山蹬道勾连形成上下交错的立体交通路径，如个园黄石山内至少有3条不同的路径通往抱山楼的二层。不仅何园、个园、弧园有贯穿全园的复道回廊，小型园林如二分明月楼、小盘谷也运用假山和建筑形成园内的上下双层交通，给人"壶中有天地"的感受。路径本身的变化极多，造型上"宁曲不直"，除了火巷等必要的交通疏散通道，其他的路线存在较多的转折与停顿，地面的铺装纹理和材料也在不断地变化，让人形成不断地进入新的空间的感受。即使是火巷这样狭长笔直的通道，设计者增加园门、廊桥或雨搭分隔成多段落的层次，或在路径的尽头设计花窗或木石小景等，避免视线的一览无余及悠远无穷尽。若路径本身较短，则将其左右曲折或上下起伏，在空隙处点缀竹石小景或碑刻题额等，增加空间的变化和丰富性（**图4-7**）。

个园松藤鹤亭

棣园育鹤轩

图4-7 小盘谷爬山廊及二分明月楼回廊

逸园　　　　　　　　个园　　何园内的哑巴院

图4-8 扬州私家园林中墙体边角的处理

2. 藏角、镶边的边界处理手法。

所谓藏角，即将园林的角落处隐藏起来。笔者走访的有代表性的明清时期扬州园林遗迹20余处几乎均是如此。藏角的手法大致有三种，一是将地形起高，覆以花木山石等，掩盖角落，这种做法较为简单常见；二是做哑巴院，即在角落的前方做门窗墙体等漏景的构筑，其间种植花木山石等，而人并不能进入其间，只是感觉门窗之后另有空间而已，如寄啸山庄的片式山房的琴棋书画斋的转角处、个园的西路住宅前进院落等（**图4-8**）；三是用山石砌筑，直接将围墙转角做入假山之中，如个园的秋山做法。

所谓镶边，即精妙地处理园林的围墙，使之成为画卷一般的美景。西方园林的景墙通常有一面重点的墙体，装饰拱券、浮雕或壁画等，成为庭院中的视觉焦点，而中国园林，尤其是扬州园林的边缘往往处理得忽明忽暗，若隐若现，仿佛中国绘画中的线描，使人几乎察觉不到围墙的存在，却又感到四周都是美景，仿佛置身于一幅山水手卷之中。扬州的宅园非常重视边界的处理，归纳起来，镶边的手法大致有三种：一是做峭壁山，这是扬州园林最具特色的手法。造园家计成在《园冶》中对峭壁山的解释是："峭壁山者，靠壁理也。借以粉壁为纸，以石为绘也。理者相石皴纹（参照绘画的方法，选择石的形状、大小和纹理），仿古人笔意，植黄山松柏、古梅、美竹，收之园窗，宛然镜游（形容游玩山水景境的秀丽清新）也……堆峭壁，贵在突兀而耸立。"如东关街的逸圃，入口处有宽约4.5米，深约30米的长条形空间，实为西侧六进住宅旁的火巷之用，园主将东侧的围墙做粉壁理石，用青龙山石、龙潭石等堆叠出峰、峦、岩、涧等形态，且人可以穿行其间，配以桂花、女贞等植物，在山腰处点缀一个仅2平方米大小的六角攒尖小亭，而高处的围墙镶嵌漏砖

片石山房　　　　　　　　　　　　　　　　小盘谷　　　　　　　　　　片石山房

花窗，借墙外之盈盈绿意，使得如此狭长的空间竟显得层层递进，妙趣横生，完全没有压抑之感。这应当是峭壁山处理空间效果的最佳案例之一了。二是做廊或半廊与漏窗。扬州宅园中很多小庭院其实是建筑院落的中庭，面积很小。与北方四合院中庭的疏朗开阔不同，扬州宅园往往倚靠围墙设计廊道，即能够引导交通，遮雨排水，又使得围墙不那么突兀，空间又多了一个过渡的层次。如果空间不够，就做成靠墙的半廊，点缀半亭，在墙上设计漏景的花窗，使得内外景物交融，扩大空间。值得一提的是，扬州宅园中的花窗往往设计在一个轴线上，使得空间中前景、中景、远景等都聚焦在一个点，纵深感极为强烈，颇有戏剧性。如何园著名的毓秀楼花窗，从女眷内院一直通向前院建筑，使空间显得极为深远。三是镶镜。从《红楼梦》对贾宝玉的"怡红院"描述的文字可知，清代的居住环境中已经普遍使用镜子，即可以拓展空间，又如"太虚幻境"般引人感悟人生无常，一切皆为虚幻的佛理。如何园片石山房景区内在廊的西侧墙壁上镶嵌可以反射园内花草的镜子，与假山洞倒映于水面的"圆月"构成"镜花水月"的意境，暗示出造园者"人生如梦"的哲学态度（**图4-9**）。

图4-9 片石山房廊壁镶嵌镜子（作者自摄）

三 叠山置石

（一）真山气象，贵在起脚

中园园林叠石北派、苏派、扬派三大流派中，扬派叠石自清中期以来一直享有很高的赞誉，如李斗在《扬州画舫录》中评价"扬州以亭园胜，亭园以叠石胜"。陈从周对扬州园林中的叠石评价为"分峰用石，多石并用"，其"高峻雄厚"的风格与苏州园林中"明秀平远"的叠石特色相互映衬。黄春华认为："扬派叠石即是对计成、石涛等大师叠石理论和经验的直接传承，又有着对各家叠石技艺特别是苏派技艺的广泛吸收，在某种程度上代表了中国古典园林在山石创作上的艺术造诣。"[①]扬派叠石鼎盛于清中晚期，艺术与技术的结合已非常纯熟，取得了独特而突出的成就。

杨鸿勋先生在《江南园林论》中谈到，"中国古典园林艺术也存在着写实主义的思潮"[②]，认为苏州的拙政园是比较概括描写广阔的湖山景色的造园手法，缩小了景象的尺度，也比较程式化；而艺圃则是比较接近实际地描写山水风景的半边一角，是写实的手法。这里，造园所指的"真实"是强调艺术的真实，即传神，不强调形式上的雷同和绝对尺度的接近自然。明末清初造园家如计成、张南垣均明确地表示过反对以有限园林空间表现大规模的自然风景的做法。《张南桓传》有云："今夫登峰造天，深岩蔽日，此盖造物神灵之所为，非人力可得而致也。况其地辄跨数百里，而吾以盈丈之址，五尺之沟，尤而效之，何异市人传土以欺儿童哉！……惟夫平岗小坂，陵阜陂陁，版筑之功可计日以就。然后错之以石，基置其间，缭以短垣，翳以密条，若似乎奇峰绝嶂，累累乎墙外而人或见之也……"[③]尤其是营造城市园林，土地局限，建筑密集，若以微缩景观的形式写仿自然景致，必拘谨失真。晚清扬州城市私家园林中规模较大的叠山追求高峻雄厚、曲折深远的真山意象，小园叠石则较为抽象写意。

这种倾向可能出于几个原因：一是运河疏浚形成的梅花岭、康山等人工风景历史悠久，汇聚人文典故等，成为扬州城内私家园林模仿的样板。康乾盛世扬州西北郊湖上园林为取得从运河船行视角看来较好的效果，往往堆叠体量较大、形态较为险峻张扬的山体，如石壁流淙景观等，这种形态偏好亦潜移默化地影响到之后的城市私家园林叠山置石，特别是大型私家园林多追求整山真山形态。二是以计成为代表的叠山艺匠在山水审美上更加认同南宗的美学倾向，推崇荆、关等人画作中高古荒寒的山景气势的影响，追求山体形态有纵向延展，深邃悠远的特点，正如画论所言："竖划三寸当千仞之高，横墨数石体百里之回。"中国山水画是作为一种文人修心的手段，具有某种意义上的宗教性质，写心多于摹形，因此，深山、峭壁、幽谷、奇壑这样的山景更为接近文人心中"岩居悟道"的形象。三是园主多为徽州人，心中怀有对故土自然山水景色的深刻印象，因而在扬州造园时自然流露出来，如叠山大量选用徽州的黄石、宣石等。徽州多山水，景色奇美，不适合农业耕

①　黄春华等. 层次分析法构建扬派叠石技艺评价体系 [J].扬州大学学报，2013，34（2）.
②　杨鸿勋. 江南园林论 [M]. 北京：中国建筑工业出版社，2012.
③　[清]吴伟业. 张南桓传 [M]. http://www.doc88.com/p-1364772674093.html.

种，所以产生了外出经商为业的徽商群体①。扬州为平原城市景象，城市格局、城楼建筑等都极为规整，并且街道繁密，人口众多，因而流寓扬州的徽商出于怀念故土的乡愁仿造徽州山水景观营造园林，寄情山水，如传言个园黄石山即写仿石涛描绘的黄山景象而叠。

扬州园林叠石讲究全园山石整体布局，曲折有序，前后呼应贯穿全园，堆叠一气呵成，体现起、承、转、合的章法。山水章法如作文之开合，应从整体山水格局入手，以山水关系呈现出的意境为叠山境界的主题，再考虑局部，穿插细节。香山帮的叠山过程亦是如此："叠假山的主要工艺流程是选石、相石、基点石定位、分层堆叠、收顶、镶石拼补，最后胶粘、着色、勾缝……假山施工的艺术性和不能随意处置的特殊性决定了假山的造型必须一次性完成，如果空间感把握不当，体量偏大或偏小，高度偏低或偏高，想要调整好几乎没有可能，因为假山造型由基石起脚、分层堆叠、收顶组成，强行调整，必然使三者间的比例失衡，越改越糟。"②扬派叠石强调"石气代替不了山气"，即使是小体量假山，也应当有来龙去脉，首尾呼应的关系，合理处理山脚、山体及山顶的形态。扬州私家园林掇山布局虽有法无式，但基本符合因地制宜的原则，应对不同场地条件构思山水秩序。如个园入口处以修篁石笋、湖石花坛拉开序幕，由觅句廊引导进入云水意境的湖石山水中，黄石堆叠的秋山构成一处深谷岩居的园中园，体量和气势为全园的高潮，由次峰辗转至配厅的宣石山作为全园收尾。寄啸山庄西花园和小盘谷则以高耸的湖石山峰分隔园林空间，分别造景。值得注意的是，面积较大的园林似乎有比较固定的某种模式，如个园、何园西园、册页中的棣园都是在园北主楼前开凿水池，从水中升起假山，偏居于楼体一侧，湖中心置方亭，以曲桥相连作为园林中的主景，而山房、幽谷、小径等多设置在倚靠围墙营建的贴壁山中。

在起脚、堆叠、收顶三者间，扬派叠石尤其重视山脚造型的处理，有"看山看脚"之说。广义而言，在城市园林中叠山本身就是模拟自然山景中山脚的部分，狭义而言，叠石的起脚与布脚决定了山的形态特征。为追求真山的气势，堆叠者刻意让观者在任意地点均无法一眼看见山体全貌。具体做法有：将园路置紧挨山脚边缘，使人需仰视而不见山顶；山脚和山腰留出大量植台，仿造山中"无行次，无定置"的树木的布局姿态种植四季嘉木，不加修剪，使其遮挡山体及山顶的轮廓；按照真山的尺度造岩穴山房，给人仿佛于自然山水中穿行的体验。在堆叠池山或峭壁等强调险峻感的山体时，起脚讲究"宜收不宜扩，宜小不宜大"，即用小块的石料找准受力点位逐渐堆叠大块石料；若要追求全园山石的连贯感，则需广泛的"布角"，即在山体余脉、建筑周边、水池驳岸等立石、点石、埋石等，使得各峰体量姿态平衡，创造山境山意。

（二）岩壁山房，取阴造势

在山体造型方面，晚清扬州城市私家园林叠石传承了计成推崇的南宗山水意象，注重峰峦溪谷形态的抽象提取及相互关系的组织，强调"大进大出、大开大合，洞壑贯通，八面（上、下、前、

① 高磊. 徽州园林与扬州园林之比较［D］. 合肥工业大学硕士论文，2003，5.
② 苏州香山古建园林工程有限公司，苏州园林发展股份有限公司编. 苏州园林营造技艺［M］. 北京：中国建筑工业出版社，2012.

后、左、右、内、外）呼应"①的潇洒飘逸，甚至有些张扬的气魄。再现真山尺度中的溪谷、岩洞等可给人真山的感受，因此，在用地极为紧张的城市园林中，扬派叠石发展出独特的利用墙体的贴壁假山做法，在有限的空间内尽量营造丰富的空间变化，并利用凹凸的体块关系形成光影对比，或利用背阴的暗处进行布局造型，增加藏、隐的层次，与日本园林中的"荫翳"美学有相似之处。

扬州园林中的叠山样式多出自画谱。园林掇山"由绘事而来，盖画家以笔墨为丘壑，掇山以土石为皴擦，虚实虽殊途，理致则一。彼云林、南垣、笠翁、雪涛诸氏，一拳一勺，化平面为立体，殆所谓知行合一者。著为草式，至于今日"②。计成叠山"大宗子久，小宗云林"的主张明确体现出对黄公望及倪瓒山水绘画的推崇。袁枚在《随园诗话》中亦有记载："张南垣以画法垒石，见者以为神工。"③"南垣垒石，人莫能及……少学画山水，兼擅写真。后即以其画意垒石，故画虽掩，而垒石特名……皆有仿效，若荆、关、董、巨、黄、王、蒙、倪、吴……一一逼肖。"④李渔的《芥子园画谱》所进一步释义南宗"三远"法为："自下而仰其巅曰高远，自前而窥其后曰深远，自近而望及远曰平远。高远之势突兀，深远之意重叠，平远之致冲融。若深而不远则浅，平而不远则近，高而不远则下。"⑤（图4-10~图4-11）

假山的形态亦自画论中演变而来：尖形为"峰"，圆形为"峦"，相连而长为"岭"，峻壁为"崖"，山长有脊为"岗"，平的叫作"顶"，悬崖下有穴为"岩"，斜地为"坡"，两山相夹有路可通为"谷"，两山相夹无路可通为"壑"，似岭而高为"陵"，如屏障为"障"等（图4-13）。这些形态须遵循"高下得当、山水相依、虚实互映、开合相济"的对比原理组织。《园冶》卷三"掇山"云，"假若一块中竖而为主石，两条傍插而呼劈峰，独立端严，次相辅弼，势如排列，状若趋承"，指应确定主、次、配峰的轮廓形态，应具有气势的美感。在扬州假山平面布局和体形组合中，喜吃边而忌居中，主峰偏于一侧，与次峰形成前后错落的关系，讲究四面环山成和合围抱之势。叠山的形态常见麓坡、悬崖、峰峦、洞隧、谷涧等，其中最精彩出色的应推悬崖山，如小盘谷、片石山房、个园夏山等都是高达八九米的纯石叠山，从水中拔地而起，高耸奇峭，形成绝壁之势，其中有裂谷，引人入胜（图4-12）。

"岩壁山房"的意象似乎也与隐士文化有关。在明末"影园"的记载中可以看到当时建筑与山石结合的主要方式是"石壁"的模式，即依靠墙壁延伸出"室隅"，显得立体感强，从而增加了空间的层次和视觉的丰富性，扩大了空间的体量感。郑元勋的《影园自记》中写道："室隅作两岩，岩上多植桂，缭枝连卷，溪谷崭岩，似小山招隐处……"西汉的作者淮南小山作楚辞赋《招隐士》可视为招隐诗的鼻祖，诗中"桂树丛生兮山之幽，偃蹇连蜷兮枝相缭。山气峻峭兮石嵯峨。溪谷崭岩兮水曾波"描绘出深山荒谷的幽险、虎啸猿悲的凄厉构成的触目惊心的艺术境界，表达了文士乱世不侍王侯的冷峻人生态度，抑或是天下无道则隐的无奈情绪。以"明末四公子"为代表的明末江

① 方惠. 叠石造山的理论与技法 [M]，北京：中国建筑工业出版社，2005，11：40.
② 阚铎. 园冶 识语，转引自《中国历代园林图文精选》第四辑第 216 页.
③ ［清］袁枚. 随园诗话 [M]. 卷十一：10.
④ ［清］张庚. 国朝画征录 [M]. 山东：齐鲁书社，1997.
⑤ ［清］李渔，李翰文编选. 芥子园画谱·卷一 [M]. 安徽：黄山书社，2012.

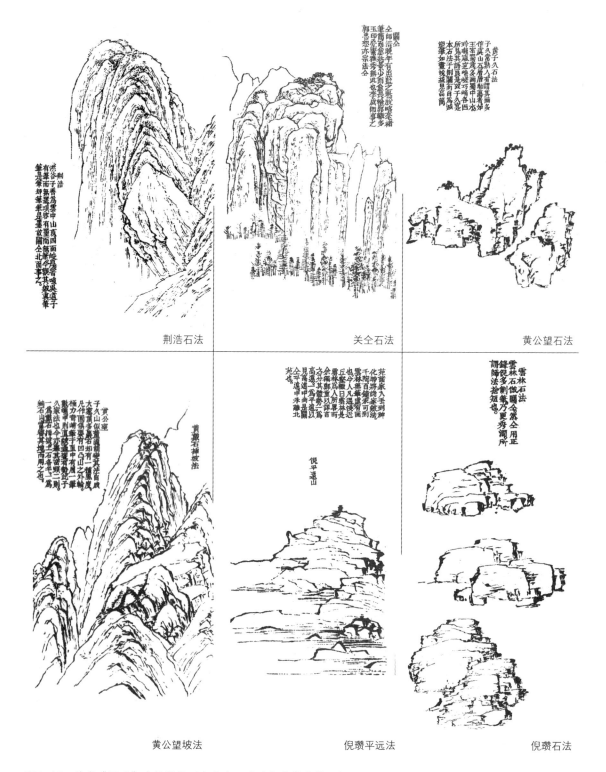

荆浩石法　　　　　关仝石法　　　　　黄公望石法

黄公望坡法　　　　倪瓒平远法　　　　倪瓒石法

图4-10　计成《园冶》中推崇的画家山水画法（作者收集整理）

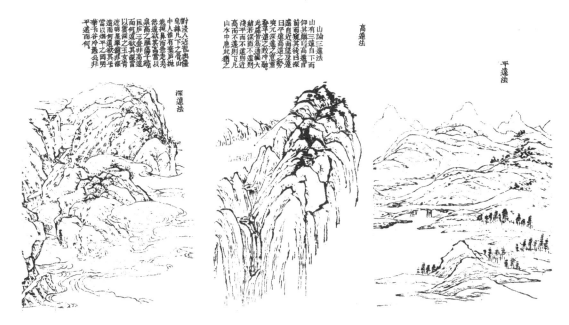

图4-11 三远法（来源：引自李渔《芥子园画谱》）

图4-12 小盘谷假山集峰峦幽谷、洞壑溪涧、山径峭壁、汀步石矶等元素于一身

图4-13 晚清扬州私家园林中的山形堆叠举例

南的文化阶层有着普遍的缔结复社、担负起天下兴亡的理想，这种情怀也转化为一种悲怆的审美观流露在当时的扬州园林造景艺术中，似乎是在园中建造岩壁山房的重要动机。计成在《园冶·掇山》中写到的"墙中嵌理壁岩，或顶植卉木垂萝，似有深境也……"与《扬州画舫录》中记载的张涟在江村园所筑的"石壁"等记录体现出相似的掇山造景的品位和手法，并一直延续到晚清的城市园林中。

倚靠墙壁堆叠贴壁山可以获得更高更大的内部空间，组织多重路径，内有石梯蹬道洞室，外有植物建筑，水系模仿自然形态贯穿于内外之间，形成延绵不尽的意象。由于堆叠技术进步，山体较通透轻薄，可以追求中空外奇、虚实、明暗相间的视觉变化效果；顶部、侧立面留窗，比传统土山洞穴有更好的采光和通风，实现更为舒适的停留环境。如个园黄石山主峰居中，连接抱山楼东侧，内含螺旋蹬道垂直联系三层空间的交通，向东北延伸与院墙围合成一处半封闭的山房院落，其中借助山峰的高度和层叠关系于二、三层处架设石桥，顿生山涧溪流的意境，处理得十分精彩。主峰西侧的黄石山高近8米多，虚掩于抱山楼东端，起到遮挡楼与亭间视线的作用。

主峰南侧山峦高约3米，借南端出入口处耸起7米余配峰，形成略有曲折的峡谷形态，巧妙地将丛书楼蹬道与出入口结合起来，相势蜿蜒，曲折高下，缀以杂树，形成浓郁的山林氛围。寄啸山庄东花园的贴壁假山从入口处蜿蜒至北门书斋建筑，全长接近百米，为扬州最长者（原先50米左右，后经扬州叠石艺匠王老七修复后达近百米）。山首尾处分别建有"揭风"、"迎月"二亭，断续历落，并隐藏有石室、上下二层通道、山下凿池水环绕。

扬派叠石在堆叠基础时擅长运用条石构建骨架，使山体沉稳坚固，条石作岩壁外挑，山体能后坚前悬，条石作山腹洞室结顶，洞室格外宽广坚实（**图4-14**）。做骨架的条石是由整块花岗岩加工而成，而后其表面用小块山石包镶，从外观看不出条石。这与代表苏派叠石技艺的戈裕良叠苏州环秀山庄有所不同。戈氏叠石所用的"环透拼叠"的手法更接近拱券结构，石块的受力分布更为复杂，因此所叠出的山形秀丽阴柔，姿态变化丰富微妙，整体是"聚"的姿态；而扬派叠石更多为梁柱框架及剪力墙结构，因而可以叠石塑造接近现代建筑的空间。

（三）横纹拼叠，碎石包镶

由于扬州私家园林逐渐小型化成为城市山林格局，掇山理石的风格由横向延展转为纵向堆叠，由土石相间的叠山转为纯石叠山，追求中空奇巧、转折往复的效果。"中国园林理石，大体经历了从置到叠，由横向散置到纵向堆叠的发展过程。园林风格由早期的清旷平远、自然清新转向以人工求天巧的诗情画意式园林。由置转叠的手法转变导致了后期中国园林高度象征性手法和文学化色彩日益浓厚，乃至于以'一勺代水，一拳代山'，园林风格意境亦为之一变。"[1]晚清扬州私园叠山正是这种演变趋势的最终结果。技法的基本特色是将石料呈横状层层堆叠变化，便于表现山石造型体态的流动感，也利于造险取势，因此造型更为"大开大合，大进大出"。为避免横纹叠石的单板效果，增加其动势，扬州山石师大量创作运用"挑"、"飘"的技法。所谓"挑"即在几处石的至要点

---

① 王劲韬. 中国园林叠山风格演化及原因探讨 [J]. 华中建筑，2007，8，25.

图4-14 晚清扬州私家园林叠山均以条石为骨架建筑岩洞

上将石纹相通的石材叠置成伸出山体外的峰峦或垒块，在悬挑石板上再立一块石料，则为"飘"，增添了山体的灵动、险峻之美（**图4-15**）。

"远观其势，近观其质"。山体岩面造型是山的肌理与质感。扬州山石原料多从外地由漕运"压舱"获得，有湖石、黄石、宣石、笋石、高姿石等，少见巨峰大石，因此扬州园林叠石多用不同种类的小石块拼镶而成。湖石、黄石为沉积岩，是堆叠高大体量山石的主要材料；火成岩类如笋石、大理石、英石等造型、质感较致密精美但量少质脆，多用于局部点景。计成在《园冶》中主张利用普通易得的石材依据画理叠山，反对一味收集炫耀名贵罕见石峰的做法，逐渐形成了扬派叠石不拘一格，自由多变，创新出奇的风格与理念。因获得整石困难，晚清扬州私家园林内极少见天然孤峰赏石，现存仅有个园"月"字石、刘庄湖石、寄啸山庄北门置石三处（**图4-16**）。

计成在《园冶》谈道："画家以笔墨为丘壑、掇山以土石为皴擦，虚实虽殊，理致则一。""皴擦"是国画中山石的结构和体面质感的手法。其有七大类基本形态：披麻皴类、斧劈皴类、芝麻皴类、弹窝皴类；折带皴类、铁线皴类、没骨皴类。中国历代山水大家的画作中即使用同一种皴法，也会有不同的应用效果，并不是机械固定的模式。总体而言，湖石山适合鬼脸皴、云头皴、披麻皴、解锁皴等，黄石适合斧劈皴、马牙皴、折带皴、乱柴皴等。石涛明确提出了假山堆叠应当遵照画理，"峰与皴合，皴自峰生……一峰突起，连冈断堑，变幻莫测，似续不续"。意指假山堆叠应当分出峰壑谷岭等不同形态构成部分，每一部分即每个"峰"的走向、大小不同，其表面的肌理，也就是"皴"的纹理也会不同，而这"皴"的纹理又应当是符合每一峰的具体形态与结构的。扬派叠石尤其讲究石材的同质同料，质感纹理和胶合工艺的整体协调，要求镶接得色泽一致、纹理吻合、脉络相通、宛如一体，追求虽由人作，宛自天开的效果。"湖石纹难理，黄石顶难收"。黄石假山追求雄伟奇峭的阳刚之美，因此收顶时忌形态琐碎；湖石假山追求玲珑剔透的阴柔多姿，选石和拼接纹理时应注意整体协调，否则容易乱如"煤渣蚁穴"，全无自然观感。在接形合纹时仔细挑选石块的面、形等，力求能达到紧密接合的状态。在勾缝（用粘合剂将包镶的石块粘在一起）时要求适当

图4-15 个园黄石山及湖石山均是横向拼叠的技法

寄啸山庄北园置石　　　　　　个园"月"字石　　　　　　刘庄内遗石

图4-16 扬州私家园林内的天然整石

寄啸山庄牡丹厅前屏风为湖石拼叠	个园石门为梁柱结构外包镶碎石

个园嶂石	何园景石	何园石屏风

图4-17 扬州私家园林中的孤置石多为碎石拼叠而成

地留出自然缝隙，切忌满勾，即"阴拼"，这样外表的缝隙仿佛是石块本身的肌理，显得非常自然。叠石的纹理忌讳横竖相间，湖石大多为直纹，偶有斜纹，因此拼接的时候多采用竖向的缝隙。黄石则要求平伏，不高于石面显露石缝，转角忌圆，横缝满勾，勾抹的材料隐藏在缝内，多留竖缝，根据石色适当掺色。假山的勾缝材料要与山石自然的衔接，顺沿拼石轮廓的走向，缝隙边缘与山石纹理自然。多年从事扬州园林复建工作的扬州市城市绿化工程建设有限责任公司工程师吴成金总结道："扬州叠石用料宜整不宜碎，宜旧不宜新，山石拼叠要力求同法、同色、接形、合纹；造型布局宜低不宜高，宜埋不宜叠，宜卧不宜竖，宜靠不宜孤，宜整不宜散。"①（图4-17）

至清末及民国初年城市造园再也无力堆叠真山，随着扬州八怪类型文人艺术的理念被普遍认

---

① 吴成金. 浅谈扬州古典园林的造园艺术——对扬州古典园林运用与造园特点的分析［J］. 中国科技博览，2011，38.

图4-18 逸圃花厅前以拳山勺水写意自然气氛

同，以拳山勺水写意自然的做法成为私家园林叠石造景的主流，如刘庄、汪氏小苑、逸圃、蔚圃、珍园等均有类似的遗迹（**图4-18**）。

（四）树为山衣，因境择木

荆浩《山水赋》中写道："树借山以为骨，山借树以为衣，树不可繁，要见山之秀丽；山不可乱，要见树之光辉。"没有植物的山就是贫水秃岭，也叫童子山。《园冶》中将叠石看作调节"花木池鱼"等自然要素和亭台楼阁等人工建筑之间的一种"半自然，半人工之物"，"虽固定而具自然之形，虽天生而赖堆凿之巧"，是联系天与人的媒介。扬州四季分明，花木繁茂，扬派盆景亦具有悠久的传统和高超技艺，因而扬派叠石格外注重植物造景，讲究木石结合营造的诗画意境。扬派叠山虽以纯石纵向堆叠为主，但是仍保留早期土山戴石做法的一些特征，如大量设计花坛、植穴，配植四季植物，许多垂枝形态的植物及爬藤植物几乎全年包裹住假山石，显得苍翠滋润。

扬州私家园林中山石与植物搭配有两个主要特点。一是为获得真山效果，遵照自然界的树木生长规律，极少修剪。高大的树木即使任其生长也不会与山失去协调，只会显得山外有山，山的境界更加深远；若运用修剪成形的小树配合缩小尺度的园林山水，反而会产生盆景般的失真感。这种对"宛自天开"的"真意"的追求是中国园林叠山，尤其是扬州园林中比较坚持的特色。扬州植物生长条件好，假山堆叠技法纯熟，因而常见纯石山内部中空填土种植松柏的情况，如何园寄啸山庄北园湖石山腰种植的两棵北方的白皮松，已有一两百年树龄，衬托得山体更加崎岖高大且具有丘壑的气氛（**图4-19**）。

二是用植物进行山石的"背面处理"，以弥补叠山的不足之处。这是因为受石材条件所限，相师往往只能保证假山一到两个面是最佳的欣赏效果，无法面面俱到，就需要嵌入植物修饰弥补了。如寄啸山庄长达一百余米的纯石堆叠的贴壁假山在两米左右的进深内叠蹬道、水岸、山洞等，以点补镶嵌植物的方法弥补了山体的堆砌拥塞感（**图4-20**）。

不同的植物具有不同的美感，如松柏刚劲、榆柳秀美、梅竹清逸、花卉妖媚，应结合山体的形态搭配。如峰、岗等山形搭配松柏类直立造型的乔木，可营造高山巨松的气势及"明月松间照，清泉石上流"的舒朗意境；较平缓又有地形起伏变化的坡、陵处常搭配桂、梅一类观赏性强的花灌木；峻峭的崖、岩壁顶部常配有垂直型的迎春等植物，表现朴茂幽深之境；牡丹芍药等矮小木本花卉通常种植于花坛中；庭院等小空间中常见笋石配丛竹及钻洞掩石的做法，随时光流逝，木石缠绕姿态越发具有古拙的画意，如汪氏小苑、逸圃、蔚圃庭院内的竹石小景等。常见的植物与山石搭配的方法有直立式、石夹树、花圃围石填土、石压树或树压石、钻洞掩石、悬挂式、石包树、石衬树、倒挂或倾斜式等。另外，从色彩搭配方面来看，秋叶变色类的红枫等与黄石山配植更显秋韵，如个园黄石山；浅色的湖石与芭蕉等亮色大叶植物搭配具有清爽明快的美感，如汪氏小苑北园的湖石芭蕉小景。

图4-19 何园北花园西部假山白皮松

图4-20 何园北部贴壁假山的背面处理（作者自摄）

四　理水艺术

（一）玲珑境池，低桥步石

晚清扬州城市私家园林用地局促，并且儒商对水的认识受徽州传统思想影响，认为"水飞走则生气散，水融注则内气聚"，因此，扬州虽临长江和运河，市内水网丰沛，但是造园却避讳将园外的水引入园内的做法，多是在地形低洼处结合叠山形态营造浅池，以湖石收驳岸，整体呈汇聚态势，有"聚财"之意。以现存实例来看，面积较大的园林以假山结合水池作为中心景观，筑亭、曲桥于其上，放莲种鱼，寻求"沧浪意钓"、"濠濮观鱼"的意趣，如个园、寄啸山庄、棣园等。面积较小的园林如逸圃、蔚圃等仅厅下凿池起到收集雨水引流的作用，或是在山石边缘留出曲隙之地，写意溪流、潭涧的意味。

晚清扬州私家园林重视叠山，理水手法较为单一，多以厅下凿池的静态水面为主，几乎没有叠水、瀑布等动态水景的设计。水池一般作为湖石假山岩洞的一部分，很少见引水流入室内这种与建筑结合的做法（片石山房内"琴泉"的设计为近代新作）。水池多以湖石堆叠驳岸，偶有水矶石濑或两三级石阶稍作点缀。值得注意的是，根据史料记载，何园的片石山房前水池和瓠园内都有"方池"，小盘谷丛翠馆亦是按照方池样式修复，很可能是当时私家园林内常见的水景。

金学智先生在《中国园林美学》中评价："扬州宅园，往往以低桥为美。"[1]扬州城市私家园林内水景往往为叠山的低洼处顺势整理成形，常结合湖石假山的起脚基础散置汀步石，以浮于水面的曲折梁式平桥连接路径，水体较浅，通水不通舟。这种低桥步石的做法被认为是现代汀步的雏形。小而曲折的低桥步石尤其可以拉近人与山水的关系，最有凌波之意，步行其上，仰视越觉山之高峻，俯察越觉水之可亲。脚下步步生莲，鱼群环绕，自得濠濮悠然之趣（**图4-21、图4-22**）。

（二）水云深处，环绕有情

扬州私园中理水与《园冶》造园思想基本一致，是依附于掇山理法的，较少像苏杭或日本的池泉园那样以水景为造园主体。画论云："山以水为血脉……故山得水而活……水以山为颜面，故水得山而媚……"，"山脉之通，按其水径；水道之达，理其山形……"农业社会中水象征丰收、财富，是珍贵的资源，更是依运河而生的扬州人的富裕源泉。

文震亨在《长物志》第三卷"水石"章节"瀑布"中写道"山居引泉，从高而下，为瀑布稍易，园林中欲作此……以斧劈石迭高，下凿小池盛水，置石林立其下，雨中能令飞泉喷薄，潺湲有声，亦一奇也……"[2]水源来自高处，天上的云或山之顶，文人造园中营造人工瀑布最妙的方法是以天然雨

---

①　金学智. 中国园林美学［M］. 北京：中国建筑工业出版社，2005.
②　［明］文震亨. 长物志［M］. 北京：中华书局，2012：84.

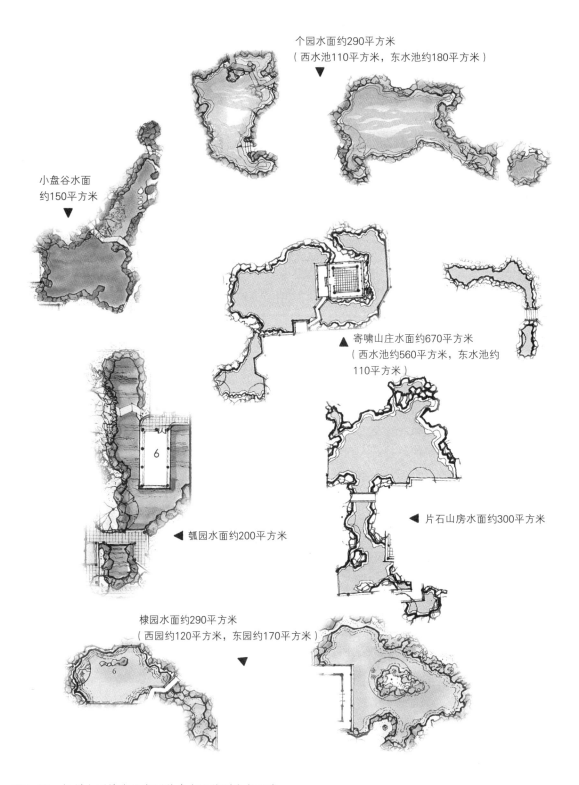

个园水面约290平方米
（西水池110平方米，东水池约180平方米）

小盘谷水面
约150平方米

寄啸山庄水面约670平方米
（西水池约560平方米，东水池约
110平方米）

片石山房水面约300平方米

瓠园水面约200平方米

棣园水面约290平方米
（西园约120平方米，东园约170平方米）

图4-21 扬州主要城市私家园林中水面的形态与面积

水为水源，因而扬州私园中建筑顶部有"天沟"收集雨水，经过设计引入假山沟壑处，可以在雨天形成山泉溪流的效果。如何园片石山房园林进门有"注雨观爆"的滴泉，系利用屋檐滴水形成水幕汇入池中。汪氏小苑春晖室前庭院也有通过屋檐引流汇水的设计。地面的水则注重环绕曲折，与山石、建筑、花木等结合，形成蜿蜒旖旎，不见首尾的效果。风水中认为曲折有致的"腰带水"可以载气纳气，"水口"及"水尾"都需要"藏气"，因而处理得较为隐蔽迂回，所谓"水因断而流远"。

图4-22 何园水池（作者自摄）

五　建筑装饰

（一）复道长楼，素雅端正

晚清扬州私家园林建筑大多布局规整紧凑、体量高大、厅堂整齐宽敞，门窗挺拔显豁，显现出一种"台阁气象"，体量介于南北方之间，造型拙朴大方，工艺严谨扎实，整体砖石结构运用较多（**图4-23**）。就单体建筑而言，比较突出的特色是屋顶戗脊为嫩戗发戗样式，较苏南建筑低平；屋顶均装饰铜钱海棠等图案的花瓦通脊，山墙、花窗等全部是青砖灰瓦本色，以直线造型为主，而转角处以弧线处理，显得素雅端庄。钱泳《履园丛话》中评价"造屋之工，当以扬州为第一，如作文之有变幻，无雷同，虽数间小筑，必使门窗轩豁，曲折得宜，此苏、杭工匠断断不能也……"文中指出当时的苏杭庸工只会千篇一律地"以涂汰雕花为能事，既不明相题立意，亦不知随方逐圆"而且"自有一种老笔主意，总不能得心应手者也"[①]。说明清中晚期的扬州建筑艺匠水平很高，似乎在艺术创新和实践方面比苏州匠人更胜一筹。这本著名的笔记序言作于道光十八年，即1838年，证明清康乾盛世以来直至同光中兴阶段，扬州的整体建筑水准居于全国上游。值得注意的是，晚清扬州城市私家园林建筑与康乾盛世阶段瘦西湖兴建的湖上园林建筑集群在风格上有较为显著的区别，前者在徽派建筑的基础上融合其他建筑风格，设计样式、用料工艺讲究，外观较素雅低调；而后者为迎合皇帝喜好，以北京宫廷建筑样式为参照蓝本，大量运用彩色琉璃，雕饰彩绘丰富华美，李斗称"非熟悉内府工程者莫能为此"。

为规避等级的限制又能享受较宽裕的生活空间，扬州的住宅建筑常采用"明三暗四"或"明三暗五"的形式建造（**图4-24**）。具体说来，住宅的面阔以三间为其数，称厅或者二房一堂屋，较大者连房四间，即一侧耳房为套房，是"明三暗四"，或者两侧耳房均是套房，称"明三暗五"。即明看上去是三间两厢的布局，其实在两次间侧藏梢间，次间与梢间有暗门互通，构成套房，套房通常作为主人的密室、闺房或者书房之用，如个园西路住宅。扬州建筑按构架来分，有三架梁式、五架梁式、七架梁式，其中穿斗式还细分小五架、大五架、小七架、大七架式，如康山街卢绍绪的住宅面阔七间，中间三间为主厅，隔断两侧房为偏厅。大户人家宅院前通常为堂五架梁，后为寝七架梁，左右为厢房对称三架梁，即百姓口中所说的"前五后七、左右为三"。若数进主房皆为七架梁，则称"七七连进"。[②]营造尺寸的尾数都要带一个"六"字，如三丈二尺六，二尺二寸六等以表达家族兴旺，六六大顺。现将晚清扬州园林中的主要建筑做简要列举：

1. 大门与照壁

清代扬州私家宅园主入口一般位于宅基地东南，由大门或门楼与照壁构成。旧时除重要礼仪节庆日以外并不开放，具有很强的仪式与身份特征，台阶和抱鼓石表示出园主的身份，但不如北方严

---

① ［清］钱泳. 履园丛话［M］. 上海：上海古籍出版社，2012.
② 马恒宝. 扬州盐商建筑［M］. 扬州：广陵书社，2007.

图4-23 何园整体鸟瞰图（何园园长王海燕女士提供）

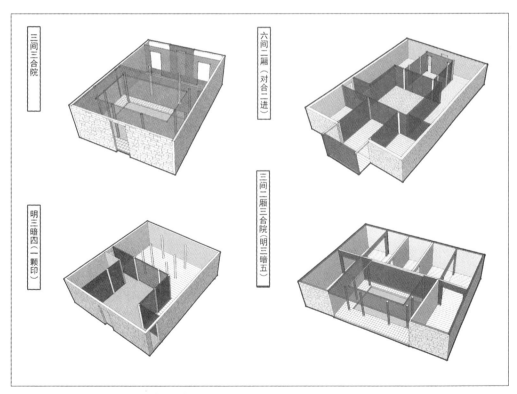

图4-24 扬州住宅单进院落常见样式

格。大门的造型多采用八字形、凹字形、匾墙型等，墙体多以素色砖雕装饰砌筑，较为素雅。有的木质门扇上黑漆或朱漆，外包铁皮或者钉图案的铆钉起到加固、防火和装饰的作用（**图4-25**）。

大门南侧的照壁具有与风水理想布局中的朝山、案山类似的功能，能使"气流绕影壁而行，聚气则不散"，从而形成维护与藏匿效果。常见的照壁有一字型、八字形等，由基座、壁身和斗栱檐等部分组成。如个园的入口八字形照壁高近六米，宽为九米，基座上枋为白矾石，壁面为水房砖磨砖对缝，菱形斜角景贴面，正中镶浮雕楷书"福"字，四个角落精雕蝙蝠纹样（**图4-26**、**图4-27**）。

2．仪门与福祠

仪门即整个私家园林的二道门，是真正意义的家宅入口，一般位于中路住宅的第一进，正对中

小盘谷大门

许氏盐商住宅大门　　东关街民居住宅大门

汪氏小苑大门

逸圃大门

冬荣园大门

图4-25　主要扬州私家园林大门（作者自摄）

| 小盘谷一字照壁 | 个园八字形照壁 |

图4-26 主要扬州私家园林大门样式举例（作者自摄）

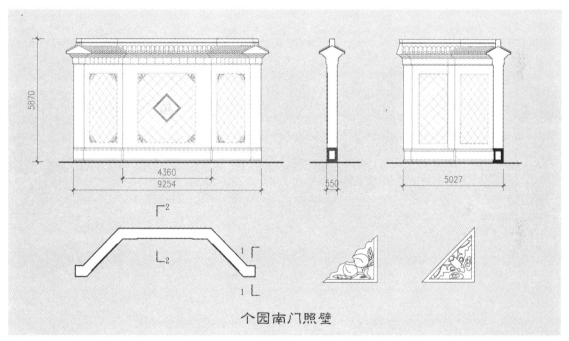

个园南门照壁

图4-27 个园大门照壁尺寸（作者自测绘）

轴线。仪门的造型较大门简洁，通常有砖雕檐口、飞椽及精美的雕刻、水磨青砖对缝拼接贴面装饰，显得整体素雅。仪门一般也配有抱鼓石，扬州私家园林中常见的是标志文官身份的方形抱鼓石（**图4-28**）。

福祠一般位于仪门东侧，用于日常早晚以及婚丧喜庆时烧香敬神，一般供奉土地神。福祠的造型大多是微缩的砖雕门楼或庙宇样式，常见铜钱、暗八仙、蝙蝠、瓶戟、花卉等图案，暗含龙凤呈祥、凤戏牡丹、石榴多子、升官发财的世俗愿景（**图4-29、图4-30**）。

<table>
<tr><td>小盘谷仪门</td><td>个园仪门</td><td>汪氏小苑仪门</td><td>逸圃仪门</td></tr>
</table>

图4-28 扬州私家园林中的仪门（作者自摄）

图4-29 小盘谷仪门与福祠

图4-30 卢氏盐商仪门福祠

小盘谷火巷　　　　　　个园火巷　　　　　　汪氏小苑火巷　　　　　逸圃火巷

图4-31　扬州私家园林的火巷（作者自摄）

3．火巷及墙体

　　火巷是分隔园林各路住宅的南北向狭长通道，平时为仆人使用，兼有防火防盗、逃生的作用。扬州城市私家园林中的火巷一般南宽北窄，如棺材的形状，取"升官进财"之意，也从视觉上加深了空间的深邃感。扬州宅园的火巷相较之其他江南地区住宅更为宽敞，两侧的墙壁不开窗，一般院落的入口相对，上方加盖坡屋顶雨搭，有时成连廊，悬挂吊灯。火巷墙体一般高于5米，上端嵌有排列整齐的铁锔，其作用相当于现代建筑的混凝土圈梁；有时为防止地基下沉，在墙体局部砌筑拱券起到加固作用。

　　扬州火巷的"乱砖清水墙"，也叫"和合墙"，独具地方特色。明清时期扬州饱经战乱屠城，建筑物被大规模破坏留下大量碎砖瓦，如太平天国运动后，扬州城主要以"三分砌墙，七分填馅"的办法进行灾后重建工作。乱砖墙面砌筑规矩细致厚实，填馅严密，表面经过刨子平整后整体效果并不亚于整砖墙，强度亦很高，隔声、隔热、防寒、保暖效果出色。也有一种鸳鸯墙是指上下两段采用不同的材质或砌法，如个园的火巷墙下半段是青砖扁砌，上半段是板砖空斗竖砌青砖本色，不加粉饰（**图4-31**）。

4．厅堂亭廊

　　晚清扬州私家园林中的厅堂建筑与《园冶》及《营造法源》列举的样式高度相似。

　　厅与堂没有本质区别，一般而言，长方形木料做廊架的称为厅，圆形木料做廊架的为堂。扬州富户多选择柏木做正厅，楠木做男厅，杉木做女厅。长江流域盛产杉木，因其含有杉香脂，耐腐朽和抗虫蛀，十分经久耐用，是扬州建筑最常用的材料。扬州住宅正厅一般为悬山或硬山顶，内部常见回顶式样，即扁作拱椽卷棚，正中的堂屋设置挡中，出挂匾额，两侧配楹联；两侧有精美的木雕隔扇挂落，原木或施以清漆。其他如椽等构件一般保持本色，不施油漆。扬州现存最大的明代柏木厅是个园中路正厅汉学堂，为三间抬梁样式。汪氏小苑东路男厅春晖室、棣园正厅亦为柏木。扬州

寄啸山庄桴海轩

个园宜雨轩

个园漏风透月轩

壶园花厅

图4-32 扬州私家园林中花厅举例（作者自摄）

宅院中楠木厅最多，现存十六处保存仍完好。扬州出现大量珍贵的楠木可能与传说中明末改朝换代过程中为北京运送的建筑材料被遗落扬州有关。如南河下汪鲁门宅园正厅为200多平方米的楠木厅，为扬州最大。何园正厅与归堂约160余平方米，保存最为完好，片石山房内的明代楠木厅距今已有400余年，形制更为古朴典雅（**图4-32**）。

园林主厅堂多为花瓦通脊卷棚歇山顶，五架或七抬梁结构结合草架做法，梁枋兼有苏式扁作和徽派线刻卷杀修饰，无斗栱结构，檐下装饰样式简约的挂落。船厅、花厅一般位于园林中心，檐下有廊，有的栏杆带美人靠。装折多为玻璃仔芯落地门扇、长窗或和合窗等，四面通透可赏园林美景，也称四面厅，如个园宜雨轩、何园桴海轩等。楼厅一般位于园林最北端，体量最大，通常是二层长楼横跨七开间以上，如个园壶天自春楼、二分明月楼等，东西侧与园林山石蹬道连接（**图4-33**）。如没有山石植物遮挡，则在平面和屋顶布局上前后上下错落，形成主厅副厅间的呼应关系，如何园蝴蝶厅的做法，很可能仿自于湖上园林建筑群的"裹角之法"。李斗在《扬州画舫录》中写道："湖上地少屋多，遂有裹角之法。'角'古之所谓'荣'也。东荣、西荣、北荣、南荣，皆见之《礼》及司马相如《上林赋》。宇不反则檐不反，反宇法于反唇，飞檐法于飞鸟；反宇难于楣，飞檐难地椽，楣若衫袖之卷者则反，椽若梳栉之斜者则飞，其间增桴重栔，不一其法，皆见之斗科做法平身科、柱头科、角科三等。屋多则角众，地少则角倚，于是以法裹之；纵横回旋，正当面，顾背面，度四面，邱中举纬精展；结隅利棱锋，抓造计秒忽，至增一角多，减一角

贾氏宅园二分明月楼

个园壶天自春楼

壶园长楼

寄啸山庄汇盛楼

图4-33 晚清扬州城市私家园林北端的长楼（作者自摄）

少，此裹角法也。"[1]

扬州园林建筑结构繁复，楼屋之间有回廊相连，或与假山蹬道等结合，构成全园的环形立体交通，既充分利用了有限的空间增加空间使用率和提高交通效率，又形成复杂穿插的空间效果及视线关系，有爬山廊、楼廊、复廊、复道回廊等，但是像苏州园林那样架设于水面上的廊桥较为少见。比较典型的是为雅集修禊活动而建的"觅句廊"，连接全园景点给人曲折延绵不断之感，如个园、小玲珑山馆等。何园的双层复廊长达近1500米，环绕整个园林，空间形式变化多样，虚实结合，借景无拘，被称为中国园林立体交通的雏形，在今天看来仍具有不少可供欣赏借鉴之处（**图4-34**）。

扬州园林中的亭较小巧简约，多为四角或六角攒尖顶，偶见重檐或圆顶，带如意宝顶。由于空间局促，因此半亭、半廊等样式也很常见（**图4-35**）。

（二）青砖花瓦，刚中见柔

扬州园林建筑在明清以前并未形成特别的本土风格，多是追随宫廷样式。明清以来，来自安

---

[1] 李斗. 扬州画舫录［M］. 扬州：江苏广陵古籍刻印社，1984.

图4-34　何园的廊（作者自摄）

徽、山西、陕西、宁夏、两广、福建、浙江各省，以长江中游各省的木商、布商和盐商等形成了左右一方经济政治的儒商群体，随商人而来的全国各地的匠师造访扬州，极大地丰富了扬州园林营造技艺。晚清扬州城市私家园林主人多为来自徽州的盐商，因而建筑体现出徽派特点，如青砖厚瓦、马头墙、三山屏风、观音兜、云山式的封火墙等，与江南水乡一带粉墙黛瓦、简约秀美的民居不同。扬州气候较江南干燥些，且本地不产石材、木材，所以建筑多以青砖雕刻或花瓦装饰，木雕很少见，大木作彩绘更罕见。陈从周认为扬州建筑多保留本色，外墙较少粉白的做法"多少存有以原材精工取胜的意图"①。用于砌筑照壁及花窗的青砖需经过数十道打磨等工序，拼接严丝合缝，几乎见不到胶合材料，在江南民居中显得富贵讲究。

　　受当时"中体西用"思想影响，晚清扬州园林建筑更加注重空间的功能与便利性，甚至体现出一些早期现代主义设计的特征，如流动空间与灰空间的处理等。当时出现很多洋楼建筑，使用红砖

---

①　陈从周. 扬州园林［M］. 上海：上海科学技术出版社，1980：9.

左上：二分明月楼内伴月亭　　右上：个园夏山鹤亭
左下：个园清漪亭　　　　　　右中：小盘谷六角亭
　　　　　　　　　　　　　　右下：何园水心亭

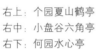

图4-35 扬州私家园林中的亭（作者自摄）

外墙、拱券门窗、运用彩色玻璃、铁艺、拼花瓷砖等西洋建筑细节，甚至很可能有外国工程师参与设计施工。扬州学者范续全认为，扬州的园林建筑相较苏州更为规范，"扬州园林建筑相对较多遵循了清朝的建筑规范，而苏州园林建筑则更多讲究地方特色。扬州园林鼎盛时期，造园大家层出不穷，造园技艺精湛，可以说，曾主导过潮流。从局部单体看来，园林中的建筑、水体、假山、植物意境皆具有一定差异性，苏州园林建筑风格轻灵飘逸，结构较为简洁，色彩淡雅素净，交通多为平游式；扬州园林的建筑大多华丽，结构复杂，楼宇复道往复贯穿，楼廊与假山也有连接，整体形成一个立体的交通模式。苏州园林隽秀深远，精在造；而扬州园林兼容南北特色，'雄伟中寓明秀，精在创'。"具体说来，扬州的园林建筑是以安徽徽州（今歙县）和浙江宁波的建筑艺术为主要样本，遵照清朝营造则例，吸取了西洋尤其是法国的建筑装饰元素，结合苏派建造工艺，经过改良创新后，形成的具有较强开放性的地域风格。

扬州建筑中比较常见的西化做法有用整块的玻璃门窗替代纸糊的门窗，增加室内的采光，如汪氏小苑、何园、个园等；用刻有花纹的水泥砖替代院落中庭的石材铺地增加平整度；用铁或铜铸造传统民俗纹样的栏杆取代户外木石的围栏增加耐用度等。由于园主人有外交工作经历，有些建筑的西洋风格更为明显，如何园、吴道台宅邸、周扶九盐商住宅等，大量采用砖混结构，开辟独立的楼梯间，取消堂屋、建筑立面出现欧式建筑的拱券造型和红砖材料。何园（寄啸山庄）的主要会客空间"与归堂"楠木厅中间主厅采用典型南方建筑的歇山顶三开间七架梁结构，外带檐廊，东西两侧各延伸两间副厅。特别的是在两侧屋顶山墙的位置延伸出壁炉的烟囱，从正面看仿佛是一段普通的封火墙，十分隐蔽，是东西风格混合，功能和造型结合较好的例子（**图4-36**）。

扬州园林建筑的造型线条以直、方为主，无论是平面或立面都极少见曲线造型，更没有苏州园林建筑中花卉造型的漏窗等，只是在转角接合处用抹角的方式使其圆润。除了小盘谷园林中出现寿桃、书卷等异形门窗洞以外，大多建筑门窗采用六角套方等几何图案的组合与变体形式，总体"刚中见柔，以刚为主，直中见曲，以直为主"。计成在《园冶》的卷三"门窗"中记载："门窗磨空，制式时裁，不惟屋宇翻新，斯谓林园尊雅。工精虽专瓦作，调度犹在得人。触景生奇，含情多致。轻纱环碧，弱柳窥青。伟石迎人，别有一壶天地；修篁弄影，疑来隔水笙簧。佳境宜收，俗尘安到。切忌雕镂门空，应当磨琢窗框。处处邻虚，方方侧景。"园林中的透窗与花窗是园林借景的重要媒介，透窗如同画框，使得所借景物具有极强的画面感；花窗则形成半通透的屏障，具有若隐若现的取景效果（**图4-37**）。

李渔在《一家言》中谈到自己制作花窗的故事：因一年水灾淹死树木两株，本想砍了当柴火，但是太硬，不知如何是好。一日想到用此木稍做雕琢，可以挂于墙面做花窗，遂略施斤斧，剪彩作花，缀于疏枝细梗之上，名之为"梅窗"。可见花窗除借景外，本身也是极具意趣的园林点景小品。扬州私园中的透窗与花窗种类多样，做工精良，整体较为简洁，大多是抽象的几何图形，由某一个或一组单元图形重复组合构成的，具有清晰的图形逻辑关系，少见具象的视觉符号，罕见浮雕等手法，显得较为质朴。为了避免直线的图形过于冷硬刻板，砖的接合处或转角处设计成圆角，或两端翻卷，通过大小的穿插，疏密的变化，线条的长短对比等手法体现出"以直线表现曲线"的艺术情趣。扬州花窗的边框一般是三至四层。第一层是外框的直线，以水磨的扁砖砌成，向墙面外凸2~3厘米。第二层向内，与外墙表面相平。第三层是一道半圆的收边砖，又称指甲圆，略微向内

图4-36 扬州私家园林建筑中的西洋元素
（如彩色玻璃窗、铸铜铁艺围栏、百叶门、拼花瓷砖地面等，作者自摄）

图4-37 青瓦花窗（作者自摄）

收敛，有的较大的花窗再向内侧粘一道直角的收边，使得边框形成厚重感和层次感（图4-38）。

　　比较讲究的花窗多以水磨砖制作，也称为"熟货"或"清水货"，砖之间的胶粘剂是用糯米汁与石灰搅拌而成的，质地细腻，颜色略微发黄，可以使得砖与砖之间的灰缝细若发丝。做花窗的砖是专门制造的，是经过淘洗的细泥，质地非常纯和，烧出来极为坚细，几乎没有孔洞。花窗的砖是依据设计的大小、形状烧制的，出窑后再用刀凿、刨平、水磨。制作这种工艺的并非一般的瓦匠，二是砍砖匠和凿花匠。《扬州画舫录》工段营造记载："砍砖匠，瓦匠中之一类也。……砍砖工作在砍磨城角、转头、尚白、截头、夹肋、剔浆、齐口、挂落、券脸及车网、立柱、画柱、垂柱、圭角、角云、兽座、照头、捺花、龙头、鼻盘、木行条、耳子、素宝顶、云拱头、花垫板、脊瓜柱、花垂柱、花气眼、花雀替、博缝头、古老钱、马蹄磶、三岔头尚花、扒头、花通脊板、牡丹花头、额枋、四面披、小博缝、松竹梅、花草、须弥座花柱、圆椽达望板、窗户素线砖、垂花门立柱、箍头枋、方椽、飞檐椽、连椽、里口、线枋花心、转头花、香草云、垂脊板、如意头、象鼻头、天盘、西洋墙、宝塔、宝瓶诸活计。""凿花匠，又砍砖匠之一类也。凿花工作在槛墙下，花砖、花龙凤、分心云头、岔角、梅花窗、海棠花窗、草花圆窗、线枋砖花窗、云子草、八角云各色。"扬州个园丛书楼西墙上的花窗高1.93米，宽2.12米，是现存最大的花窗之一。汪氏小苑的花墙砖雕漏窗做工精美，寓意吉祥。东路住宅最末端天井花墙上有五幅磨砖漏窗，分别为龟背锦、六角锦、海棠锦、书条锦等，中间一幅镶嵌有蝙蝠、大象、铜钱砖雕图案，寓意吉祥幸福。

　　清代扬州宅园的园门（地穴）造型自由多样，既有经典简约的圆、方等，也有具象的寿桃、月

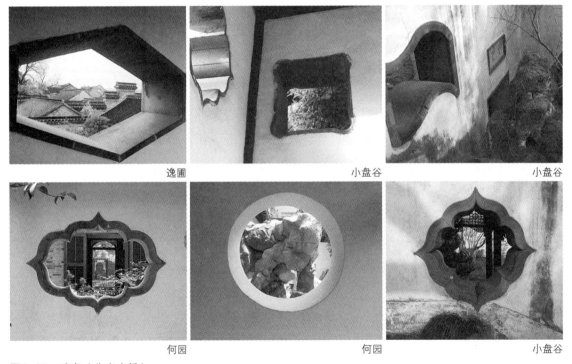

逸圃　　　　　　　　　　　小盘谷　　　　　　　　　　　小盘谷

何园　　　　　　　　　　　何园　　　　　　　　　　　　小盘谷

图4-38 透窗（作者自摄）

亮等。有些造型富有文化寓意，如花瓶形状的门寓意平安，葫芦门寓意子孙延绵，六角门寓意六六大顺，八角门象征四通八达等。园林中开门尺度较小，一般低于普通门洞的2.2米高，甚至有不到2米高的，宽度也较建筑门扇窄小。这造成了三个方面的效果：其一，略窄小的地穴具有风水中"藏风聚气"的作用；其二，整个地穴处于最佳视域范围，在视觉上给人完整的造型效果；其三，出入经过的人需慢行，甚或颔首侧身而过，从心理体验上给人以空间转换的提示，更容易注意到门额的题词、框景的细节等（**图4-39**）。

扬州园林花厅的山墙不似南方建筑常见的木板博风、悬鱼惹草等样式，而是仿造北方官式建筑做法，用浮雕水磨青砖拼成博风，如何园牡丹厅、小盘谷曲尺厅等，刀工洗练，造型饱满，线条圆润（**图4-40、图4-41**）。

（三）画卷墁地，旱园水做

由于扬州私家园林多为双层立体交通，提供了很多俯瞰的视线，因此园林铺地面积大，构图完整，叙事性强，成为承载和烘托其他景物的重要元素。这种在船厅、四面厅或山水等主景周边大面积铺设的具有明确主题的画卷花街铺地图案丰富华美，耐人寻味，有强烈的艺术效果。如寄啸山庄牡丹厅周边九鹿的花纹象征"九禄"，即朝廷最高等级的俸禄，寓意主人辉煌的仕途履历，也有激励子孙苦读成材，科举金榜题名的作用。

扬州园林营造花街铺地的材料广泛，综合使用瓦片、砖条、卵石、砾石、瓷片、甚至小块的彩色玻璃等材料，组成花木鸟兽、卍、寿、暗八仙等图案，也有梅花海棠等简约图形组成的连续图案，丰富多样不拘一格。主题与其他建筑装饰类似，多以民间吉祥图案为主，有福寿双全（蝙蝠、桃子）、六合同春（梅花鹿、仙鹤、松树）、松鹤延年、麒麟送子（麒麟、松子）、平升三级（花瓶、戟）等等。有些墁地出现具有近代工艺美术样式的装饰图案，如何园某天井处铺地运用舒展的卷草纹样，与英国工艺美术运动及新艺术运动的艺术样式极为相似（**图4-42**）。何园、汪氏小苑园内的地面出现不少西洋进口的瓷砖、压花水泥等材料。

如前文所述，扬州的经济繁荣于邗沟和京杭大运河带来的交通优势，因此，扬州私家园林中反复出现"水与船"的造景意象。部分不具备理水条件的园林以"旱园水作"的手法写意"一勺则江湖万里"的效果，也是扬州造园的特色之一。

因陈从周赞赏而比较出名的旱园水作的例子是二分明月楼。整个庭院的布局是以意向中的水为中心的，即回廊建筑等布局在四周，而中间是铺装与旱桥、山石、花草营造的"水景"。造园者将建筑筑于较高的黄石基础上，周边的地面较低，形成"池中有山，山上有阁"的意境，北侧有船厅（现移动至瘦西湖上）探出"水面"，仿佛是停靠岸边的画舫，结合低矮丛植与石块模仿堤岸的景致。地面的卵石铺装纹理模仿水纹，给人提示和联想（20世纪90年代改建为真水池，铺装纹理等皆不存）。另一处在"卷石洞天"碧玉山房西侧的小院，用黑、黄两色的鹅卵石模仿水流的形态铺于地面，黄色为地，黑色为水，"水口"即黑色卵石较窄处蜿蜒行至假山堆叠的山洞口，在黑色卵石较宽的"水池"处点缀有岛状的块石，给人"无水似有水，水在意中流"的感受。其他"旱园水作"的例子有何园北花园的桴海轩周边、汪氏小苑的船形花厅等。

寄啸山庄东门　　　　　　寄啸山庄北门　　　　　　　　刘庄余园

逸圃　　　　　　二分明月楼　　　　　　小盘谷　　　　　　街南书屋

汪氏小苑　　　　　　个园　　　　　　个园　　　　　　逸圃

图4-39　扬州私家园林地穴样式（作者自摄）

何园牡丹厅山墙砖雕 逸圃廊壁砖雕

图4-40 扬州砖雕（作者自摄）

逸圃 小盘谷 汪氏小苑 个园

图4-41 扬州私家园林中的福祠

图4-42 何园从复道俯瞰园内铺地（作者自摄）

从现存园林实例来看，晚清的扬州私家园林在铺地的材料选取上颇为奢侈，做工一丝不苟，讲究位置周正。住宅的厅堂大多使用规格在400～500毫米见方的上好的金砖铺陈，在入口处放置一块"坐中"的方砖，表示规矩方正的含义。其他亭台楼榭等园林建筑的方砖铺地也是以正中位置的完整方砖为中心，向周边排列，极少见随意满铺的情况。金砖自不必说，普通方砖也要经过仔细水磨数遍、泼墨均色、桐油浸擦、烫蜡上光等数道工艺加工，色泽光洁温润并且易于清洁保养。为考虑防潮和追求落地无声，具有舒适脚感的效果，方砖铺地须先将地面平整，放置倒扣的钵体，其上架设水磨对缝方砖。卧室书房的实木地板接近现在做法，架设100～150毫米的松木龙骨，将实木条直接钉在龙骨上，打磨刷混油漆面。

火巷、甬路、住宅天井、庭院出入口停留地坪等使用率较高的地面多用青石板、白矾石，或石板青砖结合、黄道砖等。纯石材铺地造价高、纹理美观，耐压耐磨，大型宅院或中小宅园的重要地点应用较多。如个园中冬春假山周围的白矾石冰裂纹铺地历久弥新，在阳光下晶莹润泽，给人春寒料峭，冰雪初融的联想，兼有品质与诗意的美感。汪氏小苑的火巷正对二道门的八角地穴，本身即为借景的重点，因而全部以青砖横向铺就，中间镶嵌石板，增强了空间的幽远深长之感。天井地面功能以排水为主，大多用石材，讲究东西横排，南北错缝的铺法，有些宅园的女厅等为教育女子品行方正，也用正方形石板。排水沟一般紧靠在廊地坪的外侧，雅称荷叶沟，在四角装饰雕刻阴阳鱼或钱币图案的漏砖，取其吉祥之意，这种做法应是来自徽派民居的习俗。

在较为普通的空间常用造价相对低廉的黄道砖铺地，常见人字、席纹、间方和斗纹。施工也很讲究，一般先装条石路牙，按先中间后两边的顺序铺设，经过弹线、试摆、摊铺结合层、铺砖、磨平等工序。须选砖的长头扁面向上侧砌，垂直拼接以增加耐磨性，其结合层以灰砂浆、熟灰浆掺入灰泥，或者直接铺河沙。

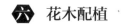

六 花木配植

（一）古藤虬枝，芍田桂丛

陈从周先生在《说园》中谈到"小园树宜多落叶，以疏植之，取其空透；大园树宜适当补常绿，则旷处有物。此为以疏救塞，以密补旷之法。"[1]晚清扬州城市私家园林大多面积较小，因此多见以落叶植物塑造具有文心画境的园景，少见大片种植追求野趣的做法。所谓文心，是指植物本身的寓意对造园意境的决定性作用，如受徽州传统村落以古树为家族聚居地核心思想的影响，一些扬州私家园林也直接以古木为名，如双槐园、百尺梧桐阁等。植物种类的选择讲究与环境功能及氛围协调，如藏书楼、书斋周边选择具有文人气质的竹、梅、松等；女眷居所选择如迎春、紫藤、女贞等；花厅、船厅周边待客的场所常种植桂花、芍药；长辈居住的环境则常配植松、藤类。

李渔《芥子园画谱》中出现许多植物与园林要素的搭配惯例在扬州园林中亦很常见：如"高山栽松（个园黄石山及片石山房等）、岸边植柳（棣园等）、山中挂藤（何园、小盘谷等）、水上放莲、修竹千竿、双桐相映、槐荫当庭、移竹当窗、栽梅绕屋等"[2]。所谓画意，则是指植物的干、枝、花、叶、果等细节的形态与色彩的效果对造景的重要塑造作用，如汪氏小苑以古藤配贴壁假山营造"古藤停云"的画面作为船厅对景，构成可栖徲小院主景（**图4-43**）。

晚清扬州私家园林内的主干庭院乔木常见孤植的玉兰、槐、梧桐、枫、青桐、香樟等，也有白皮松、绣球、棕榈等较为珍惜的外来植物。只有个园何园等较大的庭院才种植大乔木，大部分私园以小乔及花灌木为主，并不追求浓荫蔽日的效果。晚清扬州商宦四处行走，见多识广，带回许多外来珍稀植物，如何园玉绣楼庭院的绣球、棕榈、西园假山上的白皮松、片石山房的罗汉松等，均有上百年历史。个园、瓠园、刘庄等园内都以广玉兰为主干孤植树，刘庄与何园内有扬州仅存的三株白皮松。梧桐或青桐有"召唤凤凰"的寓意，象征高贵的才华，常用于书斋庭院（**图4-44**）。

小乔木和花灌木为园林赏景的重点。通常有金银桂、腊梅、琼花、枫树、女贞、核桃、石榴、枇杷、芭蕉、竹等，其中桂、梅、女贞最为常见。女贞、石榴、桃花、绣球、琼花往往象征洁净美好的女性，核桃、梧桐、玉兰、桂树则象征男性的坚毅、才学与荣誉。扬州的桂花是庭院中最常见的花灌木，因为其香气袭人，花朵可食广受欢迎，几乎家家都有。在扬州文化传统中桂花还象征着"贵客"到来，讲究的大户一般在庭院的入口空间大量种植金桂、银桂，如个园。小些的庭院在待客的花厅周围遍植桂花，因此扬州的四面厅别名"桂花厅"，如贾氏宅园二分明月楼院落原中央旱园水作的区域及小盘谷丛翠轩等。在文人造园中桂花被赋予"折桂"、"招隐"、"高洁的品质"，是秋和月的象征，如《艺文类聚》载，三国繁钦《弭愁赋》曰："整桂冠而自饰，敷蘂藻之华文。"卢氏意园内紫藤已有170余年历史，其与廊架结合的做法亦见于棣园册页《翠馆听鹂》中（**图**

---

① 陈从周. 说园［M］. 上海：同济大学出版社，2009，1.
② 张兰，包志毅. 由《芥子园画谱》看中国古典园林植物配置［J］. 中国园林，2003，11.

图4-43　汪氏小苑庭园内多以具有线条感的藤本、灌木与旧石组景（作者自摄）

4-45）。臧德奎先生认为"桂花春日不争，无桃李之艳，秋花与月相应，独秀三秋孤芳自赏，叶四季青翠不惧风霜……中秋赏月佳节，桂花以其清可绝尘，浓能溢远的天外来香增添不少雅韵"[①]。扬州民间女子有拜月的习俗，往往与桂花煮酒等行为有关，有些园林建筑以其命名，如《棣园十六景图册》中《桂堂延月》（图4-46）。

梅花雅号"好文木"，扬州文人以寄梅送春作为表达友谊的高雅之举，在庭院栽梅养鹤，称"梅妻鹤子"。如南朝江南的陆凯寄给长安的范晔一枝梅花，赠诗"折梅逢驿使，寄予陇头人。江南无所有，聊赠一枝春。"扬州八怪中至少有三位极爱梅花，刻意描绘其孤傲、疏散、畸枘的形态以自勉。尤其是寒冬腊梅、初春红梅在寒冷萧瑟的园景中显得格外醒目优雅。旧城的梅花岭（原为扬

①　臧德奎. 桂花的文化意蕴及其在苏州古典园林中的应用［J］. 风景园林植物，2011，6.

图4-44 逸圃别趣花园书房院落（作者自摄）

图4-46 《桂堂延月》园主题词提到西汉《小山招隐》的典故，借景自喻

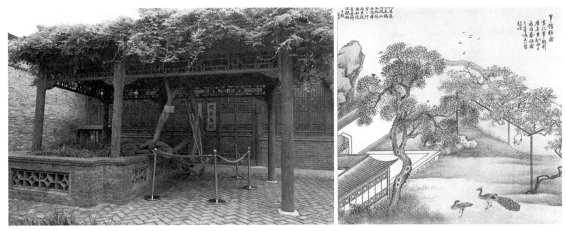

图4-45 卢氏意园内紫藤廊架与棣园册页《翠馆听鹂》(作者自摄)

州太守私宅，后为史可法衣冠冢）及新城的梅花书院等以遍植梅树造景，体现出浓郁的文人气质。

扬州市花琼花自古以来有"维扬一株花，四海无同类"的美誉，被历史人文赋予深厚的内涵。《隋唐演义》四十七回记载有隋炀帝下扬州看琼花的传奇故事；《广陵琼花志》提到，江都人来济于唐高宗（公元628～683年）在位时任中书令，有诗赞美琼花："标格异凡卉，蕴结由天根，昆山采琼液，久与炼精魂。或时吐芳华，烨然如玉温，厦土为培植，香风自长存。"杜游《琼花记》载："宋高宗绍兴年间金兵南下侵略连根拔走大量琼花，一年后竟然生出新芽，逐渐恢复原状；而1276年南宋颓败时，扬州琼花突然死去。"扬州琼花成为文人血性和风骨的象征，如屈原投江、崖山殉国的精神一般感召天下士人。现存宅院中琼花并不十分常见，汪氏小苑、贾氏宅园等有局部种植。

一些本地花木培育历史悠久，形成品赏与修契活动结合的传统，如赏芍药、赏荷等，已有千年历史。苏东坡任扬州太守时在《东坡志林》中写道："扬州芍药天下冠，蔡繁卿为作万花会，步聚绝品十余万本于厅宴赏，旬日既残归各园。"可见当时栽培之盛。《扬州画舫录》中《扬州芍药冠天下》章节也有记载："乾隆乙卯，园中开金带围一枝，大红三蒂一枝，玉楼子并蒂一枝，时称盛事。"何园、棣园、个园、二分明月楼、小玲珑山馆等私园内均专门辟"芍田"，种植名贵品种，以为祥瑞美景。扬州私园中极少裸露土地，几乎没有草坪的设计，多种植书带草作为地被，四季常青（**图4-47**）。

除了文物部门有记载的百年以上的古木以外，大部分私园中的花木为改革开放后陆续修复园林时依据园主后人或史料记载等补种，有些花木配植效果不尽如人意，如小盘谷东园从翠轩、卢绍绪意园等，大片体量相近的植物堆置一处，缺少经营。

（二）切要四时，寓意吉祥

清代王渔洋有名句"绿杨城廓是扬州"概括了扬州城市的特点，繁密的运河及支流水系与杨柳依依勾画了整个城市的图像。有趣的是，城市私家园林内极少种植垂柳，只是偶尔在水池边点缀一二。扬州私家园林造景讲究时空一体的意境，植物在其中扮演提令时节的关键角色。童寯先生在

图4-47 晚清扬州私家园林中的芍药、牡丹和桂花花坛（作者自摄）

《江南园林志》中概括道："园林无花木则无生气。盖四时之景不同，欣赏游观，怡情育物，多有赖于东篱庭砌，三径盆盎，俾自春迄冬，常有不谢之花也。"[①]常见的配植如春季赏梅、桃、迎春、玉兰、琼花；夏季观芍药、荷莲、紫薇；秋季赏枫叶、银杏、桂花；冬季赏腊梅、松柏等。扬州虽四季分明，但地处长江北岸，终年绿意盈盈，大部分植物如桂树、书带草等终年保持常绿，植物的选择比较宽泛（**图4-48**）。

扬州园林也讲究花木间的搭配或与山石、建筑结合营造出更为丰富的景观意境。《扬州画舫录》

---

① 童寯.江南园林志［M］.北京：中国建筑工业出版社，1984.

何园芭蕉　　　　　　　　　　　　　　　　　个园紫薇

个园黄石红枫　　　　　　　　　　　　　　　何园红叶

小盘谷睡莲　　　　　　　　　　　　　　　　何园红叶

图4-48　扬州园林植物的色彩较其他江南园林更明艳丰富（作者自摄）

图4-49 玉绣楼得名于园中古玉兰与绣球花，寓意儿女皆成才（作者自摄）

中记载："……郡城多绣球花，恒以此配牡丹，牡丹之上，多有绣球，相延成俗……而绣球牡丹栽同一处，如桃花杨柳之不可离……"①此处牡丹也包括芍药，都稍耐阴，种植于绣球之下反而花期更长。桃花杨柳的搭配映衬出春色撩人的气息，绣球牡丹（芍药）则描绘出初夏美景，如棣园册页中《芍田迎夏》所绘。在尺度较小，离建筑物较近的空间，也常使用叶片较大的植物，如芭蕉、枇杷等。"雨打芭蕉"在文人语境中具有典型意象，颇具禅意，当扬州进入夏日雨季，雨落蕉叶的声音与池间蛙鸣仿佛天籁乐章，带人进入仲夏夜之梦境。秋季赏桂，闻桂香，需成片丛种植方可形成气氛。尤其是深秋落英时节，大量花朵飘落堆积，可达半尺之厚，在中秋明月夜，更显庭院优雅馥郁。

应当说，以花木提令时节的做法在扬州私家园林中应用得极为普遍，植物造景不仅追求在不同时节赏其形，观其色，食其花果，更进一步嗅其香味，聆听其声音，以全身心感受四时运转，昼夜更替，是极具诗意的。植物随时间呈现不同季象，相应也有比较稳定的种植或配景与之相衬，逐渐形成一些扬州私家园林中典型的四时景致。如春景常以竹林中植笋石体现雨后春生的寓意、以琼花绣球祝福子女成才、梅岭探春体现文人雅意等**（图4-49）**；夏景常体现鱼戏莲荷、雨打芭蕉、芍田放鹤等场景，秋景常突出桂丛迎月及丹枫苍松的山林景象，冬景常用古藤腊梅、雪落松枝的画面来体现。扬州市在20世纪七八十年代大量种植腊梅、桂花，秋冬冷香袭人，沁人心脾，已成为城市标志特点之一。

① ［清］李斗. 扬州画舫录［M］. 扬州：江苏广陵古籍刻印社，1984.

晚清扬州私家园林在植物种类的选择上部分受到风水堪舆及民俗观念的影响。清代高见南著《相宅经纂》记有："中门有槐富贵三世，宅后有榆百鬼不近"；"门前喜种双枣，四畔有竹木青翠则进财。"对照看来，晚清扬州私家园林中少见槐树、杏树，多见香樟、腊梅、桂花、玉兰、桃柳等，大致符合风水吉凶的说法，如个园住宅后种有一株老榆树，宅后植竹林等。以单株植物或植物组合的方式祈福的做法也十分常见，通常是借植物的名字谐音组成吉利的祝词，如以桂花、海棠、牡丹、玉兰的搭配，成为"玉堂富贵"，或者加上迎春等植物造景寓意"玉堂春富贵"。或者根据植物的特点象征或勉励家人，如"兰桂齐芳"象征家里的男子读书有成，金榜题名；石榴是祝福女子多生育，家族人丁兴旺；女贞则是教育女儿应洁身自好等等。相比苏州、无锡等其他地区的江南私家园林，晚清扬州私园在植物种植中体现出更明显的家族传承和训诫子女的意识，受民俗观念影响较多，不免有些功利色彩，因而具有强烈的入世的生活气息（**表4-1**）。

扬州私家园林中常见的植物方位与寓意 表4-1

方位	寓意	吉	凶
东	这方位的植物通常会长得比较高大，会遮挡旭日的阳光，因此不宜种植过于高大的乔木	樱、梅、桃、柳、竹子	梨树
东南	多为门庭入口，不宜多种树，一棵或少量即可	梅、枣、紫阳花、竹子	桃、柳、楠木、苏铁、芭蕉
南	不能多种树，否则影响采光。"南应空旷"	松、梅、梧桐、竹子	开白花的树木
西南	不能种大树，否则进取难行	梅、枣、桂花、竹子、低矮的松柏	楠木
西	少女的位置，适合见水或路，种植低矮草木，不适合放置大树	榆、松、柏、竹子	高大乔木
西北	父亲的位置，适合多种植高大长青的植物	松、柏等常绿植物及槐、杨树等	形状不好，发育不良的植物
北	同西北方，适合多种树	松、柏等常绿植物及槐、杨树等	开红花的植物、李树
东北	鬼门，不宜种大树	竹子、柳	橙

第五章

主要案例研究

1 个园
2 逸圃
3 瓠园
4 汪氏小苑
5 刘庄
6 二分明月楼
7 小盘谷
8 何园
9 棣园（旧址）

图5-1 晚清扬州城市私家园林主要遗址位置及大致轮廓（作者自绘）

扬州市是中国第一批公布的历史文化名城，城市规划新区东迁使得旧城得到较好的保护，至今5.09平方千米的老城区城市格局基本完整，延续着清末的基本格局，除文昌路、四望亭路等部分原运河被填平为城市主干道以外，并无太大变化。"明清之际，城市园林数以百计，有兴有废。1961年调查时，尚存56处。'文化大革命'中遭严重破坏。此后因建筑工程拆迁和年久失修，又有不少费圮。"[①]。

扬州现有较完整遗存的清代城市私家园林主要有个园、何园、汪氏小苑、刘庄余园、逸圃、小盘谷、壶园、贾氏宅园（二分明月楼）、李长乐故居、卢氏意园、珍园等，有些园林中的主体建筑被整体搬迁至瘦西湖、史公祠等地保存。由于珍园、翠园、刘庄等被特殊部门占用，无法实地调研，因此选择其中具有代表性的八处按照建园年代的先后顺序——展开论述（**图5-1**）。个园、何园、汪氏小苑、小盘谷为国家文物保护单位，其他均为省级或市级文物保护单位。需要说明的是，棣园虽现状破坏严重，但是遗迹及资料比较丰富，包括被移置他处的建筑、20世纪60年代的照片资料、册页园记等，因此可展开复原研究；瓠园经过改造后与原貌相差较大，因此仅结合资料与现状作简要分析。

---

① 扬州市广陵区地方志编纂委员会. 广陵区志［M］. 北京：中华书局，1993：224.

一 个园——壶天复自春

（一）历史变迁

个园位于扬州旧城盐阜东路10号，东至扬州市少年宫西围墙，南至东关街南15米，西至"逸圃"东围墙，北至盐阜东路，占地2.3公顷，是现存扬州城市山林中占地面积最大的古代私家园林。个园1982年正式对外开放，于1988年被国务院定为全国重点文物保护单位，1992年《人民日报》海外版将其与苏州拙政园、北京颐和园、承德避暑山庄并称"中国四大名园"**（图5-2）**。

个园园主黄至筠（1770—1838），字韵芬，又字个园，商号黄漱泰，个别史料记载为"黄瀛泰"或"黄应泰"，原籍浙江，生于河北，并非扬州盐商占主流的徽商。黄氏少年丧父，后凭借自身才干和贵人提携，任两淮商总五十余年，官居正二品顶戴，钦赐盐运使司盐运使，家资甚巨。发迹后除置地构园外，黄氏最主要的爱好就是绘画藏画，搜罗许多名家作品，得闲即悬挂临摹。汪鋆《扬州画苑录》载："黄至筠，字韵芬，又字个园。本浙人，后移入甘泉籍，幼即以盐筴名闻天下，能断大事，肩艰巨，为两淮之冠者五十年！素工绘事，有石刻山水花卉折扇面十数个，深得王、恽旨趣。"可见黄至筠是一位典型的儒商，其人既有商人的务实严谨气魄担当，又具有文人雅士的淡泊浪漫，与《履园丛话》作者钱泳等文人交好。虽娶妻妾十二人，却不好女色，被当时的盐商评价为"未失戒僧本性"①。黄氏除经济上支持画家文人，也十分注重子女教育，其五位儿子均学有所成，尤其是二子黄奭（右原）为清代著名辑佚大家，为扬州学派领袖阮元门生。

史料中关于个园的记载很多，主要有：清刘凤诰《个园记》中写道："……主人辟而新之。堂皇翼翼，曲廊邃宇，周以虚槛，敞以层楼……绿萝袅烟而依回，嘉树翳晴而蓊匌。闿爽深靓，各极其致。以其目营新构之所得，不出户而壶天自春，尘马皆息。"②民国时期出版的《扬州揽胜录》记载了个园的营造历程："个园，在东关街。清嘉道间，鹾商黄至筠筑……至筠以盐卤起家，为两淮商总，即购街南马秋玉小玲珑山馆，复筑是园，为延宾之所。"③在甘泉县志上记载着，"黄氏当嘉道间，以业鹾称巨富，既购马氏街南书屋，复别筑此园"。在王振世的《扬州揽胜录》记载，个园最先是清代盐商安麓村的家园，"后鬻于黄个园"。董逸沧著《芜城怀旧录》中评价道："黄氏个园，广裹都雅，甲于广陵。"从这些记录推测，个园应是从明代寿芝园、安麓村宅园、清初小玲珑山馆一路改建发展逐渐形成今日的规模。

学界大多认为现在的个园是在清嘉庆二十三年（1818年）由两淮盐总黄至筠购得明"寿芝园"旧址历二十余年筑成，耗资600万两白银，约为当时江苏省一年的财政总收入。如扬州个园前主任徐信阳在《春夏秋冬话个园》中写道："个园建于清代嘉庆二十三年（1818年），系康乾盛世后一座名园。为两淮盐总黄至筠在明代寿芝园的旧址上扩建而成。"④这里存在疑点，即同年刘凤诰《个

---

① ［清］金兆燕. 汪雪礓传［M］. 金兆燕.棕亭古文抄.
② 顾一平. 扬州名园记［M］. 扬州：广陵书社，2011：33.
③ 王振世. 扬州揽胜录［M］. 南京：江苏古籍出版社，2002.
④ 徐信阳. 春夏秋冬话个园［J］. 中国园林，1991，7（2）.

文物保护单位保护范围及建设控制地带地形图

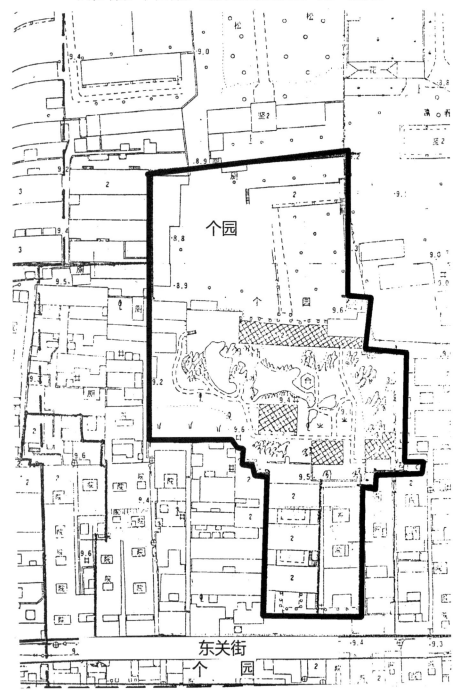

图5-2 个园位置及范围（资料引自全国重点文物保护单位档案）

园记》中仅写道："叠石为小山，通泉为平池。"与今日高峰险壁，悬崖深谷的山林气势仍存较大差异。因此，很可能1818年黄氏已购入个园进行初步的改造，告一段落时邀请当时已被罢官的江西才子刘凤诰来园内小聚，作园记。黄氏修整个园应早于1818年，但至彼时并未完工，之后又延续数年直至离世。

黄氏虽一度富可敌国，但其享有个园仅八十余载，后人迅速衰落，咸丰三年（1853年），太平军攻入扬州，子女出逃避难，黄家败落，其子孙冻毙于旧城的土地庙中，为"冶春后社"成员杜绍棠亲眼所见。西路住宅与个园卖给丹徒人李维之，后被政府抵债收回，民国初年一度归军阀徐宝山，徐氏被暗杀后，又归江都人朱柳桥所有，可谓命运多舛。根据全国重点文物保护单位记录档案记录，新中国成立后个园曾被用作扬州社会主义建设成就展览和农业展览馆。1963年，扬州市人民委员会批准将个园拨交扬州博物馆作分部。1964年，在此建成扬州地区阶级教育展览馆和扬州专区展览馆。文革期间被扬州京剧团、扬剧团用作宿舍。1981年10月，扬州市人民政府将个园划归扬州市园林管理处管理。1982年2月，为迎接扬州市与日本唐津市缔结友好城市，举办两市风光图片展览，增开了额名为"竹西佳处"的园门，并在夏山和秋山上分别增建了"鹤亭"和"驻秋阁"。1997年，个园投入270万元搬迁了扬州市广播电视局，复建了占地1.2万平方米的万竹园旧观及停车场，园区面积由8000平方米增至2万平方米。2002～2005年，个园投入近千万元，对南部住宅进行收回、修复，内部陈设及门楼、门房复建工程。[①]

目前，个园已基本恢复了前宅后园式的古典盐商园林的面貌。

个园历史变迁简表 表5-1

时间	使用者 / 所有者	园林概况
明	不详	寿芝园
1818 年	黄至筠	前后营建二十年，始成今日面貌
清同治、光绪年间	丹徒李氏	维持原貌
清光绪至民国初	江都朱氏	维持原貌
1949 ～ 1980 年	扬州市人民委员会	扬州专区社会主义建设成就展览和农业展览馆扬州地区阶级教育展览馆和扬州专区展览馆。"文革"期间被扬州京剧团、扬剧团用作宿舍
1981 ～ 2002 年	扬州市园林管理处	1982 年 3 月，经江苏省人民政府公布为省级文保单位并对游人开放，1988 年增开了额名为"竹西佳处"的园门，并在夏山和秋山上分别增建了"鹤亭"和"住秋阁"；1997 年复建 1.2 万平方米的万竹园
2002 年至今	扬州市园林管理处	回收并修复南部住宅中间三路，约 3000 平方米，2010 年完成住宅内部陈设的恢复

---

① 全国重点文物保护单位记录档案——扬州市个园档案号：321300011-1101

（二）总体布局——完整严谨

个园占地面积达24000平方米，建筑面积近7000平方米。总体布局在清中晚期的扬州园林中显得非常规整，整体由南至北分别是住宅、庭园和松竹林三个部分，比其他私家园林多了北部的林区。宅、园、林占地几乎均等，独立成章，即"人居、石居、竹居"（**图5-3**）。计成在《园冶》中说道："市井不可园也，如园之，必向幽偏可筑，邻虽近俗，门掩无哗。"个园园林置于幽深的住宅之后，南隔高楼，北属城郭，营造出闹中取静的环境气氛（**图5-4**）。

东路建筑以"鹿"寓"禄"，檐口瓦头滴水及门窗隔扇的雕刻都围绕着"禄"的主题。前后有三进，第一进为"清美堂"，面阔三间，进深七檩（七架梁），前置三面廊轩呈拱卫之势，是黄家接待一般性来客和处理日常事务的场所，寓意"以清为美"，为官清廉为人清白（**图5-5**）。清美堂的地面低于大门地坪约60厘米，据推测可能为明代遗构。房屋结构是抬梁式，梁的两端下口带圆势曲线，条端处垫木雕为如意云式样（水浪机），前后施轩状如船篷（船篷轩、卷棚轩），中设屏门挡中，两侧置木雕落地罩。抱柱楹联是"传家无别法非耕即读，裕后有良图惟俭与勤"，屏门楹联是"竹宜着雨松宜雪，花可参禅酒可仙"，体现出园主耕读传家、勤俭持家的生活态度和以松竹花酒寄情达意的文人情怀，体现出务实与浪漫兼备的儒商气质。第二进为内厅"楠木厅"因梁柱为名贵的金丝楠木建造而得名，是全家用餐，小型聚会宴请的场所。面阔三间两侧披廊，进深七檩，格局宽敞，用料考究。结构是抬梁式，圆柱圆梁圆椽，造型丰满雍容，梁两段略做"卷杀"刻弧线，前后施轩。厅堂前置木雕隔扇，后置屏门，两次间是木雕落地罩，周围墙壁置合墙板，是当时非常高档的做法。据所存木构架分析可能为明代建筑遗存[1]。屏门挂宋人山水图轴，两侧挂金农撰楹联"饮量岂止于醉，雅怀乃游乎仙"，抱柱楹联是"家余风月四时乐，大羹有味是读书"，借嘉羹美酒抒发人生感悟。厅内的圆桌圆椅取团员之意，若家人不齐全，只能用半张桌子进餐。第三进住宅后连厨房、柴房、天井等，三间两厢、七架梁构架，排山有中柱（立帖式），是非常典型的扬州民居式样。墙面下为条砖勾缝，上为"三斗一卧"空斗墙。

中路建筑以"蝠"喻"福"，前后三进，建筑装饰等均以"福"为主题，首进是正厅，中、后两进为住宅，为扬州大户人家的传统住宅形式。遇到婚嫁丧娶等重大事件时，打开中门三进可前后贯穿；关上门三个院落又个自一体，由厢房前的耳门出入。从刻有"福"字的照壁进入大门，迎面为砖雕福祠，左侧为磨砖仪门，即俗称的"二门"，一对白矾石浮雕石鼓分立两旁，上首匾墙边框围回纹砖雕，中樘内是六角形磨砖贴面。入仪门即是天井，以正方形白矾石铺地，正对柏木正厅"汉学堂"（**图5-6**）。堂面阔三间，进深七檩，是黄家正式的礼仪接待场所。据陈从周先生观点，这间正厅中间减去了两根"平柱"，是为兼作观戏之用[2]（**图5-7**）。堂前置廊轩，厅堂高敞宏伟、用料硕大，柏木柁梁，扁作手法，形制古朴，简洁洗练，是扬州保存最好、规格最高的明代遗构柏木厅。抱柱楹联"三千余年上下古，一十七家文字奇"。屏门正中的《竹石图》是后人仿郑板桥作

---

① 扬州市文物局. 个园档案卷宗.
② 陈从周. 梓翁说园［M］. 北京：北京出版社，2011.

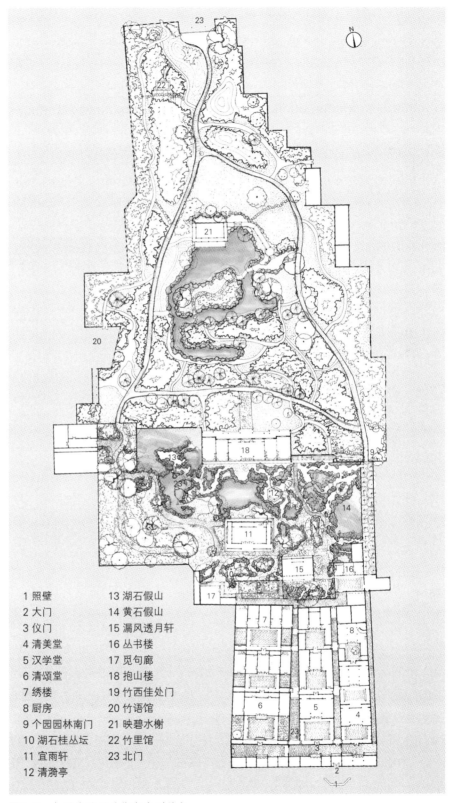

1 照壁	13 湖石假山
2 大门	14 黄石假山
3 仪门	15 漏风透月轩
4 清美堂	16 丛书楼
5 汉学堂	17 觅句廊
6 清颂堂	18 抱山楼
7 绣楼	19 竹西佳处门
8 厨房	20 竹语馆
9 个园园林南门	21 映碧水榭
10 湖石桂丛坛	22 竹里馆
11 宜雨轩	23 北门
12 清漪亭	

图5-3 个园总平面（作者自测绘）

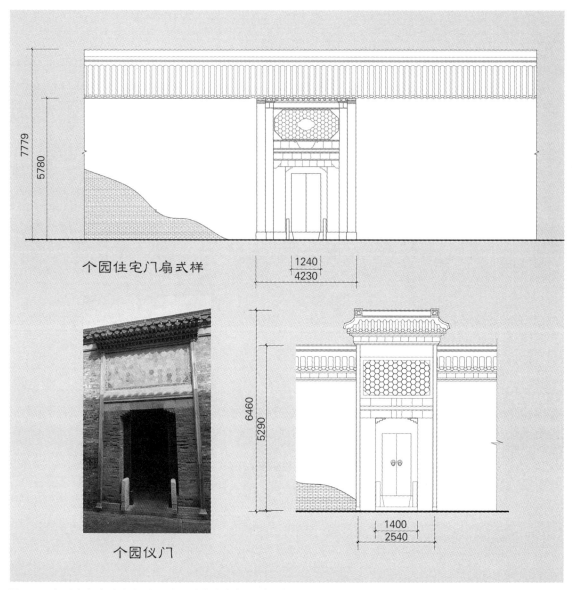

图5-4 个园南部住宅大门及二道门（作者自摄及测绘）

品，两侧是板桥撰"咬定几句有用书可忘饮食，养成数杆新生竹直似儿孙"。屏门两侧置木刻落地罩阁。屏门后可见磨砖罩面腰门连着转为礼仪接待之用的倒座三间，往北是三面回廊，廊檐下置半腰木雕万字式栏杆，左右两廊，各有磨砖贴面八角耳门通两侧火巷。室内陈设是扬州传统的布置格局，挡中前置长条案，上清供西一屏风，中一座钟，东一花瓶，象征着"终身平静"。前设太师椅一对，中间由小条案隔开；东西两侧摛置官帽椅三只，间错花几两只。中间是圆桌配圆凳若干，桌椅装饰均为竹叶。第二进院落是黄家三公子、辑轶大家黄奭夫妇的居所，为三间两厢，正厅进深七檩。黄奭夫妇是才华横溢的文人伉俪，《清史列传》有记载，评价甚高。其夫人刘琴宰是两淮盐运

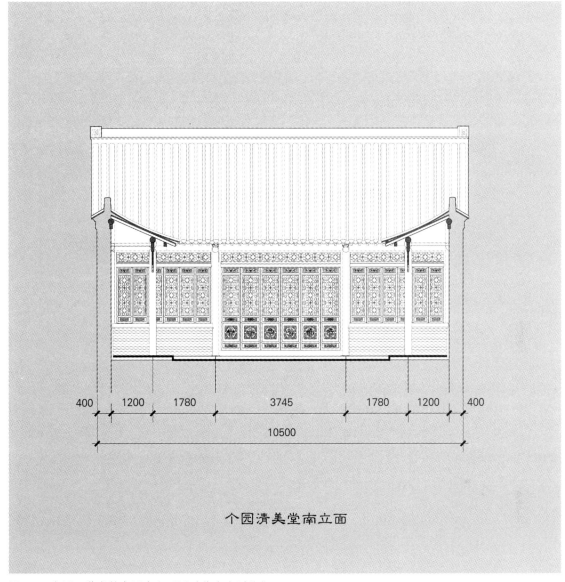

个园清美堂南立面

图5-5 个园汉学堂柏木厅南立面图（作者自测绘）

史的女儿，书房悬挂的条屏为其亲手所书。第三进与第二进相同，东西两侧均有耳门通火巷，是黄四公子黄锡禧的住所。主厅陈设较为简朴，屏门楹联"云中辨江树，花里听鸣禽"来自黄锡禧的诗集《栖云山馆词抄》，具有朦胧深远的意境。整个中路建筑的装修显得非常规整：槛墙，天井青石板，堂屋铺方金砖地，卧室木地板，墙壁包合墙板，隔扇、短窗、椽条皆木雕"龟背锦"图案，檐口瓦头滴水门窗等的装饰皆为"倒挂蝙蝠"。

西路住宅比东、中两路宏伟考究，均为明三暗五构筑，以"桃"寓"寿"，是黄家内眷主要的生活场所。第一进大厅"清颂堂"高敞轩豁，意寓黄到晚年仍"清誉有佳"，是黄氏家族聚会祭

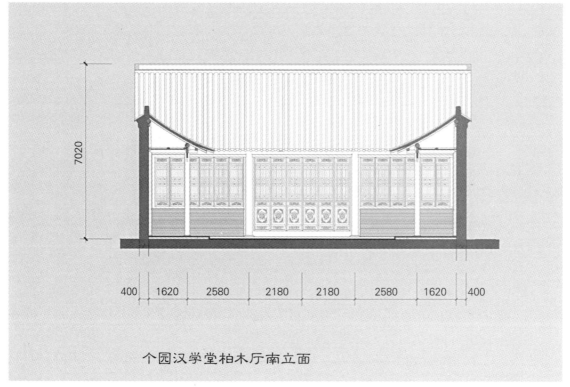

个园汉学堂柏木厅南立面

图5-6 个园汉学堂柏木厅南立面图（作者自测绘）

图5-7 汉学堂院落（作者自摄）

祀或者家班排戏唱"堂会"的场所。堂前三面回廊,厅两侧各设套房一间,西套房有楼梯通阁楼(正厅屏门上方有阁安置祖宗牌位)。套房前小天井一方,白矾石铺地,阶沿石材是5.8米×0.6米×0.2米的整块花岗岩。北向置放花坛,植花木少许,甚为雅静。厅堂为杉木抬梁结构,檐檩粗实考究,横跨整个三间,厅檐和廊檐净高5.2米,是个园中最高的厅堂,也是扬州古民居中现存最高的厅堂。厅内家具装饰八仙纹样,精致古雅。第二进、第三进房屋均为"明三暗五"式二层楼房,上下共计有十间屋,两侧套房前各有天井一方,植花木点缀。中进为主人居所,楼下西侧卧室连书房,东边有楼梯至二层绣楼、儿童房等;后进楼下是正方卧室,屏门后楼梯通往闺房绣楼,包括卧室、书房、娱乐室、沐浴间等。楼下三面均设回廊。西路两山墙采用观音垛式,三进连绵,起伏自然,远看宏伟壮观,刚中带柔。西路建筑装饰较为华美精致,檐口瓦头滴水雕刻着寿桃纹样,门窗隔扇雕刻仙鹤,都是"寿比南山"的寓意。三路房屋之间有两条火巷相隔。每进房屋均有耳门通达火巷,耳门外上方有两坡水瓦卷。中路与西路之间火巷依墙有一株百年老紫藤,藤荫茂密。

个园的住宅部分地块完整,布局严谨,完全符合南方民居的传统风水居住文化,且充分考虑到便利与实用性,可谓清代扬州城市住宅的典范样式(**图5-8**)。其突出的特点有:一是全宅交通组织高效合理,仪门以内,在雨雪天气居住者可以自由穿行于住宅任何角落不用打伞;二是宅院的建筑压缩了中间堂屋的面积,扩大了两侧套间面积,更为巧妙的是西路三进院落的厢房均改为只能由耳房进入的院落,即为每个套间的专属私园,私密性极高,既增加了内部居室的采光,又可透过花窗给堂屋和天井借景,增加居住的情趣。

据笔者考察推测,缺失的另外两路住宅"喜"、"财"很可能分别位于现有三路建筑的东西两侧,若全部复原,其功能空间很可能是这样的:东路为仆人管家住宅、签押房等功能空间,东中路与现状相同,中路为长子住宅,中西路为园主夫妇及姨太住宅,西路为母亲、姨太及女儿住宅。

个园的园林艺术精华集中在住宅北侧的园林区域,占地约9000平方米左右(**图5-9、图5-10**)。整个庭院的布局延续了西路建筑的轴线,由南至北依次为园门、宜雨轩、水池、抱山楼(**图5-11**)。南侧入口的园门门额上题"个园"二字,两侧有平台,上植翠竹,竹间有石笋嶙嶙,象征雨后春笋,生机勃勃的景象,门北为太湖石叠筑的花坛,造型灵动,似十二生肖,被后人附会为"百兽闹春图",花坛内种植桂丛,巧妙地与宜雨轩即桂花厅联系起来。主轴线上的建筑,包括园门与种植池、宜雨轩和抱山楼都是规整的坐北朝南,左右对称的建筑,而且由南到北的体量依次扩大,前低后高,最后以宽31米的抱山楼收尾,以雄浑的气势压阵整个园林。宜雨轩居于整个轴线的正中,坐在轩中可见北侧水景映高楼,南侧春山围金桂,西侧竹林掩曲廊,东侧黄石衬金枫,可谓四面皆得美景。园林的东西向没有体现出明显的轴线,而是采用均衡分布的构图法则,围绕中心水池组织山水脉络。湖石山盘踞园林西北,有三条蹬道可以由园林直接进入抱山楼西端二层;黄石山占据了整个庭院的东侧,呈南北走向,北接抱山楼的东南回廊,向南一直延伸到全园东南角的丛书楼。整个山体坐东朝西,每当夕阳,黄石中的石英粒子熠熠生辉,颇具丹岩仙馆,秋木深林的画意,因而被后人称为"秋山"。黄石山南侧配峰有三条蹬道可以由园林直接进入丛书楼及住秋阁,北侧主峰有三条蹬道可以进入抱山楼二层再通往顶部的拂云亭。黄石假山的蹬道相互串联,中间或有平台、或有石室、或有通道、或有侧窗洞、或顶部开洞,使得人们在游山的过程中体验到穿行于山径、山谷、山洞的时洞时天、时涧时谷、时壁时崖的感受,远观山体又有着峰峦叠嶂、

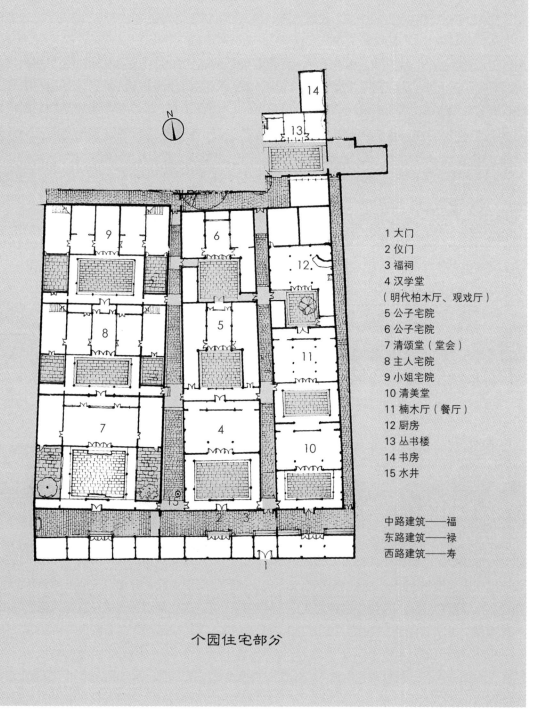

1 大门
2 仪门
3 福祠
4 汉学堂
（明代柏木厅、观戏厅）
5 公子宅院
6 公子宅院
7 清颂堂（堂会）
8 主人宅院
9 小姐宅院
10 清美堂
11 楠木厅（餐厅）
12 厨房
13 丛书楼
14 书房
15 水井

中路建筑——福
东路建筑——禄
西路建筑——寿

个园住宅部分

图5-8 个园住宅部分平面图（作者自测绘）

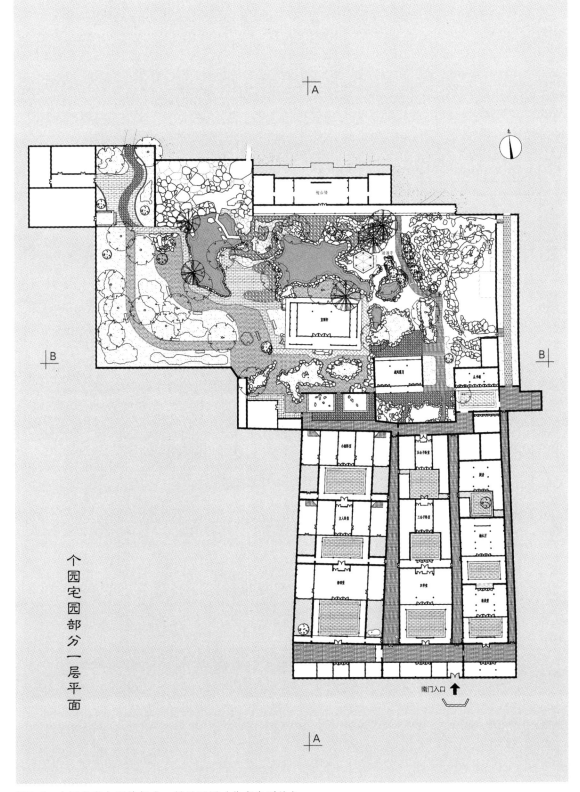

图5-9 个园住宅与园林部分一层平面图（作者自测绘）

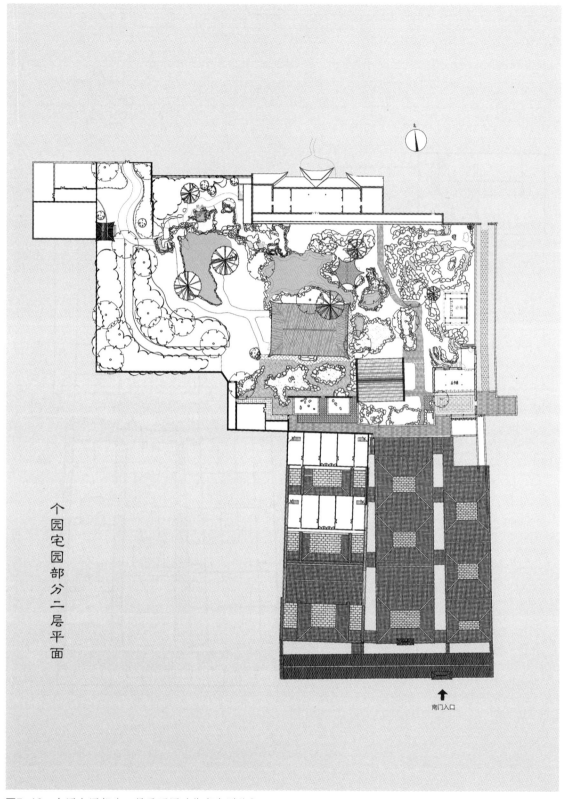

个
园
宅
园
部
分
二
层
平
面

图5-10 个园宅园部分二层平面图（作者自测绘）

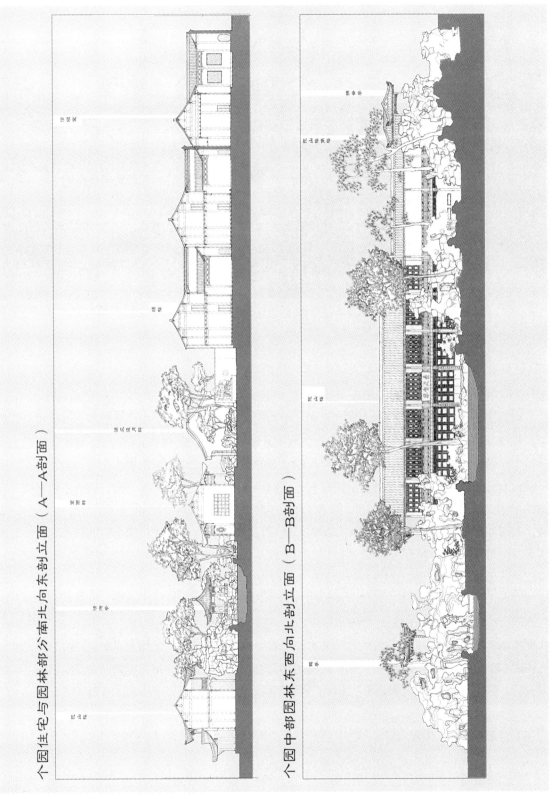

个园住宅与园林部分南北向东剖立面（A—A剖面）

个园中部园林东西向北剖立面（B—B剖面）

图5-11 个园园林主要剖面图（张丹、吴晶晶绘制）

竹林区中心景观：映碧水榭

图5-12 个园北部竹林区域中心景观（作者自摄）

起伏变化的姿态，正是可望、可居、可游之境。

根据钱辰芳在《漫话扬州个园艺术特色》中的记述，宜雨轩西北原有一橄榄亭，西侧有一鸳鸯亭，西南原有角楼、曲廊各一，为觅句廊，为主人陶冶情操之所。根据扬州测绘局钱功培先生观点，个园四季假山中的春山部分已不完整，原个园的西南部是自成一组的春山建筑，原有一廊曲折多变，高低起伏不一，飞檐翘角，其内还有万字形厅一座，厅之四周均有迴廊，假山点缀其间，可惜的新中国成立前已遭破坏，现觅句廊部分得以部分复建。根据现存与湖石夏山上的柱础遗迹来看，很可能原来的觅句廊经两水池中部攀岩起伏后与抱山楼相连，构成贯穿全园的环形交通，能够使人在雨雪天气亦可穿行于园中。

个园最北部的万竹园占地约12000平方米，原为主人种竹及饲养处，因缺少可信资料，1997年间按照现代公园规划手法予以复建，成为园竹类的引种区。目前种有竹60余种，近两万竿，并新增兰花园、盆景园等附属观赏园。竹园布局中心为映碧水榭，取"竹径绕荷池，萦回百余步"的意境。水榭东侧延伸回廊，以六角亭收束，南邻水池，周围叠黄石山驳岸，北接大面积的开敞草坪，供游人休憩（**图5-12**）。园北竹林中有一坐北朝南歇山顶三开间"竹里馆"，取王维诗"独坐幽篁里，弹琴复长啸。深林人不知，明月来相照"意境，周围密植修竹，点缀置石，清幽质朴（**图5-13**）。

（三）营造意匠——壶天八景

个园素以竹景和四季假山闻名。陈从周在《说园》中评价个园的假山是："春见山容，夏见山气，秋见山情，冬见山骨。""夜山低，晴山近，晓山高……前人之论，实寓情观景，以见四时之

图5-13 个园竹里馆现状（作者自摄）

交……为全国之孤例。"钱辰方评价道，"个园山石造景突出春山多物象，夏山多云水，秋山多奇峰，冬山多风雪"，颇为形象。[①]而扬州学者朱江，前任个园主人徐信阳等认为"四季假山"的说法只是一种兴味之谈，并非主人造园之意图，并没有任何有力证据证明"四季假山"是主人造园立意。无论是刘凤诰的《个园记》还是吴嶰的《个园记跋》都没有提及四季假山甚至四季造景的说法。就归纳个园理法艺术而言，可能"三景一山"的说法更为确切，的确只有黄石秋山能称得上"山"，春夏冬均为"景"。由于"四季假山"之说已经形成广泛的影响，因而个园的修复和维护一直依照此意境进行。如秋山配植红枫，冬山配植腊梅等。个园园林造景的确有时间流转的概念，但未必是绝对的"四季假山"的概念。入口处笋石配竹林的造景在何园、棣园"竹趣携锄"、汪氏小苑北侧东园、刘庄"余园"院落等处都有应用，可能是扬州清中晚期造园的时尚。夏山的云水意向与卷石洞天、小盘谷、片石山房等处叠湖石山的手法也极为相似，未必一定以"夏"为主题。秋山的黄石山为明朝"寿芝园"遗址，据传在中峰与南峰中有黄石层叠为"寿星捧桃"的造型，后坍塌（**图5-14**）。秋山原应为重阳登高，奉亲养老而建，溪涧与山房的意境具有道家"岩居隐逸"，修道登天的意味。宣石山则素雅清淡，借"九狮图"主题，更具禅意。《个园记跋》中写道："夫个园崇尚逸情，超然霞表，故所居与所位置，不染扬州华腴之习，而自得晋宋间人恬适潇远之趣。"因此，个园的营造意匠体现出清中晚期城市私家园林的典型特征，并不仅仅止于"四季"的意境。每一处的造景立意也是开放性的，并未单一地局限于某种特定的解读。如秋山也可理解为"拂云远

---

① 钱辰方. 个园历史及其特色 [J]. 中国园林，1994.10（3）.

图5-14 天仙寿芝图为扬州民间传统样式之一

眺"、"濠濮听松"、"月桂山房"、"丹枫驻秋"、"曲径求知"等若干处独立景致的集合。

　　园后的抱山楼悬有王冬龄先生书匾额"壶天自春"及李圣和先生所书楹联"淮左古名都记十里珠帘二分明月,园林今胜地看千竿寒翠四面烟岚"。"壶天"是道家描述的仙境盛景,是空间的概念,而"自春"暗示四时的运转,是时间的概念。"春夏秋冬山光异趣,风晴雨露竹影多姿"。戴熙《习苦斋题画》中有画理:"春山宜游,夏山宜看,秋山宜登,冬山宜居"。园内植物也按照四时荣与配植,"园之中珍卉丛生,随候异色。物象意趣,远胜于子山所云'敧侧八九丈,从斜数十步;榆柳两三行,梨桃百余树'者。"①意在言外,境在象外,"壶天自春"的主题也暗示出园主对人生事业的看法:世事往复,否极泰来,以"行至水穷处,坐看云起时"的平常心态面对人生的无常。宦海与商场都是身不由己之地,黄至筠本人机敏多谋,谨慎老辣,也历经三起三落,"连续遭遇他人密告、散商赴京控告、受到严厉审查,被罚款30万两,乃至革除总商资格;后来又经众商联名担保、各级官员支持,最后恢复总商身份。"②道光年间两淮盐业已经到了积弊深重的地步,自道光三年(1823年)开始黄至筠不断遭遇困境,此时的个园正在修建过程中,很可能影响到造园的态度与意图。

　　按照空间叙事的理论,顺叙就是按照"事件"发生的先后顺序来组织、安排空间,从而使接受者能顺其自然地体验空间场景,获取连续的故事情节。"四季假山"是由童寯、陈从周等学者提炼总结的说法,取自郭熙画论中"春山淡冶而如笑,夏山苍翠而如滴,秋山明净而如妆,冬山惨淡而如睡"的山水绘画创作原则。亦有可能园主人造园时并未特意以四季主题立意,而园林的效果给人

①　刘凤诰. 个园记[M].扬州名园记. 扬州:广陵书社,2011,3:33.
②　张连生. 个园主人黄潆泰在道光年间的沉浮——以《清宫扬州御档》为依据[M]. 扬州文化研究论丛. 扬州:广陵书社,2012,12.

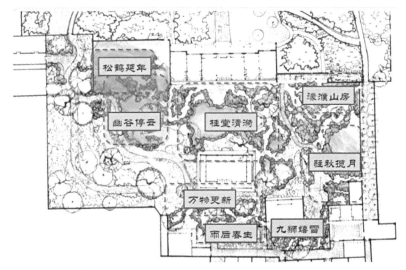

图5-15 壶天八景示意（作者自绘）

以如此联想，故由此引申。整个园林以四面厅及水池为中心，四周环绕山石建筑，整体开敞连贯，一气呵成，局部的意境又各自成章，可以明确感受到随着景致的推进，空间拉开了序幕，逐渐推进，掀起高潮，收尾落幕转而呼应起始……这个以意象中的时间贯穿空间的线索的确给人以"无往不复、天地际也"的叙事意境感受。四季只是线索，从营造意境的完整性来看，全园可进一步划分为八处景致（**图5-15、图5-16**）：

图5-16 个园园林造景意境分析（作者自绘）

图5-17 个园园林入口南侧"雨后春生"全景（作者自摄）

1．序曲——雨后春生

1）位置布局：西路建筑北侧，园林正南侧入口外，是园林中轴线最南端，由东侧火巷进入，西接觅句廊起始，占地约两百平方米。北侧一面月洞花窗粉墙为园入口，门额"个园"二字不知出自何人之手（**图5-17**）。

2）空间结构：以粉墙为背景，以规则花坛中种植的竹林笋石为前景构成不可进入的立体画卷式序幕空间，并提供了三种入园方式：西侧较开敞的廊，东侧窄门和中部正式的园门。

3）景观塑造：石笋数株（白果峰、乌峰石）配披拂竹，露其峰而藏其身，写意自然界中"雨后春生"的意境，六面水磨青砖花窗借园内光景，引人入胜。圆形洞门直径约2米，为整个园林的"气口"，因而尺度较小，有欲扬先抑的作用。地面为洁白并有光泽的冰裂纹白矾石铺装，仿佛早春初寒料峭的景象（**图5-18**）。

4）体感空间：较为封闭，南侧二层绣楼高墙挡住了直射阳光，天井般的采光使得空间光线柔和稳定，四面的围合使得气流平缓，给人很强的庇护感。

2．开端——万物更新

1）位置布局：园门与花厅间的入口空间，位于主轴线南部，是入园第一景，占地约三百平方米。

2）空间结构：自由式布局的湖石花坛，可漫步其间，主要景物集中于0.6～1.8米最佳视线以内，适合近处观赏（**图5-19**）。

3）景观塑造：叠石的姿态具有活泼的动感，姿态潇洒灵动，具有绘画和造园中"春山宜游"的意境。据传湖石按照"百兽闹春"图堆叠，藏有十二生肖，生机盎然，妙趣横生。花坛内以金桂为主，暗示迎贵宾游园，并衬托四面厅，即桂花厅"宜雨轩"。花坛边缘配以迎春、素馨、西府海棠等（**图5-20**）。

4）体感空间：有庇荫的朦胧感的空间。处于庭院最南端，微气候环境舒适，光线透过林木产生斑驳的效果，引人仔细观赏姿态生动的湖石。空间划分较为琐碎，可游弋其中，有多处进出口通往别处，从心理上不适宜长久停留。春季海棠垂枝，秋季桂花飘香，给人甜美馥郁的感受。

3. 发展——幽谷停云

1）位置布局：园林西北角，湖石假山一层及西水池，东南接宜雨轩，东北接抱山楼，占地五百余平方米。湖石峭壁从水中升起，过曲桥入洞谷，山润石缝流水徐徐，深邃幽静，别具洞天。深谷洞穴内有垂直交通的旋转蹬道一处，两处普通蹬道直通山顶，连接主楼二层回廊西隅（**图5-21**）。

2）空间结构：水池与洞穴构成的游赏空间。山体分东西二峰，西侧为峻缓的山岭，东侧山峰压缩了体量的围点，向东延伸为花池驳岸，逐渐过渡与秋山相连接。水池部分是开敞空间，由水池低桥引入山体内部是钟乳悬挂的洞穴空间，地面有溪流穿行，顶部有天窗采光，侧面叠石留出框景的空洞，正是"洞府霏霏映水开，幽光怪石白云堆，从中一股清泉出，不识源头何处来。"

3）景观塑造：云水相依，静潭映月的意象。"雨后多巧云，巧云有奇峰"的云水意向，突出秀美的特色。湖石山冉冉从水中升起，以卷云皱、鬼脸皱的纹理塑造松动摇曳之感，山顶用湖石层层叠叠，似片片行云，高低错落，如夏日欲雨之态。石坚而润，玲珑剔透，姿态各异，上端植有古紫藤一株，藤蔓盖顶。山脚下水池边石矶、石濑与步道、汀步石间错，营造涉水之趣。水上以鸟峰石架曲桥，漂浮于碧水之上，迂回至深谷幽静处，中间置有天然"月"字形消瘦湖石一块，做顾影自怜状。入谷内仰头可见一掬天光，转身处处露景，山回水转，纵横贯通，仿佛置身迷幻仙境般（**图5-22**）。

4）体感空间：莲荷朵朵，暗香浮动，在盛夏时节寻得浓荫蔽日处，听蝉鸣蛙叫，正是"黄梅时节家家雨，青草池塘处处蛙"。夏山整体向南，空间开敞，正午时分山石的肌理对比更为清晰，

图5-18 个园园林南端入口

图5-19 个园入口围墙北侧"万物更新"景观

图5-20 百兽闹春（作者自摄）

图5-21 个园西北夏山一层"幽谷停云"景观（作者自摄）

与水池中的倒影浑然一体，在园林多个角度均可尽收眼底，视觉效果强烈而完整。灰白的湖石与广玉兰浓荫的深绿色形成苍翠欲滴的清凉画面。夏山立于池塘之上，幽深洞穴内天窗直通洞顶，利用"拔风"（冷热空气对流）将水面撩起通过天窗拔向洞顶，炎炎夏日而洞内凉风习习，的确是避暑纳凉的好地方。

4. 停顿——松鹤延年

1）位置布局：抱山楼西侧，夏山二层，园西北角。有一角鹤亭，传为园主养鹤处，面积约300平方米。

2）空间结构：地势平坦的山岭，为二层平台开敞空间，周围以山石为围挡，既增加了山的视觉高度，又保证了人的安全。相当于全园的二层活动平台**（图5-23）**。

3）景观塑造：从谷中上行至山顶，有鹤亭坐落于裸石上，顶角厚重而高翘，有欲飞的姿态，倚靠古松，取"松鹤延年"之意。紫藤攀援于石拱门顶，姿态遒劲古朴，深具画意。鹤亭东侧有一方井，正是一层山洞的天井，不仅起到采光通风的功能，并且上下可以通话及传递物品，十分巧妙**（图5-24）**。

4）体感空间：开敞明亮，视线开阔，可将周围景物一览无余。园林的西北高地，夏日里清风习习，令人神清气爽。

5. 高潮——濠濮山房

1）位置布局：园东北侧，黄石秋山主峰，高近9米，仿黄山景象，一气呵成。是全园体量最

图5-22 个园湖石山局部（作者自摄）

图5-23 夏山二层"松鹤延年"景观（作者自测绘）

图5-24 夏山二层"松鹤延年"景观（作者自摄）

高大处，为个园景观之精华（**图5-24**）。

2）空间结构：由垂直旋转蹬道、洞穴山房、中庭浮岛、峡谷溪涧、二层平台构成的穿行与停留空间，结构极为复杂，功能亦十分丰富。

3）景观塑造：以峡谷溪涧导入终南岩居意象。山入口小径曲折幽窄，进入中庭空间则豁然开朗。以安徽黄山的雄奇多姿为范本，中空外奇，集雄峻、峭拔、幽深、平远为一体，为江南园林罕见气象，更是可游可居之境。西侧紧靠抱山楼有三层旋转石楼梯作为最便捷的垂直交通路径，沟通楼一、二层及拂云亭，为全园人可登至的最高处，可以远眺观音山与大明寺；东北角有一处约20平方米的石室，有黄石桌椅、卧榻、顶部有天窗，立面有透窗，直对中庭景观；东南有约40平方米围合中庭，中间有黄石围合花坛种植古松一株。中庭西南有两条小径，北侧通往主峰内部，离地数米处飞架两座石桥，形成写意的峡谷溪涧意向。南侧小路通往外部园林空间。

4）体感空间：变化奇幻的山石空间，仿佛置身太虚幻境。高耸的岩壁蜿蜒转折完全遮挡周边景物视线，内外空间的交错渗透，步移景异，颇有"不识秋山真面目，只缘身在此山中"的感受。山洞内部宽敞明亮，干爽舒适，配以黄石温暖的色彩，即使在冬季也不觉寒冷萧瑟。最美妙处在于洞顶约0.5平方米大小的采光天井，正位于石桌椅上方，二层井边正好种植一株老桂。待桂香赏月时，从天井借一缕白月光，黄色桂花飘落至桌面，带来馥郁的香气，此时温酒赏月，听蝉鸣蛙叫，情景交融，令人沉浸在无限的诗意中。

6. 间奏——驻秋揽月

1）位置布局：园林东侧，为整个黄石山配峰，东倚园墙，北接主峰，南至藏书楼，高约3米，面积约270平方米。建有驻秋阁、读书楼，由三条蹬道下山，为园主赏月、读书处（**图5-26**）。

图5-25 个园秋山主峰东北围合空间"濠濮山房"（作者自摄）

图5-26 秋山南侧将出入口叠为山涧景象，北建驻秋阁，南为读书楼（作者自摄）

2）空间结构：高地平台，开敞空间。中部的峭壁峡谷既是沟通园内外的通道，也是配峰最高处，近8米左右，将北侧的驻秋阁及南侧的读书楼划分为彼此独立的两处空间。据传黄家二公子，著名辑佚大家黄奭几十年在此专注考据经学，不问世事，终成一代大家。

3）景观塑造："枫叶荻花秋瑟瑟"的山林地景象。地势平缓，植穴丰富，青松红枫与黄石增加了山的生机，显得活泼滋润。北部驻秋阁是整个黄石叠山最为低平缓和处，用石纹理以横向折带皴为主，仅于驻秋阁周围配若干立峰。南侧读书楼及中部通道用石强调纵向垂直感，显得陡峭崎岖，一方面从整体造景取得与主峰的平衡感，另一方面可能暗示"书山勤学"之路艰辛。读书楼南接丛书楼二楼，外部仅有一条有五处转折的蹬道连接，颇显孤傲。

4）体感空间：由于地形抬高避免了潮湿侵扰，便于存书读书，体感舒适。两处书房坐东面西，于屋内可饱览落日夕阳美景，周围山石遮挡，视线阻隔，更有助于聚精会神，是一处适合独处自省的空间。

7. 中心——桂堂清漪

1）位置布局：全园中心、花厅与楼之间，湖石与黄石山体之间，占地近1000平方米，于楼及山顶可将其尽收眼底（**图5-27**）。

2）空间结构：开敞的水景空间，景物横向一一铺陈呈东高西低的均衡布局。主景位于东侧，黄石楼厅山与清漪亭起到东西两山间的过渡作用，也调节了高大的抱山楼与花厅间的视线关系。

图5-27 清漪亭及中心院落（作者自摄）

图5-28 个园宣石山组景

3）景观塑造：城市宅园常以"方壶"、"盘洲"等写意广袤的自然及遥远的仙境。水心亭象征与世无争的渔隐生活。中心水池面积约140平方米，以湖石叠驳岸，倒映楼亭，减轻了高大建筑山石的压迫感。水源自湖石山涧而来，收束于清漪亭南侧，旖旎至花厅东，以一架石桥将水尾一分为二，可近观鱼游。

4）体感空间：开放、通达、明快、丰富。此处整个园林一览无余，四处皆有遮挡，水池起到聚气降温的作用，体感舒适，冬暖夏凉，举目山水连绵，真乃"城市山林"意趣。

8. 收束——九狮嬉雪

1）位置布局：园东南，漏风透月轩南侧，占地面积约150平方米。

2）空间结构：厅堂山与花木构成横向延展的立体画卷，可进入游览，适合静观。整体均衡构图，主峰与孤植玉树居西侧，视觉上弥合了绣楼与围墙的高差，东侧腊梅与宣石山及花窗搭配成小品景观。

3）景观塑造：冬山以贴壁堆叠为主、山脉余势延伸围合为花台，种植腊梅、矮竹等，颇有袁枚"霜高梅孕一身花"的气质。白矾石冰裂纹地面衬托着宣石山，其中的石英成分在冬日暖阳的照映下闪烁着晶莹的光点，给人一丝银装素裹的雪落山林的联想。冬山形态据传亦与"九狮"形象有关，整体意境具有禅意追求的空寂之感。背景的青砖墙体嵌入二十四只圆形透窗，据传设计意图为烘托冬景之萧瑟感，加快空气流动速度而形成风声。近年有研究者用专业测量风速及音量的装置进行跟踪监测，发现透窗内的气流并无任何特别之处。冬山唯一的一株乔木为百年榆树，既勾勒出老树昏鸦的意境，又暗示出"年年有余（榆）"的美好愿景（**图5-28**）。

4）体感空间：暗香浮动，梅雪相映。北向的院落采光较柔和且恒定，构成要素色彩素雅，除腊梅冬季浮现一抹鹅黄外，其他景物一年四季均为黑白灰色系，少量天竹，四季常青，视觉空间效果比较稳定，给人安静萧瑟之感。

（四）叠山理水——真山形势

"个园之长，在于山石。"个园的叠石艺术被公认是代表了中国传统造园的最高水准，更是扬派叠石最精彩的代表作品。个园的黄石叠山的体量高大，形态完整，为明清园林叠石遗构所罕见，其意境似出自宋元以来山水绘画中常见的丹岩仙馆的主题，有高古气质。《柏视山房文集》中记有个园主喜爱书画，家中"蓄名画至数千"，现在嵌在个园抱山楼楼前壁中一幅扇面式的石刻山水画就是黄至筠的亲笔所作，上画雪山和松林，具款为"拟宋人小品个园黄至筠"，可见其推崇宋元山水意趣。朱江评价个园秋山："……于是因山而楼，因楼而山，方知个园黄山之奥妙无穷。此山不仅有平面的迂回，而且有立体的盘曲，可以说，乃大江南北诸园，仅存的硕果。"[①] 有传黄石秋山是石涛和尚根据安徽黄山的真实景观特色归纳提炼后指导艺匠堆叠，也有"小黄山"之称。从时间上看，个园前身寿芝园建于明代，明代灭亡的1644年石涛刚两岁，并且黄至筠改个园是石涛去世（1707年）后四十余年的1818年，因此，建园和改园时石涛均不可能在场"指导"。

计成在《园冶·选石》中写道"匪人焉识黄山，小仿云林，大宗子久。块虽顽劣，峻更嶙峋。是石堪堆，遍山可采。"倪瓒和黄公望均是笔意精简纯熟，善于概括提炼的画家，倪被称作"其石廊多做方解，体势依然关仝也"，而黄常年行走虞山之中，其山"顶多岩石、山之外轮，极尽奇峭。"（**图5-29**）可见计成主张用普通黄石，按照名家山水意境和构图来堆叠假山。金学智在谈及黄石山时有云："黄石块大抵横向叠置，较多的半入土中，石与土泯然无迹，外露的石块皴斫自生，

① 朱江. 扬州园林品赏录［M］. 上海：上海文化出版社，2002：19.

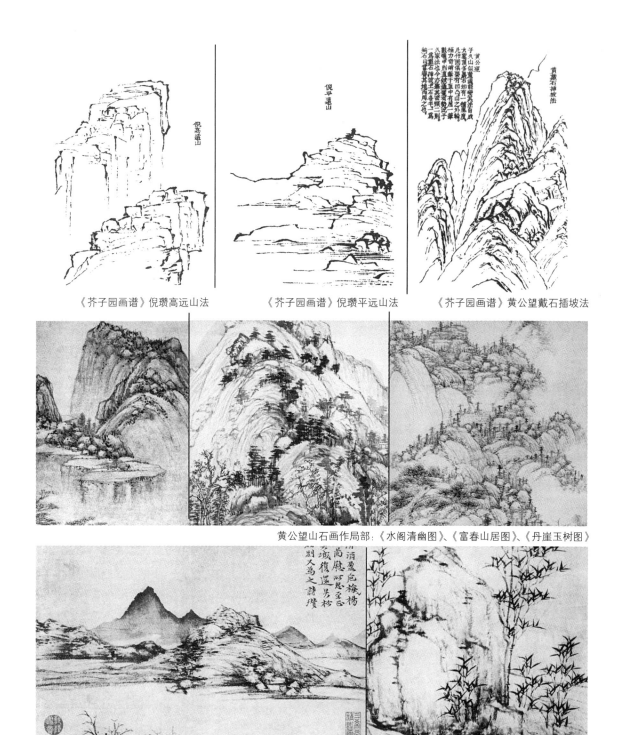

《芥子园画谱》倪瓒高远山法　　　《芥子园画谱》倪瓒平远山法　　　《芥子园画谱》黄公望戴石插坡法

黄公望山石画作局部:《水阁清幽图》、《富春山居图》、《丹崖玉树图》

倪瓒山石画作局部:《枫落吴江图》、《竹石册页》

图5-29　云林及子久山石画法选例(作者辑自历代画谱)

有如倪云林笔下为江南湖山写照的折带皴。"①倪黄的笔法直中带曲，简雅绵长，体块的聚散组合规律也十分适合黄石山的堆叠。相较于传为倪瓒堆叠的苏州狮子林，园内虽有大量珍奇玲珑的美石，但缺乏整体脉络走势安排，反被笑传为"蚁穴煤渣"了。

整山占地约六百平方米，分为东北主峰、西侧次峰、南部配峦三大部分，错综组合的形势与《芥子园画谱》中"宾主朝揖、开嶂钩鏁（同'锁'）"②的山石构图规律相似。主峰高近九米，使人仰望而产生"高远之势"。峰顶建有"拂云亭"，为全园制高点，给人"高可拂云"之感，同时呼应了古代秋日重阳时节登高望远的习俗。在顶处俯瞰夏山似一片云海，因此夏山别称"秋云"。峰内有中庭和石室（**图5-30**），楼梯蹬道上下通达，外有峡谷蜿蜒曲折，岩壁间以石桥相连给人仿佛行走于悬壁溪涧的奇险感受；南部配峦延绵十余米，意在获得"平远之融"，其上有驻秋阁，阁门两侧悬挂着的郑板桥名联"秋从夏雨声中入，春在寒梅蕊上寻"，点出四季轮回的意境；西侧次峰点缀些许常绿植物，写意山林气象，立石逶迤穿插，以增添"深远之叠"。

黄石秋山主体结构主要采用扬派叠石特色的横纹拼叠手法，形成横向堆叠的、倪瓒折带皴法的纹理效果；在山的外层表面，尤其是顶部立峰、蹬道边缘、出入口形成的丘壑处则大量用竖石点状堆叠，形成挺拔的纵向线条，愈发显得山势之陡峭。在层次处理上，刻意强调先凹后凸的关系，拉开山石错落的距离，从视觉上形成浓重的阴影，更显阳刚险峻的气势（**图5-31、图5-32**）。

"池山理山，园中第一胜也。若大若小，更有妙境。就水点其步石，从巅架以飞梁；洞穴潜藏，穿岩径水；峰峦飘渺，漏月招云……"湖石山（夏山）倚靠园林的西北围墙临水而建，与计成主张的叠石手法极为相似，力求堆叠出真山气势。《园冶·掇山》中写道："如理悬岩，起脚宜小，渐理渐大，及高，使其后坚能悬……以长条堑立石压之，能悬数尺，其状可骇，万无一失。"③此湖石山正是用坚固的花岗岩类条石搭建梁柱结构形成悬挑效果，在平面上构成参差错落的关系，外部以碎石仿卷云皴法包镶，自然构成二层平台的围栏，可使人凭栏而得云水之乐。夏山洞内顶部开有天窗形成吹拔空间，在闷热的夏季可借助地面池水起到降温的效果（**图5-34**）。在水池汀步的转折处巧妙地孤立一瘦漏透皱的湖石峰，其形似"月"或"丑"字，起到点题点景的作用，寓意含蓄深远，耐人寻味。这种孤峰立石的做法为扬州私家园林所罕见。

个园其他处的叠石确切而言并非真山造型，如春山的"雨后春深"以笋石点缀竹林，以竹为主，"万物更新"景以湖石叠动物形态的花坛，以桂丛为主。宣石冬山倚靠院墙似画卷般展开，为透风漏月轩之对景，山内未设道路洞室，可望而不可居游，是类似日本茶庭静观山水的做法，如《园冶》中所提及的厅山："或有嘉树，稍点玲珑石块；不然，墙中嵌壁理岩，或顶植卉木垂萝，似有深境也。"（**图5-35**）

总体而言，个园叠石确是分峰造景的代表案例，能够依照不同石料的特质及不同意境分别掇山或叠石、置石，可谓因借得宜，集中地体现了扬派叠石的特色。对照计成的《园冶》可见，个园的山石理法基本依其中"掇山"章节内容，如湖石山起脚下小上大、掇玲珑如窗门透亮及黄石山和凑

①　金学智. 苏州园林［M］. 苏州，苏州大学出版社：55
②　［清］李渔，李翰文编选. 芥子园画谱［M］·卷一安徽：黄山书社，2012：149-150.
③　张家骥：园冶全译［M］山西人民出版社，1993.6：299

图5-30 个园黄石山房内结构及陈设示意（作者自摄影并绘图）

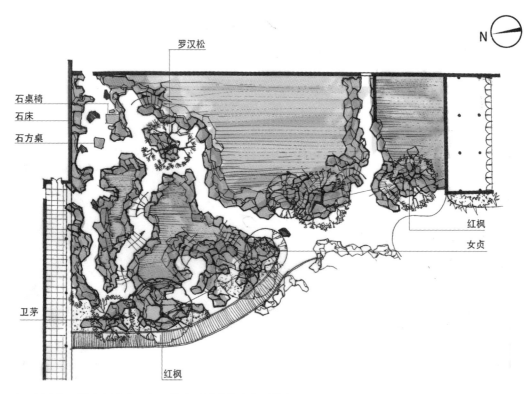

图5-31 个园黄石假山主峰及配峦一层平面图（作者自测绘）

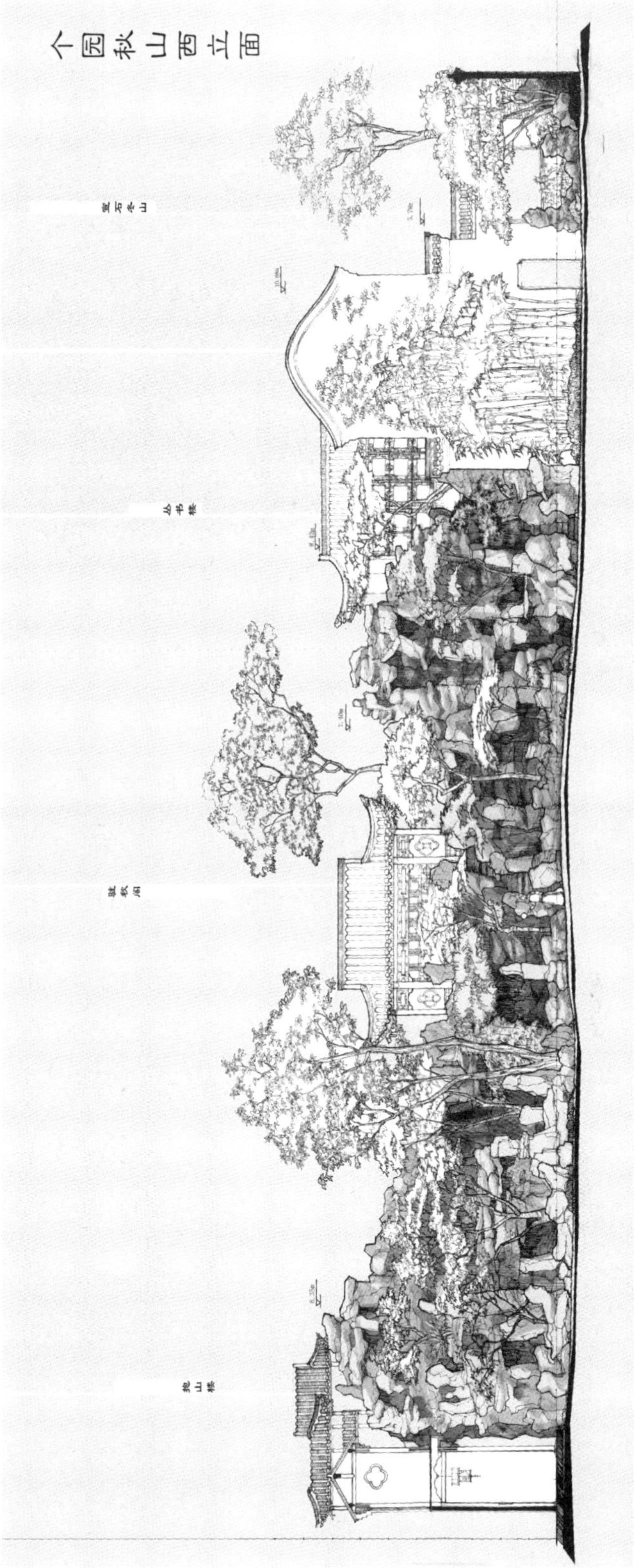

个园秋山西立面

图5-32 个园黄石秋山西立面图（作者测绘）

图5-33 个园湖石假山（作者自摄）

图5-34 湖石山内部（作者自摄）

图5-35 个园宣石山（作者自摄）

收顶，加以条石的做法等等。按照扬派叠石家方惠的观点，个园的黄石、湖石山均是采用"山脚造山法"突出体现真山意境与气势："传统叠石造山……只要它是为了创作表现出真山的形态、特征、境界、意境和气势，那么，它的创作立意就都是山脚的一种造型方法。唯有如此才能寓意山后有山，激发出观赏者的'更大更美的山'的联想和想象，使有限的景观蕴含无限的意境……个园的黄石山和湖石山均是如此。"①在山体内部空间的组织上，也体现出扬派叠石所推崇的"亮处有景暗处有路"的做法，十分注重山洞的框景效果和含蓄的交通组织，更有黄石山洞天窗借桂花飘香，湖石山洞天窗借池水清风的奇美意境。至于陈从周提出的四季假山的说法恐怕并非造园者初衷，但管理部门在其后数十年的修缮与维护中不断补种枫树、腊梅等对应时节的植物，也渐成为个园叠石的突出特征之一了。

（五）园林建筑——端正得体

个园的园林建筑总体为较为明显的徽派特色，依照清代官方建筑规制建造，端正雅致，外形体量较高大，较其他扬州私家园林建筑更显豪门气派。个园的主要厅堂与何园、逸圃等晚清园林相比具有晚明遗风，空间更为方正规整，较少有复杂的穿插组合变化，而局部的厅、榭等小品建筑能依园景特点适宜调整尺度造型色彩，与整体氛围协调。

园北的抱山楼为长达30多米的二层长楼，南北一层均有回廊，北侧一层墙面处理为粉墙花窗月洞门的形式，似乎与南侧入口景墙的月洞门首尾呼应。抱山楼东侧延伸的廊道、角楼与半亭及黄石假山自然接合，虽样式简约，但空间及形态变化丰富，与山石空间穿插过渡自然（**图5-36**）。

个园的船厅，即桂花厅或四面厅"宜雨轩"由刘海粟先生题匾，位于主园林中心，既可以从四面观赏，也可闲坐其中观赏四面山景。宜雨轩楹联为"朝宜调琴暮宜鼓瑟；旧雨适至今雨初来"

---

① 方惠. 叠石造山的理论与技法［M］. 北京：中国建筑工业出版社，2005，11：129-130.

宜雨轩南立面

图5-36 抱山楼北侧立面实景及测绘图（作者测绘）

（图5-37）。旧雨、今雨出自杜甫《秋述》一文："卧病长安旅次，多雨生鱼，青苔及榻，常时车马之客，旧，雨来，今，雨不来。"雨代表朋友，暗示着诗人的遭遇，体验到的人情冷暖。宜雨轩经过精心设计，为南派园林建筑的经典样式：面阔三间，进深七檩，歇山顶嫩戗起戗，四面卷蓬廊，中间瓜子过梁，空间开敞。东、南、西三面各有外廊轩，美人靠设计得窄小精致，宽不到30厘米，中有宽仅12厘米的几案，可倚靠置物，是巧妙且实用的设计；厅主立面为花结嵌玻璃内心仔外长窗，采光透景效果极佳，局部花窗镶嵌蓝色水纹玻璃，在当时应是十分新颖时髦且十分昂贵的做法。

厅两面山墙之顶雕刻着灵芝仙草花图形，线条直中带圆，刚中有柔，饱满精致。宜雨轩室内雕有楠木窗隔，宽约4米，高约3.5米，上雕松竹梅和鹤鹿游松图案，采用双面雕的艺术手法，较为少见。个园东部的"透风漏月轩"是偏厅，内部雕有上下两重罩隔，全面雕刻着凤穿牡丹，刀工极其精细明快，花纹幽然。很可能宜雨轩为男厅，透风漏月轩为女厅。

个园建筑的尺度与比例尤其重视与园林造景的协调。为保证总体视觉效果的和谐，十分讲究建筑细节的形态（图5-38）。如湖石山顶的鹤亭，若靠近观看，屋顶厚重，没有底座，占地仅4平方米，柱子纤细，显得空间局促且有头重脚轻的感觉，但从山脚下看，由于透视产生的变形和与假山整体体量的对比，反而衬托了夏山及抱山楼的峻伟挺拔。鹤亭顶部发戗高翘，具有振翅欲飞的动感，平衡了湖石山环透拼叠造型的滞重感，而黄石山叠石潇洒飘逸略显张扬，所以其顶部的拂云亭

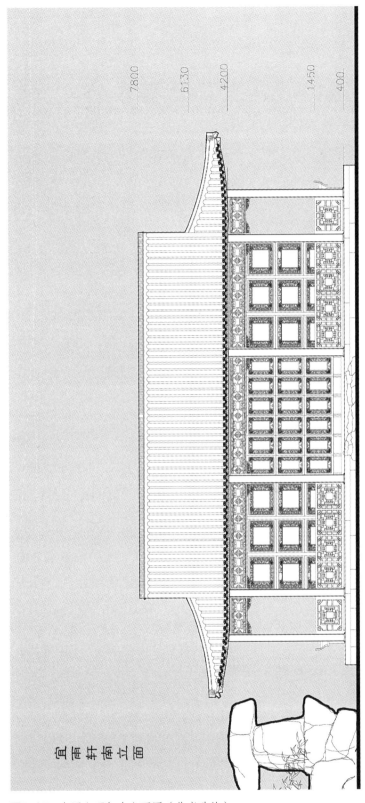

图5-37 个园宜雨轩南立面图（作者改绘）

图5-38 宜雨轩美人靠（作者自摄）

顶发戗较低平，显得稳重低调。鹤亭为"显"，主要功能是作为夏山的整体景观被观看，而拂云亭为"隐"，藏于山石间若隐若现，主要功能是用来登高远眺观景的休憩空间。

个园的门窗样式均接近《园冶》中图纸式样，简洁端正，直中带曲，而用料与工艺均十分讲究（**图5-39**）。个园入口正对西路火巷的青砖花窗为扬州现存最大者，入口粉墙镶嵌的六面水磨砖砌花窗亦为扬州花窗中的精品（**图5-40**）。个园的水磨砖花窗为扬州私园中之翘楚，有正方格纹（宫式、葵式）、长形六角纹、十字川龟景纹等（**图5-41、图5-42**）。相较而言，个园住宅部分的建筑装饰大多取谐音福禄寿的蝙蝠、松鹿图、寿桃等纹样，造型直白，略显琐碎，具有本地的民俗特征，不如园林建筑装饰素雅（**图5-43**）。

（六）花木配植——苍翠古朴

个园保存较为完整，古树名木较多（**表5-2**）。园内现有树龄在180年的广玉兰4株，树龄100年的枫杨1株，树龄在120年的圆柏3株，后补种了大量其他植物。个园的山石与植物的搭配似乎体现出王维《山水论》中总结的山树关系："山藉树而为衣，树藉山而为骨。树不可繁，要见山之秀丽，山不可乱，须显树之光辉。"宜雨轩有林散之先生题写楹联抱柱子"世无遗草真能隐，山有名花转不孤"，驻秋阁楹联为"秋从夏雨声中入，春在寒梅蕊上寻"。流露出个园植物选择的构思（**图5-44**）。

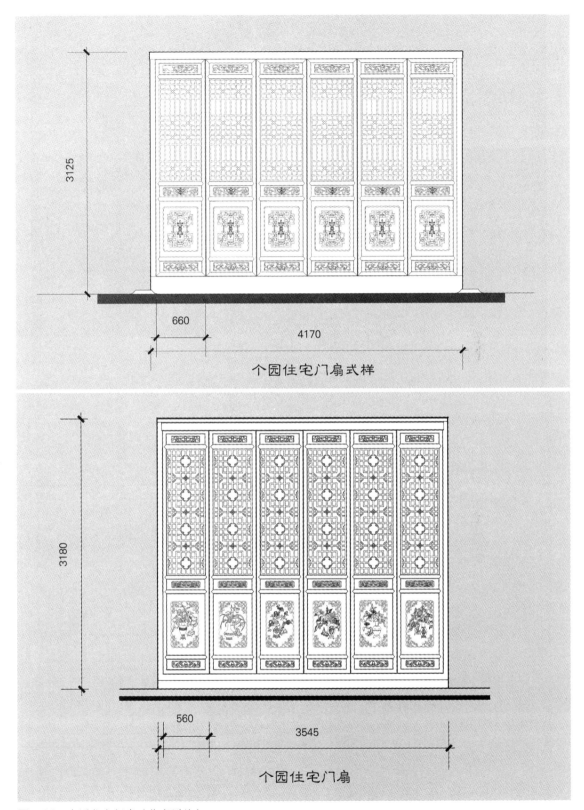

个园住宅门扇式样

个园住宅门扇

图5-39 个园住宅门扇（作者测绘）

图5-40 个园西路火巷正对园林南端的青砖花窗为扬州现存面积最大者（作者自摄）

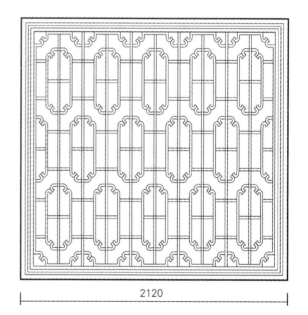

2120

图5-41 个园丛书楼花窗（作者自摄、自绘）

图5-42 个园磨砖花窗（作者自摄）

图5-43 个园南门石雕砖雕纹样大样（作者测绘）

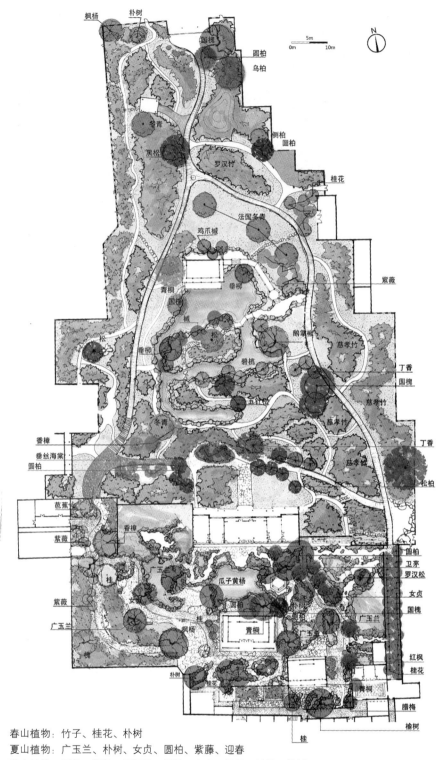

图5-44　个园园林植物配图

春山植物：竹子、桂花、朴树

夏山植物：广玉兰、朴树、女贞、圆柏、紫藤、迎春

秋山植物：圆柏、侧柏、罗汉松、黑松、女贞、卫矛、竹子、枫树

冬山植物：榆树、腊梅、天竺

图5-45　湖石山二层的紫藤已有百年树龄（作者自摄）

　　个园南部住宅部分仅在厨房天井处种植一棵桂花，西路宅院的庭院点缀少量腊梅翠竹，几乎没有种植。中部园区乔木至今已有百年以上的树龄（表5-2），有广玉兰、枫杨、青桐、圆柏等，孤植观赏并提供荫蔽。其他树木为后人补种，有些是依据史记记载如宜雨轩前丛植的金银桂，园东侧竹西佳处列植的桂花树阵等。大部分花灌木及小乔木是依据陈从周提出的"四季假山"说法新种植，如黄石假山配植女贞、红枫、青枫、罗汉松这些秀美的植物衬托山的峻伟，红叶与黄石的色泽更显出艳丽的秋色；阴柔的湖石山搭配松柏藤萝，池中植莲荷，山侧植紫薇，更显其秀丽（图5-45）。宣石山植一棵老榆树作为"年年有余"的象征，东侧花窗前面仅以姿态极美的一株腊梅点景。个园现状没有牡丹芍药，与当时记载的扬州私家园林特征有出入，很可能宜雨轩东侧，或西侧有花坛植牡丹芍药。

　　园主人黄至筠爱竹，以"个园"为别号，是为园名由来。"筠"字在《说文解字》中曰："筠，竹皮也。"《新华字典》中解释是"竹皮或竹子"。"个"最早的释义为"竹一竿"而非今日之量词，《史记正义》中记载"竹曰个，木曰枚"，园内植竹万竿，取袁枚"月映竹成千个字，霜高梅孕一身花"的诗意。清道光时福州梁章钜所撰的《楹联丛话》中记有："扬州马氏小珑玲山馆中有郑板桥所撰楹贴云：'咬定几句有用书，可忘饮食。养成数竿新生竹，直似儿孙。以八分书之，极奇伟。后归淮商黄姓。'"侧面说明很可能在黄接手个园之前，园内就以植竹为特色。扬州载竹赏竹有着悠久历史，现存许多园林内有"丝竹"题额园门。汉司马迁在《史记·货殖列传》中写道："人有渭川千亩，其人与千户侯等"，其中"渭川千亩"即指大面积的竹林。唐代姚合在《扬州春词》中写道："有地唯栽竹，无家不养鹅。"可见竹自古就是资产与地位的象征，后士人文化赋予竹拟人的性格，如刚直、生长旺盛、宁折不弯等，用以喻君子，伴君子。王徽之、苏东坡、郑板桥均是爱竹之名士。黄氏取"个园"之名，不仅附庸风雅，应也有些显示富贵身份的用意。另外，黄至筠生辰八字缺"木"，需在名字中加"竹"字头，弥补"木"的不足。

个园现存古木名木表   表 5-2

序号	树名	学名	树龄	位置	树高	冠幅	特点
1	广玉兰	*M.grandiflora*	180	夏景西南侧	40	35	三级保护，属常绿乔木，树姿端整，5～6月开大型白花
2	广玉兰	*M.grandiflora*	180	夏景东侧	40	35	三级保护，属常绿乔木，树姿端整，5～6月开大型白花
3	广玉兰	*M.grandiflora*	180	宜雨轩东侧	40	35	三级保护，属常绿乔木，树姿端整，5～6月开大型白花
4	广玉兰	*M.grandiflora*	180	秋景西侧	40	35	三级保护，属常绿乔木，树姿端整，5～6月开大型白花
5	枫杨	*P.setenopefra*	100	夏景南	35	28	三级保护，胡桃科枫杨属落叶乔木，为深根性树种，主根明显，侧根较发达
6	圆柏	*Sabina Mill*	120	宜雨轩北	8	12	三级保护，常绿乔木，树皮赤褐色，纵裂为鳞片状剥落，为中国特有树种
7	圆柏	*Sabina Mill*	120	夏景内	15	15	三级保护，常绿乔木，树皮赤褐色，纵裂为鳞片状剥落，为中国特有树种
8	圆柏	*Sabina Mill*	120	秋景内	8	8	三级保护，常绿乔木，树皮赤褐色，纵裂为鳞片状剥落，为中国特有树种

复建的竹园采用现代公园的设计手法，四周以丘陵地形配植茂密的丛竹给人穿行密林之感，中央黄石水榭景区以开敞草坪点缀槐、法国冬青、香樟、垂柳等现代常用的植物作为骨架，沿水景周边植以槭树、紫薇、海棠、碧桃、丁香、桂等花灌木营造优美宜人的氛围。竹园共有60余种高低错落、不同层高的观赏竹，结合起伏地形，配植辅助植物，点缀与竹文化相关的古建筑小品，诠释了个园"筼石画意"的造景艺术。扬州本地适宜散生竹种和少数比较耐寒的丛生品种，散生竹以金镶玉竹、斑竹为主，尤以竿节密短、基部膨大呈葫芦状的龟甲竹为罕见；丛生的有慈孝竹、凤尾竹

和小琴丝竹等。按观赏特性分，观杆类竹包括形状特异竹：龟甲竹、佛肚竹、罗汉竹、辣韭矢竹、螺节竹、方竹、高节竹、乌哺鸡竹；竹竿颜色特异竹：紫竹、黄皮刚竹、黄槽刚竹、黄金间碧玉竹、金镶玉竹、小琴丝竹、黄秆乌哺鸡竹、花秆哺鸡竹、花毛竹、斑竹、茶秆竹、紫蒲头竹、金明竹。观叶类竹有：箬竹、大明竹、菲白竹、菲黄竹、铺地竹、黄条金刚竹。此外还有曙筋矢竹、孝顺竹、鹅毛竹、早竹、苦竹、红竹、四季竹、篌竹、光叶唐竹、凤尾竹、晏竹、芽竹、平竹等散生竹。竹有"疏种"、"密种"之法，前者为"三四尺地方种一窠，欲其土虚行鞭"；后者为"竹种虽疏，然每窠却种四五杆，欲其根密"。道路两侧以一些高大乔木状的竹类，如乌哺鸡竹、玉镶金竹等，修竹夹道，创造出绿竹成荫、万竿参天的幽径感受；有的园路一侧点竹几丛，缘下种植玉簪，以及铺地竹、菲白竹、菲黄竹等地被竹。

总体说来，个园园林植物素雅，少见艳丽花卉。园内大多是具有笔墨画意的竹、藤、女贞、枫槭等，不加修剪，具有潇洒的姿态和线条美感，搭配旧石青砖，给人枝繁叶茂、苍翠古朴的感受。

（七）总结评价

个园是扬州现存私家园林中保存最为完整、年代最为久远、艺术成就最高的一处，园主人黄至筠家族也是清代八大私园主人中财力最雄厚者。个园整体严格按照传统风水理念及营造规制布局建造，住宅部分体现出长幼尊卑等儒家等级秩序，花园体现出佛道思想中隐逸自由，时空轮回等意境，北端以具有玄冥意味的大片竹林收束，空间结构清晰严谨。代表苏州园林的拙政园以理水见长，而代表扬州园林的个园则以叠山见长，颇有仁者（商）乐山而无忧，智者（文）乐水而无惑的意味。个园分峰用石，以山脚造山法仿真山形势意境，集中体现出扬派叠石的典型特征，并与计成著作《园冶》掇山篇中论述的理法高度一致。并且，其山石形态肌理的艺术处理也十分接近计成所推崇的南宗山水画家荆、关、倪、黄等人的手法，如湖石山的卷云皴、黄石山的折带皴肌理等。若说戈裕良叠苏州环秀山庄为湖石叠山之最，那么个园则代表了黄石叠山的最高水准。虽然四季假山的提法是后人根据画论提炼总结，但经过数十年的复建维护及宣传，其四季轮回的意境已深入人心。但也应当看到，横向比较棣园、瓠园等其他清代扬州私家园林普遍出现的小方壶、育鹤轩、桂丛迎月等意境，个园造园的时空观似乎体现得更为丰富，故笔者提出"壶天八景"的意境分析以供参考斟酌。

（一）历史变迁

棣园位于扬州市广陵区南通东路南河下68号，现已改为一家经济型酒店，仅存砖雕门楼。**（图5-46）** 始建于明代的棣园至21世纪30年代存续了三百余年，据记载至少六度易主，阮元、曾国藩等许多学者官宦拜访过此园，留下题词联句等，是一处典型的清代扬州富商园林。《扬州览胜录》记载："棣园，在南河下湖南会馆内。扬城园林，清初为极盛时代，嘉道以后，渐渐荒芜，惟棣园最古，建造最精。"① "至清中晚期，扬州湖上园林已一蹶不振，而城市山林却相反，稍有复苏。如两淮商总黄应泰于东关街所修之个园……观察包松溪于南河下街所修棣园，均为一代著名的城市山林……"②

清初盐商程汉瞻购得此园取名"小方壶"。雍正八年（1730年）程汉瞻"身为巨商，于各处衙门皆有交结"③，在雍正严查的"江南案"中被迫流徙，最后捐出身家才得以保全性命。"小方壶"的名号后成为棣园十六景中的"方壶娱景"，是一处园中园。

乾隆年间，黄觐旂中翰④购得此园改名"驻春园"。此时盐商的奢侈生活达到极致，造园活动一时鼎盛。园主们不仅讲究华服美食，还大肆蓄养戏曲家班，规制宏大、演技超群。其演员多为久负盛名的职业梨园子弟，其中雅部的昆山腔即发展为今日昆曲。时人熊之垣称："以余五十余年往来而论，当乾隆癸未间，两淮业禺筴者，城中宅畔，皆设园林，艳雅甲天下……小方壶，康熙间为程汉瞻园，女乐精妙，今归黄觐旂……"《棣园全图》题记载："忽得乾隆年间溜淳斋、胡西庚、刘松岚、郑东亭四公题咏斯园长句，乃园主人黄阆峰宴集久稿也。"可见，彼时的棣园应是是一处文士宴集，歌舞升平的社交场所。乾隆后期园归洪钤庵殿撰⑤，改名"小盘洲"。史料记载洪进士出身，并非盐商，现有其藏书修撰拓本等存世。⑥

道光甲辰（道光二十四年，即1844年）江苏丹徒人、当时扬州两淮盐商商总（司同知）包松溪（字良训）购得此园，改名棣园，在耿有山的主持修建下形成盛期的规模。朱江先生评价道："这一时期的城市山林，以占地较小者为多，但也不乏占地较大的园林，如棣园即是一例。"⑦ 1845年僧人几谷受邀绘制了棣园全景鸟瞰图，并由李啸北刻于石上，阮元题词，是浓墨重彩的潘恭寿画风，现有拓片存世。1847年著名画家王素作《棣园全图》共16幅，为写真实景，极为精美。据

---

① 王振世. 扬州揽胜录［M］. 卷六.
② 朱江. 扬州园林品赏录［M］. 上海：上海文化出版社，2002，3：90-91.
③ 胡忠良. 雍正中期"江南案"透析［J］. 清史研究，2001，1.
④ 又名黄阆峰，为乾隆年间的内阁中书。官阶为从七品，掌管撰拟、记载、翻译、缮写之事。
⑤ 明清时期进士。甲第一名例授翰林院修撰，故沿称状元为殿撰。
⑥ 《泽存堂广韵五卷》卷四尾有"道光元年（1821）岁在辛巳，用洪钤庵所藏曹栋亭家宋小字本，略校一过。"
⑦ 朱江. 扬州园林品赏录［M］. 上海：上海文化出版社，2002.

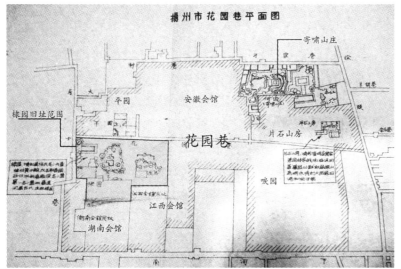

图5-46 花园巷八大名园及棣园旧址范围
（作者改绘自扬州何园档案馆资料）

图5-47 1937年的棣园
（引自童寯《江南园林志》）

《同治朝实录》载，包溪松曾受朝廷重用，一度受牵连被罢免待职，又似颇受照顾而"在兵营当差"，咸丰朝复出任知州，可见其人脉较广。包氏曾"富甲一方，嗜好昆曲，其家班享有声誉，当时名士常赴园中作琴樽之集，或借台借班，琢磨曲词声韵及道具化妆诸方面的技艺，极一时之盛"。他也搜藏书画经典、曾资助刻印医学书籍，并与近代思想家魏源①有交往。据传三朝内阁、九省封疆的阮元回到扬州，应包松溪和阮元的学生梁章钜邀请，曾到棣园观看过昆曲演出，并题写"棣园"门额。

光绪初，湘籍盐商仿《红楼梦》大观园将棣园改建为湖南会馆。内设豫太祥、豫太隆盐号。会馆原占地十余亩，由东、中、西三路住宅并列组群，有房屋一百余间。门楼对面为八字形大照壁，照壁后有"湘园"及附属建筑。陈从周先生1983年出版的《扬州园林》中尚收录有1961年测绘时拍摄的棣园的照片7幅，有门额、观戏厅、戏台、湖石立峰假山、黄石假山、亭子等，园子的规模和品质均属上乘。

20世纪80年代初，湖南会馆已仅存门楼，棣园仅存观戏厅，有一明代老松斜倚旧砖墙边，一块二人多高"鹰犬相搏"形状的太湖石峰被扬州文物普查小组送至扬州博物馆收藏，这是棣园最后的面貌。寻访过棣园的扬州学者韦明铧说道："30多年前，南河下精美的棣园被拆，那座扬州保存最好最美的明代古戏台也一起拆了。"②（图5-47）

① 魏源，原名远达，字默深，号絜园，其室名絜园。《海国图志》的编写者，在扬州居住十余年。
② 王鹏. 扬州现存最古老戏台 永宁宫古戏台亟待修缮［N］.扬州日报，2011-5-27.

（二）总体布局复原研究

棣园是包氏住宅的后花园部分，据《园记》载，占地五亩有余。"园有洁兰堂，堂前旧植古枫一株，高出檐际，垂荫一院。堂后为沁春楼，登楼可以尽览全园诸胜，楼下为小玲珑馆，堂楼间凿曲沼，为观鱼之所。以小方壶对面，为育鹤轩；'竹趣'之右，为'小山余韵'，芍田之前，是为小池。"[①]王素的册页则提供了十六个单一视角，每幅裁得一景，同时以题名和诗句凝练景致的特征。按游园顺序由外至内分别是《洁兰称寿》：歇山船厅洁兰堂是主体建筑，右接爬山廊，掩映于黄石假山之间，配有松树、杨树。《沁春巢景》：洁兰堂后的沁春楼是两层卷棚歇山建筑，前邻水面，种植油松垂柳及睡莲。湖石假山跨水而建形成山洞，并配有匾额题词。《玲珑拜石》：从沁春楼二层赏水岸两侧有两块孤置的太湖石，记载为主人得园后所植，甚为得意，题曰："松岩严洞屋，云气通缭曲。一石等人长，嵌空洞其腹。腹背十二洞，逡瘦透削肉。"《曲沼观鱼》：玉兰堂与沁春楼之间的水系最窄处架设三折曲桥一座，可坐憩垂钓。玲珑湖石假山延绵至石桥底部，供锦鲤穿游嬉戏。《洛卉依廊》：洁兰堂前的回廊和黄石假山种植池高低错落地分层种植了百余株木本芍药牡丹，花开时节"黄紫竞妍，不减洛阳名园"。《梅馆讨春》：是内园的第一景，歇山敞厅为"梅花草堂"，南侧环绕黄石假山配置红、白梅花数十株《竹趣携锄》：一条小路通往月亮门北侧的桂堂，路两侧的竹林配置十余株笋石，古井一座。《桂堂延月》：是位于棣园最北端的园中园，主建筑悬前人旧提"小山余韵"，周围环绕金银桂树数十株。《沧浪意钓》：为东园主景，在占地一亩左右的水池对岸建亭"小沧浪"，正对水中的一处柳矶。《鹤轩饲雏》：水池北邻歇山顶花厅"育鹤轩"为园主养鹤处。《芍田迎夏》：育鹤轩左有有方田一楼，培育名贵芍药。《方壶娱景》：取仙境含义建造的四合院，为孝亲之所。《汇书夕校》为园主人的藏书读书处，位于小方壶北端，是二层七开间长楼。《翠馆听鹂》：园主人于此处亲自喂养善舞的孔雀和善鸣的鹦鹉等鸟类。《眠琴品诗》：根据主人收藏的《眠琴绿荫图》意境重修的客房，为一层三开间硬山顶小馆。《平台眺雪》：位于园正中，砌数十台阶的方台，为园制高点，用以远眺江南诸山雪景**（图5-48，图5-49）**。

沿着住宅大厅东边的火巷往北直到尽头有小型砖雕门楼面南，院门上嵌有阮元所题"棣园"门额。门楼东壁上嵌山僧几谷所绘《棣园全图》**（图5-50）**刻石，西壁上嵌《棣园吟咏》刻石。门厅之上称"大仙阁"，上供大仙牌位。有一石路通向一三开间歇山顶厅，厅北筑一戏台，坐北朝南，其东侧有石阶可以登台。台前建有洁兰堂，即是观戏厅。

整个园林大致分为东、中、西园三部分，有四处较为封闭独立的园中园。东西主园各以较为开敞的水面为中心，主厅堂分别是育鹤轩和洁兰堂，环列湖石假山，建筑退到边缘地带，显得开敞自然。庭院空间和地势高差处则以黄石叠山过渡分割；中部是狭窄的过渡空间，仅布置鸟舍和高台**（图5-51、图5-52）**。

---

① 朱江. 扬州园林品赏录［M］. 上海：上海文化出版社，2002.

图5-48　王素作《棣园十六景》之前八景引自（《扬州园林甲天下》）

图5-49 王素作《棣园十六景》之后八景引自（《扬州园林甲天下》）

附：最后一位进入过棣园的蔡起先生记述全文：

其北通过内间的小木楼梯与"大仙阁"相连。台面呈方形，东、北、西三面宽约 4 米，皆为敞口，有靠背栏杆围定。台高约 1.5 米。其南壁东、西侧均有门洞，俗称"出将"、"入相"，可进入内间。内间面宽同台面，进深约 2 米，为伶人出入之处。台前建有"洁蘭堂"，俗称"观戏厅"，距戏台约 5 米，坐北朝南，面阔三间带走廊，单檐歇山，楠木结构，方梁方柱蘭看客可坐在观戏厅内观戏。厅内西山墙处向西尚外接一微型戏台，俗称"歌台"，仅高出地面尺许，装修讲究。然台后无门出入，伶人需从前台跨步上台，此台为清唱伶人与说书者所设。曾国藩同治年间曾两次来扬，光绪初曾国藩督两江时，阅兵扬州，驻于园内。一日盐商开樽演戏，为曾公祝寿。台中悬一联："后舞前歌，此邦三至；出将入相，当代一人。"曾公捋髯一笑。盖江阴何廉仿太史手笔，戏台上的"出将入相"与曾国藩作为晚清重臣的"出将入相"暗合，堪称杰作，一时传为佳话。

观戏厅东山走廊中部开口处，有一道青石板小桥，桥下水池，流水潺缓，水池向南丈余，与黄石假山的尾部相连。妙在黄石假山如山洞之裂口处，水似来自黄石假山的深处。山石或岭或峰，或磴道或洞穴，逶迤向南与棣园门厅相连。黄石假山的东边是青砖墙，有些稀疏的贴石，而在墙、石之间，有一条崎岖可行的山道。山道南高北低，雨时似山涧，潺潺之声不绝于耳。

走过小石板桥，是一块十多平方米的青石冰裂纹地坪。地坪东侧为角门，上额"掩映花光"。地坪直北，不足十步处即棣园后门，通向花园巷内。地坪西侧，于观戏厅后，筑楼五楹，區"沁春楼"。楼下为"小玲珑馆"。观戏台与沁春楼之间，约十米开外的空间内筑有"曲沼观鱼"景点。"曲沼观鱼"不规则的池边均以精选太湖石镶嵌，时有奇峰突起。印象最深的是池之中心有一块形似鸳鸯的天然奇石。沁春楼西侧，筑湖石假山一座，上有明代老松一株，苍翠欲滴。

文工团进驻不久，春季爱国卫生运动开始了。因水池容易滋生蚊蝇，被要求填平。于是，那些精美的太湖石全被文工团员们砸碎后填进了鱼池。若干年后，当我专职从事文物保护管理工作之后，才意识到，自己竟亲手参与了一代名园的破坏！

棣园占地约五亩余，有十六景可供观赏。上文已述石板小桥后西北部的情景，青石地坪的东侧为角门，上额"掩映花光"。入内为一飞檐方阁，面南而筑，称"小钟阿"。阁之东，面南建屋五楹，为书房。中楹为敞厅，单檐歇山顶，略高于东西两坡屋面。屋前皆有廊，最东一间，廊随墙转直角向南伸出约二丈有余，廊复折转直角向西，直至与方阁西山墙相平。廊壁上嵌满了名人书画石刻。廊之外侧均有雕花栏杆与靠背围定，可扶栏赏花，亦可靠背观书。书房与南廊之间形成了一个长方形天井，敞厅前为青石台阶可通天井。天井中构湖石假山一座，内空外奇。花木点缀天然，茂盛苍郁，花时光彩照人，香风满径。

南廊内，面北有一对开黑漆大门，门头上有石额，惜年久已不复记忆，根据史料，可能即"连柯别墅"。

步入其中，举目望去，如入深山幽谷。几层湖石台阶盘旋而下，似已到达谷底。有三间小屋子于半山腰依北墙而筑，屋的形制古朴典雅，疑系明代遗构。四面以青砖墙包纳，墙上适度贴有湖石。东南角有奇峰突起，沉厚苍古，内有微型石室上下盘旋。南面的半山腰中，有呈带状的上品细竹参差摇曳。西南墙角上构敞口方亭，一半在墙内，另一半被向西向南挑出墙外，成了这一深谷与外界的唯一接触点。有一条狭窄陡峭的山间磴道从谷底可直达方亭。

图5-50 画僧几谷作《棣园全景鸟瞰》碑刻（引自《扬州园林甲天下》）

登亭环顾，园景尽收眼底，触景生情，不觉涌出少年时曾背诵过的杜牧所写的《阿房宫赋》中的一段："五步一楼，十步一阁。廊腰缦回，檐牙高啄。各抱地势，勾心斗角。"谷底有素心复瓣老本蜡梅数株，虬枝曲干，交柯错叶。花期，葱茏连绵的矮竹、晶亮油黄的梅朵，清香沁脑舒心。"别墅"占地甚小，然结构紧凑，节奏多变，用石极精，有深山幽谷的感受，建屋数楹，一敞口方亭将全园构筑尽收，是"小中见大"之佳例。[①]

（三）营造意匠推测

棣园主人包良训，深知造园要旨，曾提出"相与循陆高下，俯仰阴阳，十步换影，四时异候"的见解。在包溪松本人所题写的园记中明确地表述了造园和绘园的过程与用意。棣园本是紧邻包家大宅的前朝旧园，荒废已久，因想到母亲年事渐高，怕其烦闷无聊，于是"购入修葺以孝亲养志……凡夫人之境皆适有之，既适有之，则相与乐之。矧我太夫人春秋日高，而气体和顺，精神

① 蔡起. 棣园的消逝［N］. 扬州日报，2006-8-8.

茂悦，扶花拂柳，听鸟观鱼，挈妇弄孙，婆娑以栖，此园亦为有功者……今幸有此园，堂可以筵，室可以馆，斋可以诵，台可以望池沼亭榭可以陟而游……"①以孝养延伸出的昆曲表演，豢养珍禽等活动又成为社交的内容。"小子于是退而益求交于四方之贤士大夫，而惧其鄙弃也……于是以园奉诸君子游，籍游以求诸君子之诗若文……"以园林宴请游赏等活动广结人脉，扩大影响，塑造一方贤主的形象恐怕是身为朝廷高官的包氏的主要动机，显出与退隐官员以遁世自慰为主要修建目的的苏州园林本质的不同。为更进一步扩大影响，包氏请画僧绘制了全园的鸟瞰图，题写园记。又觉"未能尽离合之美，穷纤屑之功也"，应绘制册页体现精美的园林细节，而有十六景图册。由于当时交通不便，江南文人有将自家园林图文送往景仰的尊长（高官或大儒等）手中品鉴的做法，以求得题词落款，视为荣耀，显然也是包氏绘图题记的用意之一。园记结尾又提到今日自己有所小成，都靠母亲栽培，棣园又遭遇一场水灾幸存，于是在重阳节登高赏秋时有感而发等。

可见棣园的营造初衷因"儒"家提倡的"孝"而起。园记多处强调感念太夫人教诲，是园林营造的主题思想。外园即西园的主体建筑"洁蘭称寿"依旧园的古枫而建，为祝寿活动的主要场所，

① 包松溪. 棣园十六景图自记.

1 入口门楼大仙阁　10 梅花草堂
2 戏台　　　　　　11 汇书楼
3 玉澜堂　　　　　12 小山余韵
4 傍家林馆　　　　13 竹趣
5 曲尺桥　　　　　14 平台眺雪
6 玲珑拜石　　　　15 翠馆听禽
7 沁春楼　　　　　16 沧浪亭
8 眠琴斋　　　　　17 育鹤轩
9 北门　　　　　　18 小方壶

图5-51 棣园平面复原推测（作者自绘）

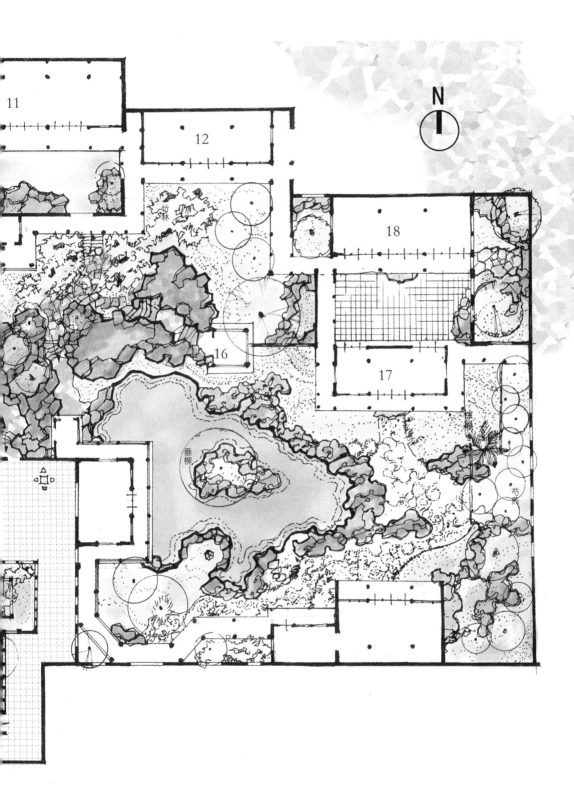

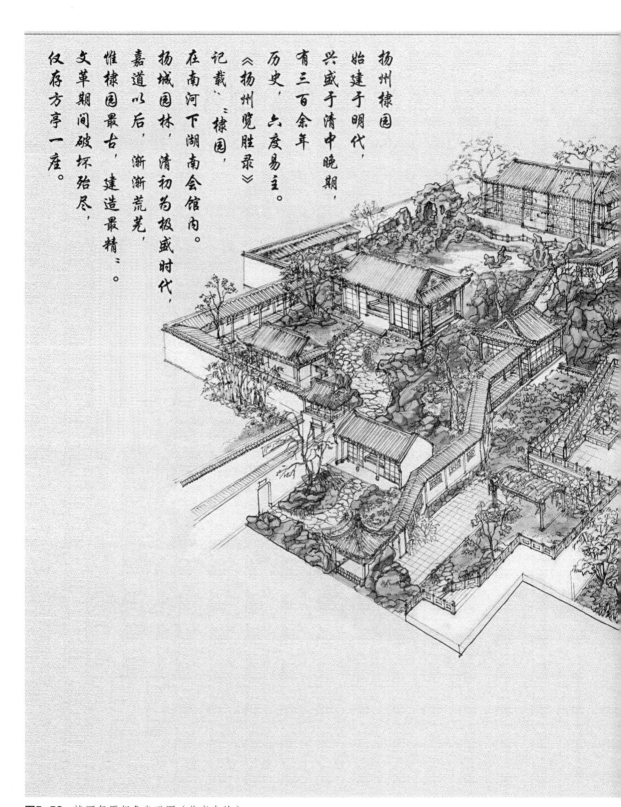

扬州棣园始建于明代，兴盛于清中晚期，有三百余年历史，'六度易主。'

《扬州览胜录》记载:"棣园，在南河下湖南会馆内。'

扬城园林，清初为极盛时代，嘉道以后，渐渐荒芜，惟棣园最古，建造最精。"

文革期间破坏殆尽，仅存方亭一座。

图5-52 棣园复原想象鸟瞰图（作者自绘）

174 晚清扬州私家园林

棣園復原想象圖 ■

后演变为戏台，配植松柏，黄石假山芍药环绕，应是宴请聚会的主要场所。方壶娱亲（景）是东园的园中院，与育鹤轩构成东园的主要功能空间，题词"壶中日长，春晖愿报"，"承欢奉偏亲"，可看出是孝养娱亲的场所。"竹趣携锄"体现出对父辈先祖的敬意，题"怀祖颂清芬，何敢忘辛勤"，以古井竹林石笋塑造简朴劳作的场景。扬州的园主爱竹不仅是追求"不可居无竹"的雅意，也因为扬州民间农业有"栽竹养羊千倍利"之说，如唐代诗人姚合《扬州春词》有"有地唯栽竹，无家不养鹅"诗句。园景营造亦体现出文人的生活趣味。以考释儒家经学为主的清代扬州学派十分活跃，影响深远，扬州文人"欲读书，所以蓄书"①，形成浓厚的修契、藏书好学的学术风气。园中"汇书夕校"是园主人的藏书楼及书房，被华阳卓相国题为"充架排籤"，可见藏量丰富。"眠琴品诗"、"梅馆讨春"景致的意境也反映出儒商身份的园主的生活趣味和内容。

棣园造景中"道"的思辨也有体现。棣园疏阔的园林营造主旨即是"道"的有力体现，道家崇尚自然高远，追求无为恬淡的生活情趣，"目送归鸿，手挥五弦"的审美追求与棣园的造园意象呼应，是基于思想本源的立象达意。清代著名作家李笠翁在其讨论生活的艺术著作中多次提到居室营造中"自在"的重要性，也可以看做是道家思想的明显体现。"曲沼观鱼"意境来自《庄子·秋水》的"濠濮涧想"典故，是中国艺术中的一个重要境界，屡屡出现在历代各地名园中，如留园、避暑山庄、北海、圆明园等。撇开庄子与惠子的辩论，"观鱼"的行为充满了对鱼乐境界的向往，体悟出"人性灵的自由比任何功名富贵都重要得多"②的出世智慧。此处以玲珑湖石结成孔洞穿游水中，托起三折石板小桥，衬以垂柳、睡莲、粉墙，营造出咫尺幽深的趣味，使人回归到自己本然的生命中。另一处"沧浪意钓"是东园主景。一方简约的四角亭高出水岸丈许，掩映于假山松柏之中，题匾"小沧浪"，可鸟瞰整个水岸景致。园主题诗"卧听渔夫歌，尘襟一洗廓"，"横笛一声，使人意远"勾勒出一副渔隐自渡的画面。这个场景不是用来游赏，而是"观心"，在此洗涤和提升心灵，正如苏州沧浪亭主人苏舜钦题"濯缨亭"的深意"濯缨者，濯性灵之缨"。另外，这种将亭凌驾于池水中的做法也是扬州私家园林中很常见的，如个园的清漪厅和何园的水心亭等。

棣园中"释"的精神体现在禅意的审美意境中。如"平台眺雪"借景辽阔的江南江北诸山，描绘出一幅冷寂旷寒的图景，以"雪落茫茫"象征无尘无心无我的净界。此图位列十六景之末，成为全园的高潮与收尾，也是游园的终点。园主题"银海铺琉璃，罗列露台下，此景叫绝奇"流露出颇以为傲的心情。文征明说："古之高人逸士多写雪景，盖欲假此以寄其岁寒明洁之意耳。"如王维、关仝、董源、范宽、郭熙及元四家、清四王，多偏爱雪景山水，描绘冷落荒寒的气象，这些画家也多是居士或习禅，追求"以寂寞黯淡为主，有玄冥充塞气象"③。"桂堂延月"一景则是具有扬州地域特征的"冷寂之美"的造景意象。扬州人以"明月之城"自豪，赏月、拜月的活动频繁，且偏爱桂花的冷香和落英的景象，常以此为造园的意象，如二分明月楼桂花厅等。"心月孤圆，光吞万象"被禅宗作为最高境界，在中国文化审美中也十分普遍，如《红楼梦》中史湘云与林黛玉对诗"寒塘渡鹤影，冷月葬花魂"的意境。棣园的桂堂是位于园最北侧的一座五开间卷棚歇山顶二层楼，桂树

①　刘建臻. 清代扬州学派经学研究.
②　朱良志. 曲院风荷［M］. 合肥：安徽教育出版社，2010：218.
③　［清］唐岱. 绘事发微［M］. 济南：山东画报出版社，2012.

环绕，朴素清幽，从园主题诗"天末有所思，沾衣湿凉露"看，应是其独处自省的空间。东园中心水系水岸点缀一丈高的七层佛塔，正对为母亲祈福寿的育鹤轩，直接借用了佛教的元素点题。

棣园体现了明清以来扬州城市山林的典型特征：即园林不再是传统文人逃避世事，寄情山水之地，也不似金谷园般斗富炫耀，而是融入更多的怡情逸趣和实用享乐的功能。"造园为享乐、交游、邀赏甚至炫耀……园林更多地成为融居处、雅集、燕游、读书、戏曲、娱老怡亲甚至政治活动为一体的综合性场所。"[1] 由于包溪松具有官宦、商人、文人、曲艺家、藏家等多重身份，因此棣园被精心构筑为多重文化布景，是家园、书斋、市井和自然的四重奏，似一种折衷主义的策略，以期在同一时空里占有多种生活。其中小方壶、眠琴斋等是家园，玉兰堂、沁春楼等属于市井，提供雅集和表演的空间，类似今日不时举办派对的私人会所。梅花草堂、读书楼等标榜着文人雅士的身份，而假山、水池与竹林象征着自然。这些分布各处的院落被曲折的围墙与回廊隔断和连接，引导宾主们诗意地跋涉于意向中的山水之间，并随时切换不同的场景，自由"选择操琴、赋诗、书画、演戏、宴饮和恋爱，在自由放浪的状态下，展开关于存在的诸多游戏"[2]。

在棣园的造景中，大量事物被符号化地提取，微缩在盆景般的小尺度景致中，随着行走的过程，四季悄然涌现，场景主题不断转化，形成变形、压缩、扭曲、交叠缠绕的时空体验。"梅馆讨春"、"沁春江景"描绘生机勃发的春景，"芍田迎夏"、"洛卉依廊"、"曲沼观鱼"遍布睡莲的景致赞美着夏的浓艳，桂树林、洁兰堂的古枫与黄石叠山体现秋季馥郁明净之美，平台眺雪、眠琴品诗衬托出冬的萧瑟寒凉。

明清的扬州富硕开放，文化多元，手工艺发达，玻璃、镜子、钟表等舶来商品更刺激了上流社会的物质享受欲望，在园林中显出强烈的游戏性和"有我之境"的特征。棣园不仅是涤尘养心的精神家园，也是一座藏宝的博物馆，有珍贵的玲珑湖石，名贵的芍药、驯养多年的孔雀鹦鹉、名家字画、刻印书籍和仙鹤以及庞大的昆曲家班。这些对"物"的占有和赞美直率地表达园主富贵高升的世俗愿望与"人生得意须尽欢"的现实诉求。这不断切换的场景和被折叠的时空具有精神上的弹性，制造着诗情的狂欢，以一种自我麻痹的方式来抵御来自外界现实的痛击，是清中期以来儒商造园尤其是盐商宅园的一个普遍特质。

（四）构园要素浅析

从图像资料来看，包氏时期棣园中的建筑大多较为开敞，与周边的自然景致交融，园内共有建筑27座，包括1门楼、1台、1亭、4座二层楼阁，其他为一层三开间或五开间的厅堂轩馆等，大部分为卷棚歇山顶，有部分次要建筑为硬山顶，等级较高。门窗与挂落、栏杆、花窗等式样较为简约，与《园冶》中装折的图例风格相似，有明式遗风。纹样大多是抽象的柳条式或宫式变体，以短弧倒角，施以朱彩，与同时期其他盐商宅园大量使用万字纹、盘长纹相比，显得素雅精致**（图**

---

① 王劲韬. 论明清园林叠山与绘画的关系［J］. 华中建筑，2008，26卷.
② 朱大可. 江南园林：被折叠的时空. 引自网络。

据文献记载，棣园的堆山叠石奇峭多姿，技艺超群。其中沁春彙景中的湖石假山洞以悬的手法形成钟乳石，非普通工匠所能。《扬州揽胜录》评价道："山中洞室，钟乳下垂，名曰'盘窝'。是山之奇，世所罕见。"洁蘭堂与梅花草堂周边的黄石假山分别设计层次丰富的植穴，遍布芍药与梅树，别具特色。竹林处配置石笋与月亮门的做法与个园相似，而意境却截然不同。孤置的玲珑湖石从体量与形态来看，应为珍品，可惜今已不知所在。

光绪初年棣园被湘商改建为湖南会馆，装饰风格也随之巨变，追求豪华富丽之美，显然已与棣园时期的面貌特色相去甚远。现仅存的会馆门楼为八字凤楼式，长18米，高11米，幅面将近200平方米，全部为清水磨砖对缝砌筑，为扬州之最。门楼的主楼、次楼及边楼檐部为仿木作磨砖飞挑三重檐式，檐牙高翘，颇有苏南风格。门楼上缀以48幅树木花卉、人物等砖雕吉祥图案，正上方嵌五幅深浮雕图案，分别是飞翔蝙蝠嘴啄绶带如意、双钱叠加、八宝中方胜，绶带缠绕的花生、银锭等。左右两幅深浮雕为荷、梅、菊、牡丹，意为一年四季花常开。两侧磨砖砖柱顶端镶镂雕柿子一对和一柄如意，合在一起即为"事事如意"。匾墙橙内和整个门楼山墙镶嵌六角锦磨砖饰面，寓意"六六大顺"；匾墙橙内四角浮雕角花雕四棵吉祥树，分别是佛手、李、桃树、石榴，意为"多福、多寿、多子、多孙"。次楼上端飞檐两侧镶小形博风砖，深浮雕各四幅，分别是：梅、兰、竹、菊，喻四君子，桂花、牡丹、海棠、玉兰，喻四佳人。匾额"湖南会馆"四个字浑厚敦实，传为曾国藩所书。字的下方磨砖楞枋中同样嵌着四幅深浮雕，人物有官员、武将与小童，可惜头皆不存（**图5-55**）。

（五）总结评价

棣园是清代道光年间扬州南河下新城地区规模较大，营构较精，比较有代表性的盐商私家园林，在当时可与城北的个园并居。但凡园林易主必改园，而改园比造园难，因新园主总是有许多新的想法主张，力求盖过旧园，而棣园似是一特例。张肇辰在《棣园十六景图序》中写道："独棣园亦数更主，数修数改，而园之景弥佳……棣园所遇主人，皆胸有丘壑，故前人布置已善者，皆不改。其改焉者，必前人亦为漏笔。改而善，固无害于改，况善改者，无大改也！"[①]个园与棣园都是在旧园的基础上改建成功的案例，可见一代名园的养成需园主人不妄作妄改，而是在领悟并尊重原意境，即"尽惬乎前人之意"之后方可有针对性地增补拾遗。六度易主且愈改愈入佳境的棣园在十年浩劫中几乎消失殆尽，实在可惜。所幸棣园遗存的图文资料比较丰富，且有入园者口述记录和陈从周等拍摄的照片资料，因此可大致推测棣园盛期全貌。棣园的布局有着明确的山水骨架，在掇山理念方面与个园相似，追求真山气象。全园的山石连为整体，掘西园池水堆南北走向黄石山将园分为东西两园，并未有单独立峰，仿佛是大山的山脚余脉，上植高大植物，不见其顶，更有隐居山林的感受。西园为外向型空间，是聚会观戏社交活动的主要场所，东园相对更为私密，有书房、园中

---

① 顾风扬州园林甲天下［M］. 扬州：广陵书社，2003.

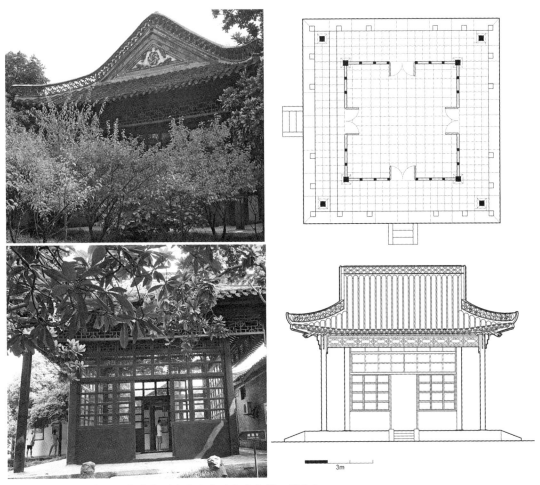

图5-53 现置于史公祠内的棣园遗存方亭（作者自摄、测绘）

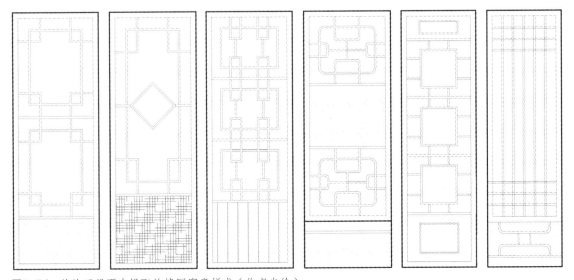

图5-54 从绘画册页中提取的棣园窗扇样式（作者自绘）

图5-55 棣园（湖南会馆）现存砖雕门楼（作者自摄）

院、育鹤轩等，为园主生活起居空间。《棣园十六景》总结了这些空间的意境，是清代扬州城市私家园林中唯一留存的园林册页作品。从中可以看到，棣园造景与临近的何园高度相似，例如棣园沁春楼前湖石假山偏于西侧并有山洞通行的做法与何园蝴蝶厅前几乎相同；两园都种有大片的芍田；棣园沧浪亭与何园的壶中春秋亭亦较相似。何园的寄啸山庄与棣园遗址仅百步之遥，年代晚于棣园，两者之间的关系有待进一步挖掘。

贾氏宅园（二分明月楼）——明月清风我

（一）历史变迁

二分明月楼位于今扬州广陵路263号，占地约1031平方米，现为市级文物保护单位。清道光（1821—1850）年间员氏迁居至此，始建七间长楼二分明月楼、黄石假山1座，凿井2座。清末盐商贾沅购得此园，并入其包括位于大武城巷、广陵路、丁家湾等街区住宅的大宅中，成为后花园的一部分。贾沅，字颂平，是扬州大武城巷"同福祥"盐号业主，是当时扬州食商的领袖，先后出任天津大陆银行、上海太平银行的董事，兼跨盐业与金融业，风云一时，后因盐业衰败而没落。1948年绸缎商徐佩卿、黄良玉夫妇购得此园，作为定居之所。徐氏来自江都樊川镇的商业世家，经营家族的批发企业"同源号"，并在上海炒股，获利颇丰。来扬后开设了华泰绸缎店和恒裕号经营日用商品。1966年二分明月楼被收为公管，出租给社办厂使用，遭到了一定程度的损坏。据载，"园中原有'桂花厅'1座，于1959年被拆迁至瘦西湖公园'水云胜概'景区；现存清代建筑有二分明月楼、大仙楼、书斋和黄石假山2组，道光年间所置水井1座，大小花台4个。地面上或起阜为山，顺势筑岗，或稍稍叠石，均高出地面无多，崎岖如登沟壑，又好似浮出水面的丁屿，园中虽有山无水，却给人'屿'外流水淙淙之感……，1962年至今，近20年来由于使用不当，园中丘壑平岗已被夷为平地，假山只剩东面一组，除二分明月楼尚完整，其他建筑装修如窗扇等被拆光，廊坊等亦被改建……"[①]。对照现状，园内的水池、小桥、厕所等应是在1991年整体修复时新建，回廊和迎月楼是根据园主后人回忆复建，整个二分明月楼院落基本保持了大体框架。

（二）营造意匠——以月寄情

李泽厚先生认为，意境中的"意"是"情"与"理"的统一，"境"是"形"与"神"的统一，"立意"是造园以"寄情"之根本。唐诗人徐凝的《忆扬州》："萧娘脸下难胜泪，桃叶眉头易得愁。天下三分明月夜，二分无赖是扬州。"用反语形式将扬州比作无忧无虑的少女，占尽了天下明月光华的美。一方面，明月之城扬州有欣赏月景的传统：如瘦西湖的五亭桥的桥洞经过巧妙设计，可以倒映出15个月亮；片石山房湖石假山巧妙地留出圆形孔洞倒映于水面，构成"镜花水月"之妙景；逸圃假山以"明暗流"的手法将砖墙上的圆窗化作一轮永恒的明月等。另一方面，明清江南地区民间女子有成年"拜月"的习俗，一是祈求月老赐予一桩好姻缘，二是祝福女孩出落得花容月貌，端庄娴雅。"拜月"的仪式一般选择在晴朗的圆月之夜举行，在宅园里焚香敬诗等。从现状来看，二分明月楼园林以月为意境造景，并在20世纪80年代后的维修复建中不断地强化了这个主题。

整个园林的立意以虚实结合的手法贯穿于全园中。"园林中求色，不能以实求之……白本非色，

---

① 引自扬州市文物保护单位保护合同，扬文管字第07502号文件。

图5-56 从二分明月楼二层鸟瞰园景（作者自摄）

而色自生；池水无色，而色最丰。色中求色，不如无色中求色。故园林当于无景中求景，无声处求生……"①二分明月楼的旱园水做的手法正是于无水中求水之境，这种"虚"的立意强调联想和体验，即游—味—悟的过程，体现出"澄怀、目想、心虑、妙悟"这样心物交融而物我两忘的审美境界。据史料记载，园中央桂花厅与楼之间原种有8株桂花，每到中秋赏月时，金桂飘香浓香馥郁，银桂落英厚达半尺，仿佛置身雪原，树影斑驳，秋蛩鸣应，园中高低起伏的地面使人疑乎在山涧探幽，在水畔漫步，沉浸于月色萧瑟之中。正如郑板桥所写"月来满地水，云起一天山"，这种以浪漫的象征手法造景描绘月夜，给人以无限想象空间。园入口廊壁嵌入六方以月为题的诗词砖刻，包括张若虚的《春江花月夜》，张乔的《寄维扬故人》，李白的《送孟浩然之广陵》及徐凝的《忆扬州》作为全园开篇，点出园林的主题。主建筑二分明月楼二层檐下置美人靠，可凭栏赏月俯览全园。一楼抱柱对联为赵孟頫所作"春风阆苑三千客，明月扬州第一楼"，为吴让之小篆集墨，暗示出园主夜宴高朋满座，金樽对月的氛围；南侧的梅溪吟榭呈新颖的扇面形，挂联"荷风送香气，松月生夜凉"；西侧的黄石假山前植有枫槭等秋色树，二层楼悬"夕照"匾额；东侧亭所悬横匾"伴月"，为金农集墨，亭柱挂联"留云笼竹叶，邀月伴梅花"。这几处题词点出全园以"春夏秋冬"四季月夜的意境展开造景，即春——明月楼，夏——梅溪吟榭，秋——桂花厅及夕照楼，冬——伴月亭。

（三）总体布局——层叠向心

整个园林场地基本是东西向26米，南北向51米的矩形，朝向周正，北侧临主要街道，东、西、南三侧皆紧邻街坊院落。整个庭园以水为中心，建筑环院四周布置，是典型的小型宅园的内向型布局，其空间序列为闭合的环形**（图5-56～图5-58）**。其布局的主要特征是：

---

① 陈从周.说园.北京：书目文献出版社，1984：20-21.

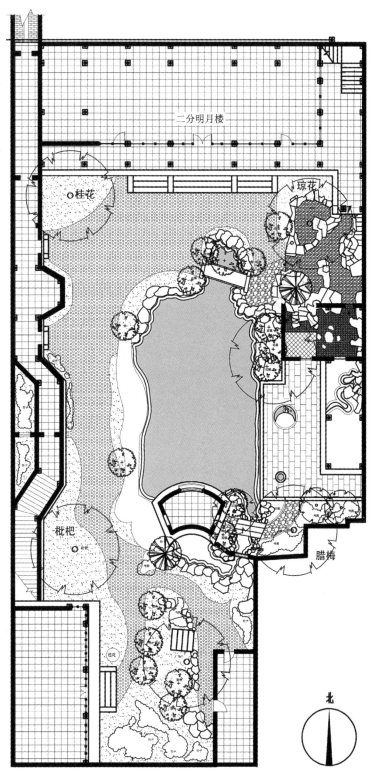

二分明月楼

桂花

琼花

枇杷

腊梅

北

图5-57 扬州二分明月楼平面（作者测绘）

二分明月楼园林西南
汪东北鸟瞰

图5-58 二分明月楼空间草模（程子杰、林秋月绘制）

其一，以"廊"空间为脉：

扬州城市宅园由于空间狭小封闭、多雨水等因素，往往以廊作为全园布局的主体动线，连接园林景致与建筑空间。二分明月楼中"廊"的布局体现出鲜明的地域特征。一是立体交通，追求空间复杂的穿越与转折，寻求一种"穿寻"的乐趣。这在当时应是一种流行的手法，如何园的复道回廊、逸圃的内园环廊等。伴月亭南侧9.7米长的爬山廊实为平地建廊，通往园西南角的建筑迎月楼的二层，而楼的一层则需转折从东侧进入。园东北角的黄石假山洞为挑梁结构，内部形成三岔路口，同时设3条蹬道通往夕照楼二层，使得空间层叠交错。二是环形连接，虚实结合。南侧由植物构成的半封闭空间构成"廊"的意向，连结东侧由黄石山洞和夕照楼一层构成的"廊"和西侧的爬坡廊。夕照楼南北向共三开间，北间宽4.9米，进深6.1米，四面砖砌粉墙，西墙扩展至水岸，以圆月形窗洞框景，南墙是一面双片月式门洞对置的隔墙，其间摆放整块黄石的一桌四椅，地面置新月形莲花鱼池，形成以"月"为主题的院落空间。北侧二分明月楼一层的回廊衔接了东西两侧，形成完整的环形路径。三是尺度控制细腻，配景见缝插针，重视空间层次的藏与露，达到扩展空间，以小见大的目的。园入口北端的9米廊两侧为实墙，营造出深幽的"欲扬先抑"之意境。中段20米的贴壁廊豁然开朗，略为曲折，与西墙若即若离，在仅1.5米宽的哑巴院内种植翠竹，使得空间错落有致。这南北50米，东西5米的空间，布置了廊、亭、蹬道、楼、哑巴院、六角屏门，砖刻诗书，对联两幅，匾额三方，紧凑丰富。全院的围墙均被廊、假山、植物等遮挡，减轻了边界的围合感，从视觉上扩大了空间感受。

其二，以庭院空间为核心：

二分明月楼因受面积和选址的局限，只得借地形起伏、层峦叠嶂等手法营造曲径通幽的空间层次。面积较小的庭园以静观为主，庭园中心的设计既要面面成景，又要意境完整，避免显得局促拥塞。根据史料复原，园内中部原是"旱园水做"理法，以铺地纹理象征水面，起微地形点缀黄石象征岛屿，中间三开间四面通透的桂花厅（又名船厅、四面厅等）仿佛漂浮于水上的游船，四面通透，也是赏景的最佳地点。个园、何园、壶园等均在园林中央设置船厅。全园的整体布局有着较为明确的轴线关系：以二分明月楼、原桂花厅和梅溪吟榭（**图5-59**）构成南北主轴，体量由小至大，东两路景物均衡布置，构成两组"看"与"被看"的关系。主建筑二分明月楼坐北朝南，巧妙遮挡了北侧闹市街巷的喧闹。

（四）叠山理水——空山暗水

二分明月楼东北角的假山为纯石山，占地面积（包括山洞、通道）不足30平方米，用黄石约300块，最高处为5.4米，共有2层。这座体量小巧的假山巧妙衔接了园中两处体量最大的建筑物，化解了拥挤堵塞之感，同时作为夕照楼的一部分，具有楼梯、廊、柱、照壁、棋室等功能。明清时期的造园大家计成、张涟等均在扬州有过叠石实践，推崇以局部再现山景，反对机械地以三山五峰之类传统理念叠整山。这座假山虽不知出于何人之手，却可以看出受其影响，以模仿真山的局部如洞、谷、涧等，营造浑厚挺括，粗犷古拙的气势。其选石和置石见棱见角，节理清晰，体现出国画中大斧劈和折带劈皴法的特点，底部和顶部变化多姿，具有轻灵通透、飘逸险峻的风格（**图5-60**）。

图5-59 梅溪吟榭（作者自摄）

种植池

种植池

种植池

图5-60 二分明月楼黄石假山空间模型（作者与程子杰测绘）

整个假山脉络是东北—西南走向，主峰面朝西北，似一面照壁侧对二分明月楼东侧，次峰紧接于主峰的西北侧，与明月楼的东侧回廊自然衔接，体现出山脚隐居的意趣。配峰横卧于主、次峰之前，有植台3个，种有琼花、松树各1株，南侧的余脉自然地延伸至水池，成为护岸，内部植有天竺葵等秋色灌木，与黄石的质地色泽映衬，在秋日的黄昏格外耀眼。东墙的贴壁假山既是背景又是次峰，增加了空间的层次和延续感。北侧黄石假山起脚处藏有一眼井水，模仿自然山涧的泉眼，与南侧刻有"道光七年杏月员置"的古井水源相通。两井间有流觞曲水和一处月牙形的鱼池，构成南北延绵约17米的水系。

此山虽用黄石堆叠，却显得轻盈玲珑，潇洒多姿，为扬州黄石假山中的精品。在用石方面，可以看到清代香山帮堆黄石山平、正、角、皴的特征。每块山石平面向上，且摆放端正，若不平，则用垫石找平，凸显山的气势。为不显呆板，石块上下前后错置，叠出多角度、多层次、凹凸曲折有致的折带皴效果。下层拉底采用错缝叠压的方式，用按、连、并的手法，保证坚固的同时留有一些空隙，显得通透奇巧。地面高0.9～2.2米的部分为山体中段，是展示山石魅力的主体，精选纹理造型上佳的整块石材搭建。如山洞入口和蹬道的左右两侧，竖置形态修长纤巧、纹理丰富的黄石，使之略微倾斜，形成礼宾印客之姿。山体顶部是峻峭结顶的手法，在二层用接、搭、悬的方式掇出通透孔洞如窗框取景，向外悬挑1米有余，很有动感和气势，为整座假山的点睛之笔。山洞内部能看出明显的横梁构架，应不算是高手名作，但就整体而言一气呵成，气韵生动（**图5-61、图5-62**）。

（五）建筑雕饰——毓秀于庄

二分明月楼内建筑有楼、亭、廊、阁、榭，兼有徽派建筑和苏南建筑的特色，造型灵活轻巧，根据造景的需求而变化。其中重檐六角攒尖伴月亭檐角起戗很高，有冲入云霄之势。建筑装饰素雅简约，内容多以表达福寿祥和的寿桃、龙凤和表现文心的竹梅冰裂纹为主。

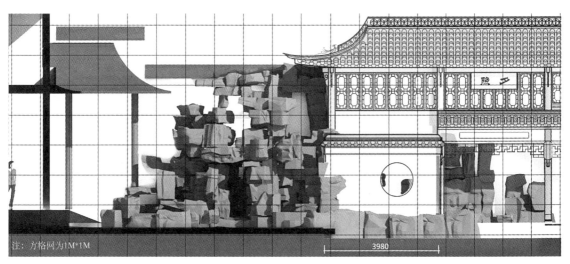

图5-61 二分明月楼黄石假山东立面图（作者测绘）

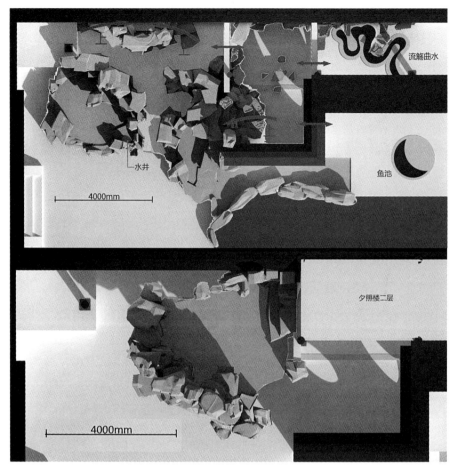

图5-62 二分明月楼黄石假山一、二层平面示意图（作者测绘）

主建筑二分明月楼是硬山顶二层七开间五架梁建筑，共14间屋，其规格体量与个园抱山楼相当，为扬州罕见。匾额"二分明月楼"为清文学家钱泳所题行书。雀替、挂落和美人靠等是当时非常典型的徽州建筑特征。楼的正脊较有特色，两侧是立瓦脊，鸱吻位于三等分处，以较抽象的草龙图样微微抬起。瓦当的纹样是草龙纹和"寿"字纹，滴水图样是凤和蝙蝠，应是取"龙凤呈祥"或"福寿"之意。窗扇等装饰纹样为木作雕刻，有如意、寿桃、石榴、云纹、草结等自然植物的图样，二层美人靠图案是竹叶，十分别致少见。雀替为浮雕梅花图案，挂落是精美的藤茎雕花板（**图5-63、图5-64**）。

夕照楼是一座三开间的二层书斋，因整体坐东面西得名。面阔13米，进深2.5米，通高10.5米，八柱五架梁，九脊歇山顶，悬集郑板桥墨迹"夕照"匾额。正间和南间完全开敞，前置露台宽约10米，进深约4.5米，探出水面少许，可凭栏赏景。夕照楼在细部和装折上更具有苏南建筑的秀美轻盈风格。其

图5-63 二分明月楼南立面图（作者自摄合成）

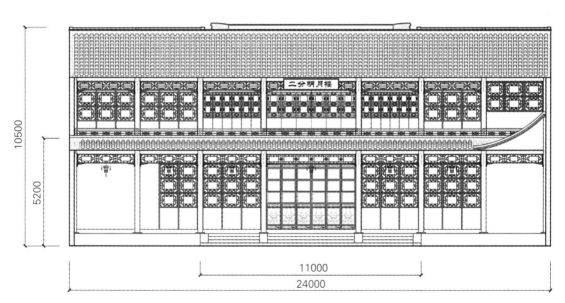

图5-64 二分明月楼南立面图（程子杰测绘）

一，正脊和垂脊饰有扬州建筑典型的铜钱型花瓦通脊，垂脊和戗脊连接处有凤状泥塑脊饰，造型饱满圆润，有苏州香山帮泥水工匠人的工艺特点；其二，戗脊发戗很高且延伸纤长，人在院中仰视时高于正脊的高度，且叠涩细节细腻秀美；其三，二层书斋完全为通透的双八角纹隔扇镶嵌玻璃，显得通透明亮轻盈；其四，装折等图案较为素雅，如一层挂落是万字不出头图样，间罩是冰裂纹，仰尘为纯木板铺作，柱础为白帆石素圆鼓覆盆式，线条简约优雅，也具有苏南文人园林建筑的特色（**图5-65、图5-66**）。

（六）花木配植——应时点景

二分明月楼的现有植物多是依据园主后人的回忆于20世纪90年代补种。全园现种植乔木及灌木共30余株，有天竺葵、迎春、琼花、桂花、枇杷、月季、蜡梅、五针松、梧桐、茅竹、杜鹃、广玉兰、冬青、连翘、红豆杉、紫竹、芍药等近20个种类。园的四角分别种植代表四季的植物：西北角入口处一株桂花为秋，东北角一株琼花代表了"烟花三月"的初春，西南角一丛枇杷象征盛夏，而东南的一株蜡梅正是冬的写意。四角的孤赏树不仅提示了时令，又巧妙地遮挡了建筑转角处的衔接，大大减少了构筑物过于密集带来的拥塞感。据载："……园南、西两面均为漂亮整齐的花坛……"[①]，据后人回忆应是种植了芍药、牡丹、水仙等各种花卉，四季可赏，现今被茂密的竹林和一座公厕取代。园中地被以扬州常见的书带草为主，一年四季绿意盈盈。

（七）总结评价

二分明月楼是清中晚期一处极具扬州地方特色的袖珍型盐商宅园。全园紧扣"月"的主题，从题词碑刻、布局造景、符号装饰等方面营造"月"的情境，在方寸咫尺之间创造出极为丰富充沛的情感意象，是扬州宅园中的佳作。曲折错落、层叠布局使得园林小中见大；山水建筑巧妙结合使得空间形态与功能兼备；旱园水做眼无神有，片石叠山通透灵巧，使得景致别出新意；屋脊飞檐装折雕刻精巧雅致，兼具徽派和苏派建筑的特征且自成一格。今天的二分明月楼作为"扬州华侨之家"，在二层设置了"扬州华侨历史展"，由专人看管，并不对外开放，实为闲置。最为遗憾的是园中心桂花厅搬迁，陈从周、朱江先生推崇的"旱园水做"今天已变成"水园水做"，1996年新建成的水池和月牙桥立意造型都略显粗糙。原起伏的地形基本填平，铺设常见的"寿"、"蝠"等卵石纹样，其最精彩的写意妙笔已无迹可寻。二分明月楼园林原本是一首书写四季月夜之美的诗，应当恢复其中心景致的原貌，使得全园"四季月夜"的意境得以贯通，才能还其真正的品貌灵魂。对于二分明月楼及贾氏宅园的研究、保护和利用还需更为深入细致的工作。

---

① 引自扬州市文物保护单位保护合同，扬文管字第07502号文件.1962年。

图5-65 夕照楼西景象（作者自摄合成）

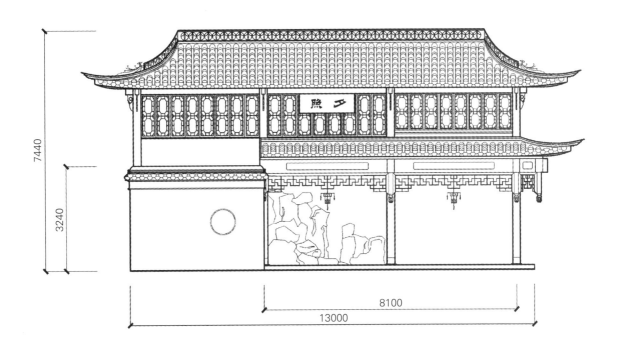

图5-66 夕照楼西立面图（程子杰测绘）

⑭ 壶园（瓠园）——壶中立九华

（一）历史变迁

壶园位于旧城中心区域的东圈门22号，南面东圈门大街，北至斗鸡场，也称瓠园，因园主姓何，也称为何园。园主人何栻（1816—1872），字廉昉，号悔余老人，江阴人，道光乙巳（1835年）年进士，于吏部任职，后任江西建昌知府（有记载为吉安知府①）。何廉昉作《悔余菴诗集》写道："……以记园名改壶为瓠以别于吴中汪氏。"说明，即何氏宅园本名壶园，但因与苏州汪宅的壶园有所区别，所以改名为瓠园。"瓠"音"户"，《新华字典》中释义为："瓠瓜，也叫瓠子。一年生攀缘草本植物。葫芦的变种。茎蔓生，果实长圆形，绿白色。"②在《甘泉县续志》卷十三有"壶园"条目，后标注一行小字为"瓠园一名壶园"。"壶"或"瓠"都隐喻着禅道中清静无为的生活状态，即在封闭的自我空间中感受乾坤日月的轮回，体现出园主当时心态。

何栻思维敏捷，文采非凡，尤擅长骈文与对联，为人生性豪爽，好结交，是曾国藩得意门生，亦颇得李鸿章赏识。但其官运与家庭都很坎坷，一生生三子八女共十一人，仅存二子一女。1856年任吉安知府时被太平军攻陷城池，包括夫人薛氏在内的一家八口惨遭杀害，本人因失守罪罢官隐退，后在淮扬地区经商致富，于1865年购入东圈门某宅，改换门庭，建造壶园，1872年在此地终老。《怀旧录》中记载："何氏城陷罢职归，侨居扬州运司东圈门外，辟'壶园'为别业。白沙惺庵居士在《望江南百调》中写道："扬州好，城内两何园。结构曲如才子笔，宴游常驻贵人轩，东阁返魂梅。"

可能是何家后人搬迁早逝等原因，壶园在1928年左右其孙何晋彝离开扬州时已经衰败，园林踪迹几乎荡然无存。到今日即使是扬州人也知之甚少。③然而史料记载中的瓠园在晚清自1865年建成到1872年园主人离世期间是非常繁盛的，与寄啸山庄并称于世，甚至还更为显赫一些。《甘泉县续志》载："瓠园一名壶园，在运使署东圈门外，江阴何莲舫太守栻罢官后所筑。太守为湘乡曾文正公（即曾国藩）门下士，文正督两江时，每按部扬州，必枉车骑，诗酒流连，往往竟日。"王振世的《扬州览胜录》载："壶园，在运署东圈门外，先为鹾商某氏园。清同光间，江阴何廉昉太守罢官后，寓扬州，购为家园，颇擅林亭之胜。增筑精舍三楹，署曰'晦馀庵'。园内旧有宋宣和花石纲石舫（**图5-67**），长丈余，如鹅卵石结成，形制奇古，称为名品。"④当时的高官显贵如李鸿章、曾国藩、李圣铎、张元济、袁寒云等皆是座上宾客。民国年间陈含光《壶园歌为何骈喜作》写道："君家家世不可当，中丞郡守来相望。海天照耀龙虎节，闾里一日生辉光。"⑤体现出当年瓠园在扬

① 广陵区志: 229
② 商务印书馆辞书研究中心. 新华字典. 北京: 商务印书馆, 1988.
③ 刘向东. 瓠园之谜旧探 [J] 扬州史志, 2009.4.
④ ［民国］王振世. 扬州览胜录 [M]. 卷五.
⑤ 刘向东. 瓠园之谜旧探 [J]. 扬州史志, 2009, 4.

图5-67 瓟园内原花石纲，现存于瘦西湖小金山内

州城内的影响。根据扬州学者刘向东的说法，瓟园在1865～1928年的鼎盛时期终日张灯结彩，迎来送往，几乎成了扬州府的接待处。1958年，瓟园为扬州友谊服装厂所用，文革后政府收回。学者韦明铧2002年前后考察瓟园时亲见园林内密集地建满了宿舍，仅存园中一株百年广玉兰树被包围其间。瓟园于2007年经扬州名城建筑公司梁宝富先生主持重新设计后，修建为高档餐厅开放至今，改名"壶园"。

（二）总体布局——三园五厅

根据文物部门的档案记载，清代瓟园原址占地红线内面积一共约11460平方米，包括今日的马坊巷及其东侧的部分地块，现仅存西南一路三进老宅和园林部分的西侧，面积为原址一半左右，约4500余平方米（**图5-68①**）。

从现在的格局结合史料来看，壶园完整的布局总体是南宅北园的传统模式，由大小三个园子组成，南北纵深长达百米。南部建筑大致分为东西两路，中间由火巷隔开（现已拓宽为马坊巷）。原先马坊巷东侧的一路建筑应是瓟园的东路住宅，现已拆毁盖作他用。西路住宅存有厅堂、书房、住宅等三进院落，保存尚完整。书房名曰"悔余菴"（**图5-69**）。何氏的藏书非常丰富，徐谦芳先生的《扬州风土纪略》中写道："江阴何氏所藏多精本……"②，当时商务印书馆馆长张元济记载道："何氏藏书有明版三千七百三十二本，抄本五百五十四本……殿版一千零九十九本，普通书三万四千八百九十八本，总共四万零三百七十五本。"其规模和质量都非常惊人。现存园林部分为

---

① 瓟园原址红线范围依据扬州文物局资料综合整理。
② ［民国］徐谦芳. 扬州风土纪略［M］.

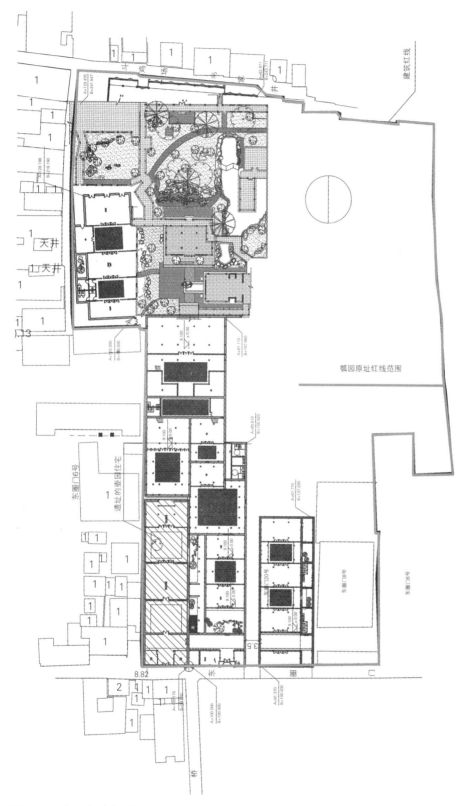

图 5-68 瓠园原址推测（作者改绘自名城公司的施工勘测图纸）

图 5-69 瓠园悔余庵现状

北园的西侧，而主要的园林部分应是位于火巷东侧，根据记载"院中有红肥绿瘦轩、方池、曲廊、假山等"。园内现状山石地形基本为重新设计建造，假山由园址遗石重构，仅存一株百年玉兰尚为原貌。另有一单檐歇山三间舫屋于1963年整体搬迁至平山堂之西园池边。扬州园林文物部门在21世纪初复建瓠园时根据档案记载、专家考证及居民回忆等总结道："壶园的布局特点为'五厅'，分别为桂花厅、楠木厅、蝴蝶厅、船厅和读书厅。楠木厅为三进遗存房屋中的中进，桂花厅为壶园东部轴线住宅的第一进，蝴蝶厅位于悔馀庵的东侧，为玻璃四面厅，读书厅位于斗鸡场南侧，在整个壶园的最北端，船厅位于东北位置。中部池塘北为读书厅，西为蝴蝶厅、悔馀庵，东侧池塘边设船厅。"[①]（**图5-70**）

（三）造景意匠——壶中天地

在中国画的语境中，"一"是最简单又最抽象的概念，汉字"壹"的象形文字取象于"壶"，许慎在《说文解字》中解释"壹，专壹也，从壶吉声"，而"壶"又通于"瓠"，是葫芦的意思，比喻一种万物混沌未开的状态，这种混沌之魅，后来被中国的山水画发挥得淋漓尽致，真正创造了一种天地大美。园林别称"方壶"，"壶中天地"体现出文化与空间形式的构成基础正是可极少亦可极繁的"一"。何氏宁可避苏州的壶园改名为"瓠园"也不另起别名，可能源于对"混沌"或是"氤氲"美学的认同。园林寄予了在时间的流逝中生命空间的意象，结合何氏坎坷的人生境遇，瓠园是主人身体的家园，精神的归宿，借游走于生死往复的境界中体察本我的自由。因此，原瓠园的造景审美应是"一花一世界"的接近禅悟的境界。全园以小而圆融的景致作为"一"的构成单位，完成"文"与"身"，"物"与"我"的交融。朱江先生20世纪60年代进入瓠园考察时记录道："庵屋之前，叠少许石，种名品竹。竹高仅逾丈，粗不及寸，且节距短二色泽青黄，为扬州园林所仅见。山石玲珑，诚属小品，其竹其石，已成画幅，雅淡二谐和，绝非画工所能模拟其万一。十年动乱期间，园屋改易，迥非昔日情景之矣！"[②]又如现陈列于瘦西湖景区小金山的主厅庭院中，据传是宋代皇家订购的花石纲的巨型的钟乳石盆景，也是一处"壶中九华"的造景佳例。这块巨石经人工修凿，留有植穴，描绘出一幅"黄河远上白云间，一片孤城万仞山"的雄奇景象，又似一幅可以卧游的手卷，于极细微处品察乾坤意味。中国造园林寄情抒怀，传入日本后发展出更为概念化的盆景艺术，盖因日本资源匮乏，多灾多难而更具虔诚之心，追求于景物中"悟道"。扬州盆景艺术的兴盛可能也有与其类似的原因。

园林为文心画意的表达，从瓠园楹联匾额及留存的诗句可以读出园主人内心。晚清的官僚知识分子在外忧内患的乱世中虽心怀屈原崖山之志，却不得不在极端恶劣的政治生态中委曲周旋。怀才不遇，报国无门，满腔悲愤而又无法倾诉或逃避，加上其本人不幸的人生遭遇，这种苦闷、矛盾无奈的心态在楹联题匾上流露出来：如何廉舫自题"悔余庵"楹联中有所体现，共有三对，自外及内分别是

① 壶园二期建设方案敲定 [N]. 扬州晚报，2007-12-2，A2.
② 朱江. 扬州园林品赏录 [M]. 上海：上海文化出版社，1983.

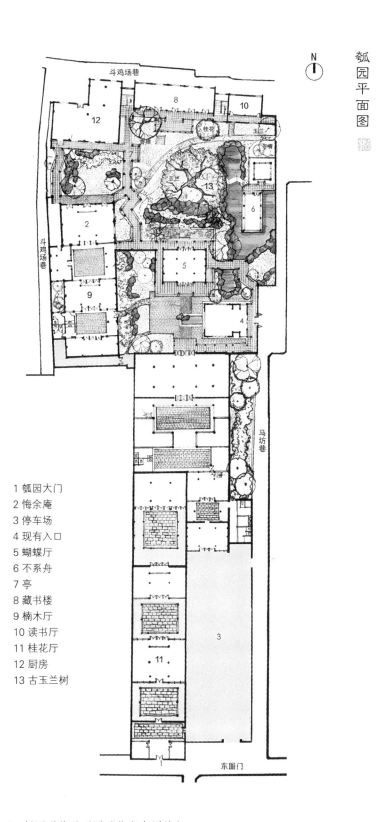

瓠园平面图

N

1 瓠园大门
2 悔余庵
3 停车场
4 现有入口
5 蝴蝶厅
6 不系舟
7 亭
8 藏书楼
9 楠木厅
10 读书厅
11 桂花厅
12 厨房
13 古玉兰树

图5-70 瓠园现状平面图（作者自测绘）

"自抛官后睡常足；

不读书来老更闲。

酿五百斛酒，读三十年书，于愿足矣；

制千丈大裘，营万丈广厦，何日能之。

移来一品洞天颠甚南宫拜石；

领取二分明月快似北海开樽。"

何氏老师曾国藩感慨并同情其遭遇，赠诗《次韵何莲舫太守感怀述事十六首》：

"城中哀怨广场开，屈宋而还第二回。

幻想更无天可问，牢愁宁有地能埋！

秦瓜钩带何人种？社栎支离几日培？

大冶最憎金踊跃，哪容世界有奇才！"①

有趣的是，上述记载都体现出瓠园是园主隐逸之所，但是另一方面，亦有不少记载体现出瓠园当年曾常有贵客"诗酒流连，海天照耀"，似乎并非完全的清净地。何氏有诗记录壶园初落成时的胜景：

"春到壶园色色新，壶中九华碧峻峭，

阶前竹笋初飞舞，池上杨花渐化萍。

缓步园林日几回，朋簪相对便衔杯。

鹭立趋鸠鸥自野，莺歌燕舞鹤能陪，

天花乱坠春如海，门外骊驹莫漫催。"

由此可见，新落成的瓠园园林面积不小，建筑周边环绕竹林，山体挺拔嶙峋，水池周边植柳养鹭，春天时花木繁茂，鸟语莺歌，宾客盈门，一派生机勃勃的景象。

光绪年间辞官归隐的晚清书画家、诗人陈重庆（陈含光之父）（1845—1928）曾在扬州糙米巷居住，游瓠园后有《何骈熹觞我壶园，是为消寒九集唱歌赠之》诗，前半段追忆了何廉舫时代的瓠园"晴暖春融，夭桃含笑，升阶握手喜相见"的景象，后半段描绘了何廉舫之孙何骈熹居于园中时的景致：

"鰕（同虾）帘鄿（duo 下垂的）地围屏护，蛎粉回廊步屟（xie 木屐）通；

半榻茶烟云飘渺，数峰苔石玉玲珑。

① 张理晖. 广陵家筑——扬州传统建筑艺术［M］. 北京：中国轻工业出版社，2013：234.

图5-71 瓠园假山现状

方池照影宜新月，复道行空接彩虹；

洞天福地神仙窟，白发苍颜矍铄翁。"①

依照诗句描述，瓠园回廊应是白色的蛎灰粉墙，清姚燮《洞仙歌·渌西楼后》词写道"烟廊三五折，蛎粉墙回，小竹疏花一帘抱"。蛎灰可以防虫防水，是晚清扬州建筑常用的粉墙涂料。厅堂台榭等园林建筑的半开放空间装修以珠帘和围屏，并且室内空间略低于廊、园，说明很可能主厅堂的建筑是前朝老宅。"复道行空"说明园内北侧的二层长楼的回廊延伸出来与其他主要建筑相连，类似寄啸山庄立体交通。"玉玲珑"说明园内有湖石堆叠的假山，单独的立峰并养出苔藓；"方池照映宜新月"说明园内水池应为方形，这与片石山房内湖石假山前的水池似乎极为相似。"洞天福地"说明瓠园内堆叠有体量规模较大的假山，有岩可居游其中，现在的瓠园内部有若干遗存的黄石及湖石，很可能当时园中水池周边有湖石山，山内有洞，西园以黄石叠出土石山的山脚，增添岩居气氛（**图5-71**）。从诗句中可以推测园中花木是"红肥绿瘦"的效果，除现存的一棵高大的白玉兰外，种植有成片的桃花、竹子，水边有杨柳、琼花，十分妩媚（**图5-72**）。

（四）建筑装饰——素雅纤巧

瓠园现存的建筑大多为在原址修复翻新，因现作为餐厅利用，因此在空间格局上作了一些调整，例如入口处的门厅东移与入口处回廊连接；为增加使用面积对原有建筑做了保护性的加建，如北端长楼及厨房增加墙体围合成完整的空间，园林西路院落整体封闭成为餐厅的包间等。

现存瓠园建筑大多结构规整端正，皆为硬山或歇山顶，饰以砖雕山墙及灰色花瓦通脊和垂脊，

---

① 朱江. 扬州园林品赏录［M］.上海：上海文化出版社，2002：249.

图5-72　从瓠园船厅看园北段二层长楼

图5-73　瓠园局部建筑立面的西洋拱券样式
（作者自摄）

是扬州园林建筑的典型特征，而在细节处理上较纤巧清秀，部分建筑有拱券门窗装饰，但建筑结构仍为传统样式，体现出早期扬州园林建筑东西方融合的特点（**图5-73**）。（更晚些的何园建筑如玉绣楼的空间结构也改为西洋样式。）如园林中央的蝴蝶厅应为扬州园林常见的"花厅"，为等级较高的扁作方梁，与《园冶》中七梁酱架式①一致，前后有轩。屋面为和合大瓦歇山顶，起戗较为低平而修长纤细，竖带饰以云纹，装折为《营造法原》中提及的"花结嵌玻璃内芯仔长窗"②及同款半窗，檐下为简约的宫式万川挂落（**图5-74**）。

　　园东侧的船厅设计颇为别致，由一座抬高的方亭和一间浮于水面的花厅构成，以庑相连，庑下有路通往厅与亭的入口，并架设三折石板桥通往庭院。高处的亭较为私密，可俯瞰全园景观，低处的厅适合众人欢聚，可俯瞰池中鱼戏莲荷的景观。船厅的木作部分为原建筑遗存，四面嵌以海棠花结玻璃内心仔窗，视线极为通透。亭基为新建的水泥贴砖饰面的做法，略觉生硬（**图5-75**）。

　　由于瓠园厅堂建筑较多，建筑的装折式样也比较丰富。与其他扬州私家园林比较起来，门窗尺度较高大，很多长窗达3.3米高，门槛、裙板的尺寸也较大。装折花纹大多为简洁的宫式万川、回纹、书条纹等简洁的样式，局部点缀海棠或梅花花结，整体色调采用接近黑色的深酱紫，显得素雅庄重。瓠园内的水磨青砖花窗造型为入角四方全景样式，与逸圃大仙亭围栏样式相同，然其尺度宽大，做工讲究，体现出官宅与民宅的不同（**图5-76~图5-78**）。

　　瓠园的正门原位于宅南端，后为营业方便移至东侧，门口抱鼓石为扬州唯一一对上圆下方的造型。因为园主人何芷舠既做过文官，也当过武将，因此抱鼓石上半部分为云纹托圆鼓，下半部分为莲花须弥座嵌兰、梅、菊浮雕造型，含蓄地提示了主人身份和好文信佛的性格，颇具匠心（**图5-79**）。

---

① 　张家骥. 园冶全译. ［M］. 山西：山西人民出版社，2012，1：36.
② 　祝纪楠. 营造法原诠译. ［M］. 北京：中国建筑工业出版社，2012，10：155.

（五）总结评价

　　瓠园是晚清扬州城市私家园林中规模与影响较大的一座，园主为官员而非盐商，因而整体显得较为端庄素雅。现存的瓠园破坏较为严重，其整体布局中的"五厅"尚存，三园仅存东园部分，已无法完全推测复原。结合文献记载来看，瓠园中心有方池，池上叠湖石山，内有岩洞，园西有黄石土石山其止，种植松竹；建筑体量高大，细节纤巧，局部有西洋元素，装饰纹样以书带菊兰等文人题材为主，较少见福寿等民俗题材，色调沉稳素雅，有复道回廊贯穿全园；局部造景以竹石小景见长，虽清淡玲珑，却选用珍贵的材料，讲究竹石搭配的姿态产生的画意和意境，尤其是珍贵的钟乳石盆景为国内孤品；园林内花繁叶茂，柳、桃、玉兰等花卉构成的春景尤为动人。《园冶》中"湖口石"章节写道："东坡称赏，目之为壶中九华，有百金归买小玲珑之语。"园主自题诗"春到壶园色色新，壶中九华碧峻峋"概括出园林的意境特征是以拳山勺水写意九华乾坤的"壶中天地"。

　　综上所述，瓠园与有晚清第一园之称的何园的造景有很多类似之处，例如两园都有方池、复道回廊、拱券廊柱的西洋装饰元素等，并曾经在扬州城内与何园齐名。遗憾的是园林遗存不足原址一半，修复得较为粗糙，布局和要素均欠缺仔细推敲。如回廊曲折比例失调，栏杆的灰泥雕饰陋俗；主厅后叠石兀然突起，尺度与造型缺少与整体地形关系的联系，且堆叠手法单一呆板；园中心变为开敞的西式草坪坡地，黄石与竹的搭配潦草混乱等等。现存园林已难体会到诗文所描绘的玲珑雅致之感。

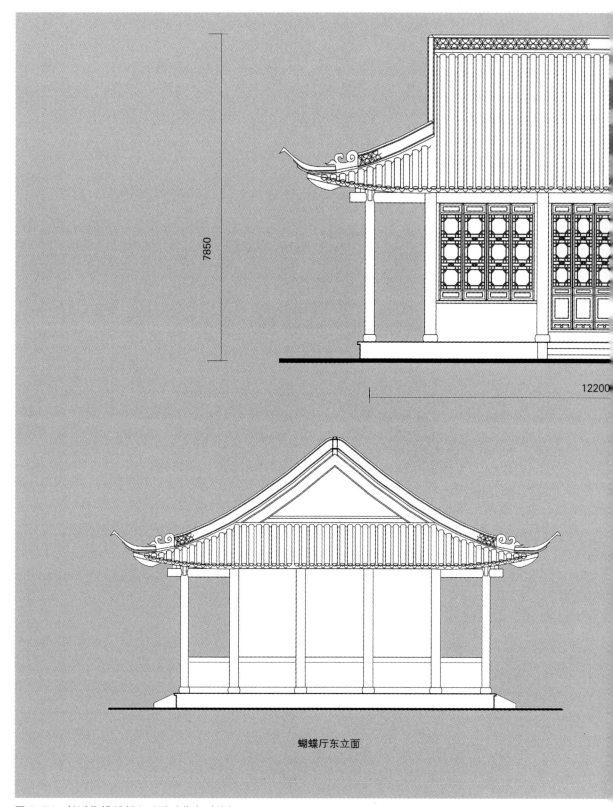

7850

12200

蝴蝶厅东立面

图5-74 瓠园蝴蝶厅剖立面图（作者测绘）

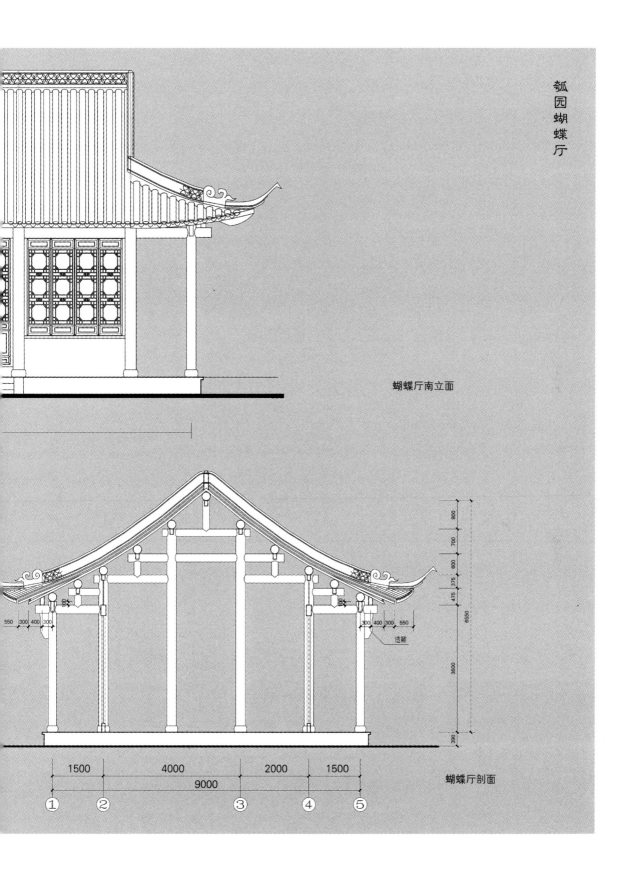

瓠园蝴蝶厅

蝴蝶厅南立面

800
700
600
375
475
6550
3600
390

550 300 400 300

300 400 300 550

透雕

蝴蝶厅剖面

1500   4000   2000   1500
9000

① ② ③ ④ ⑤

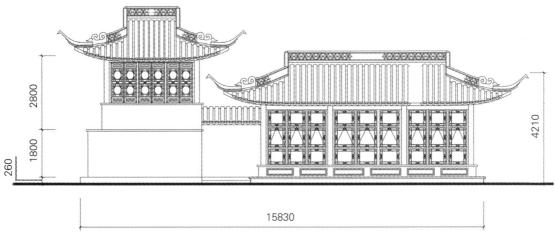

图 5-75 复建后的瓢园船厅及西立面图（作者自摄及测绘）

图 5-76 瓢园局部装折（玻璃曲廊、长楼长窗、水磨砖花窗，作者自摄）

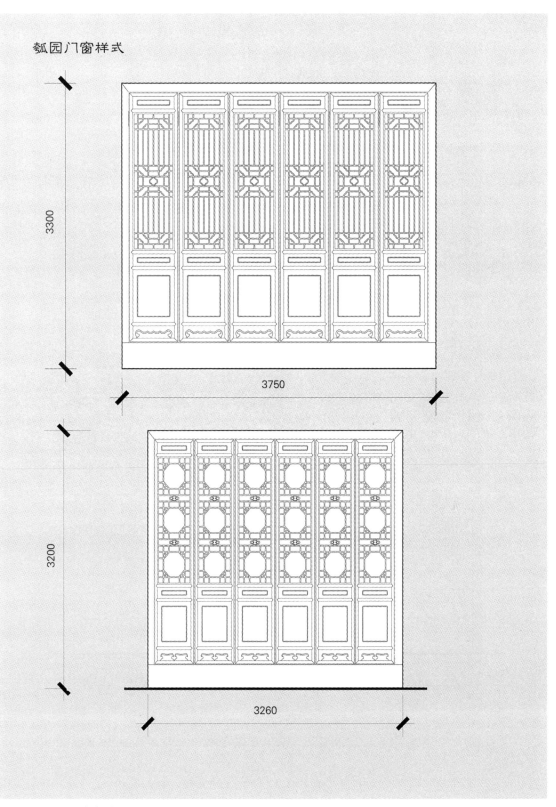

瓠园门窗样式

3300

3750

3200

3260

图 5-77 瓠园门窗式样两例（作者测绘）

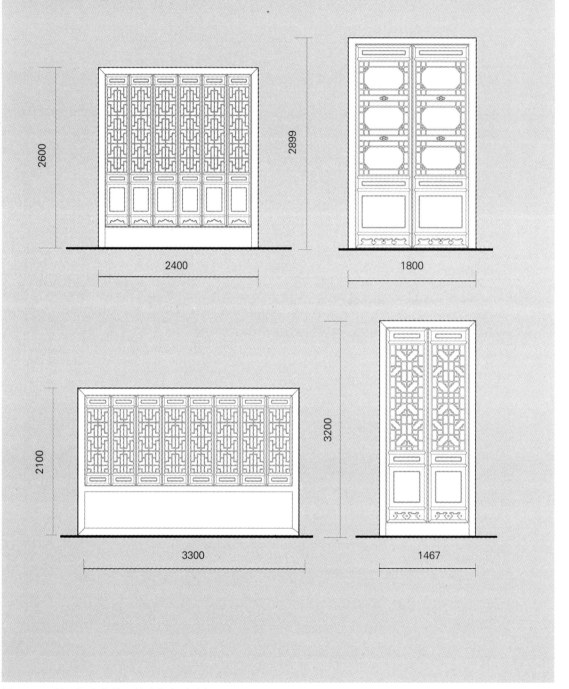

瓠园门窗样式

2600 · 2400
2899 · 1800
2100 · 3300
3200 · 1467

图 5-78 瓠园门窗式样四例（作者测绘）

图 5-79 瓠园抱鼓石（作者自摄）

（一）历史变迁

何园建于清光绪九年（1883年）[1]，又称作寄啸山庄，取意于陶渊明《归去来辞》中"倚南窗以寄傲"、"登东皋以舒啸"句意，喻意园主何芷舠（安徽望江人）的归隐心态。何园现位于扬州老城区南河下街区，东南两侧临古运河，东与康山卢姓盐商住宅相望，南临南河下街、花园巷，西临"棣园"旧址，北面紧接老城区民居群。何园于1988年被国务院定为全国重点文物保护单位，获得许多文人学者的关注和极高的评价。民国时期王振世《扬州览胜录》中，喻其为"咸同后，城内第一名园，极池馆林亭之胜"。中国文物学会会长罗哲文于2005年4月为何园题字"晚清第一园"。20世纪30年代童寯首次测绘何园，画出平面图，并在《江南园林志》中认定："何园为扬州私园之最大而仍存者。"刘敦桢则在多部著述中对何园造园手法概括为"不经见的独特手法"（**图5-80**）。

关于何园的文字记载较多，公认的说法是"光绪年间湖北汉黄德道台、江汉关监督何芷舠购入清乾隆时双槐园旧址与片石山房遗址扩建而成。"[2]从何园120余年的历史变迁过程来看，其鼎盛时期在前50年何芷舠定居扬州阶段**（表5-3）**。据1979年扬州行政公署基本建设局出具的调查报告记载："……花园巷这里过去有明清时代古典园林八座（从东向西有寄啸山庄、片石山房、棣园、平园、喷园等等），后来统称何园。"[3]

何园历史变迁年表　　　　　　　　　　　　　　　表5-3

时间	所有者／使用者	园林概况
明	未知	存万石园、双槐园／片石山房
1883	何芷舠	购入片石山房，新建寄啸山庄，两园合并，扩建为何园
1930～1940年间	殷汝耕	维持原状，片石山房贴壁假山坍塌
1945～1949	祝同中学、淮安中学	教学用地，维持原状

① 资料引自全国重点文物保护单位记录档案.
② 清钱泳. 履园丛话.
③ 江苏省扬州地区行政公署. 关于对六机部七二三所占用扬州寄啸山庄、棣园、平园等古典园林建筑现状情况的调查报告. 1979-9-30.

时间	所有者／使用者	园林概况
1949～1959	苏北军区、20速中、10所、723所	作为教学科研及住宅用地，古建筑等一定程度损坏
1959～1969	扬州市园林所	北侧花园由扬州市园林所整修并对外开放旅游等
1969～1979	扬州市无线电厂	遭到一定程度损坏
1979～1985	扬州市园林处	1979年5月对外开放，仅存北侧花园、西花园
1985至今	扬州市园林管理局	1989年"片石山房"由吴肇钊主持修复完成对外开放；2002年玉绣楼修复完成对外开放；2003年修复祠堂、东二楼、东三楼；2004年修复骑马楼、楠木厅等，基本形成目前的格局

何家是否因财力雄厚将花园巷周边7公顷左右的宅园都并入自家尚待考证，可以确定的是，当时何家主人居住的寄啸山庄与片石山房的边界应北至刁家巷，南至南河下街，西至描金巷向南延伸的小花园巷（现已不存），东临徐凝门大街，占地约2万平方米。何家举家搬迁至上海后的二十年间何园未遭人为破坏，但因年久失修，建筑和山石颓败。新中国成立后何园收归国有，因国家建设需要被军工企业七二三所占用，一些山石甚至被砸碎铺路，遭遇了较大的破坏，仅存北部与西侧花园尚较完整，片石山房仅存古松与贴壁假山的西侧主峰，东侧山石残留若干。1979年以来，何园逐渐收回了部分园址土地，南部住宅建筑与东花园（片石山房）得以修复重建，为配合旅游需要新开设东门作为主游园入口。根据不同年代地图中何园的园址比较，以及结合现有遗迹和见证者口述等可以推断，何园仍缺失南花园（轿厅与花圃、饲舍等）、东祠堂北侧的签押房区域以及西南角供女眷游玩的桃园和家庙（西华厅）部分（**图5-81**）。

（二）总体布局——拼叠并置

何园现占地面积14000余平方米，建筑面积7000多平方米，包括厅堂98间（不包括复廊和园中亭阁），在私家园林的布局中建筑密度偏大，但是游园的人却有"庭院深深，帘幕无重数"与"疏可跑马，密不插针"的空间感受。何园整体是扬州民宅常见的南宅北园布局，但又以穿插交错的方式模糊了"宅"与"园"的界限，充分利用空间，在当时是较为创新的做法。何园场地周正，主入口居东南临花园巷，北侧后门通往刁家巷（大才家巷），按照功能和空间关系可以将何园分为四个部分，即东花园、西花园、住宅区和片石山房。最后者为前朝旧园，也被何家后人称为小花园，并不属于寄啸山庄，后被何氏买入成为附属园（**图5-82～图5-85**）。

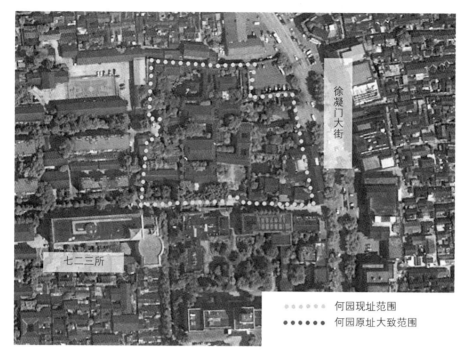

图5-80 何园推测原址与现状范围比对（作者自绘）

北侧的东西两个花园合称"大花园"，有游廊连接。大花园北侧围墙长80米，高12米，高度近乎扬州古城墙，对全园形成充分地庇护与围合。东花园以主厅堂船厅桴海轩、对厅牡丹厅为建筑轴线构成园林主景，周围铺波浪纹卵石花街，厅屋如浮水上，这是扬州园林中常见的"旱园水做"的处理手法之一。倚靠北、东侧院墙有建延绵近百米的贴壁假山，据传是明代余氏堆叠的万石园部分遗迹，山体逶迤至西北角通往二层小楼，即何家大公子书房，现称为"翰林公子读书楼"。

西花园为寄啸山庄主园林，以水池为中心，置水心亭"壶中春秋"，西北各有曲桥，石梁通其上。水池周围复道回廊高低曲折与主楼汇盛楼，即蝴蝶厅相连，可登临鸟瞰园景。池西桂花厅坐落在山石桂树丛中。厅上有戊戌变法领袖康有为手书"桂花飘香"匾额。春石假山主峰于水池西侧升起，往南转折延伸，极为峻峭，是整个何园的最高点。东南大学教授潘谷西对这种布景特点评价有二："一是以水池为中心，假山体量虽大，却偏于一侧，不构成楼厅的对景；二是水池三面环楼，故可从楼上三面俯视园景，这不仅是扬州唯一孤例，也是国内其他园林中所未见的手法。"山南有赏月楼，楼前叠有二层湖石假山，手法颇似故宫御花园，清静幽雅，为园主人奉母孝亲处。

片石山房为明末旧园双槐园旧址。片石即青石板，因而又有青石山房别称，以叠石著称，其湖石假山据陈从周考证为清初大画家石涛叠石的人间孤

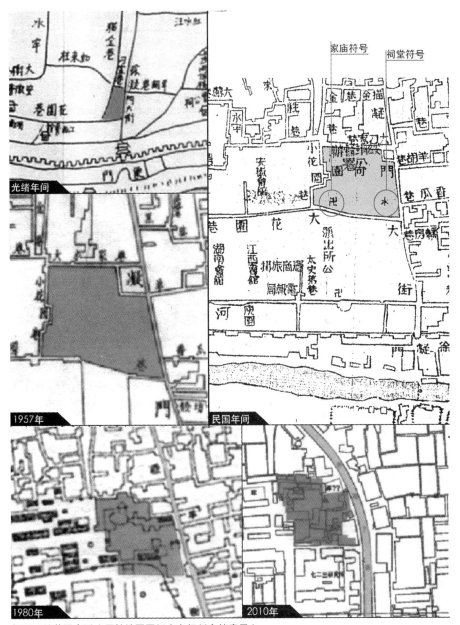

何园园址范围变迁（原始地图图纸来自扬州市档案局）

图5-81 何园原址范围的变迁（作者整理自扬州市档案馆资料）

本。山倚靠北墙而建，西首为主峰，越石梁蹬道而至峰顶，峰下构方屋两间，古朴自然。根据记载，山前原有"方池一座"，后被填平。这座花园除了假山主峰和明代的大厅以外，其余均被毁坏，假山的东侧余脉及东南的配峰、自然形态的水池、现有"琴棋书画"等景观均为20世纪90年代吴钊肇先生指导扬州古建园林院复建而成。

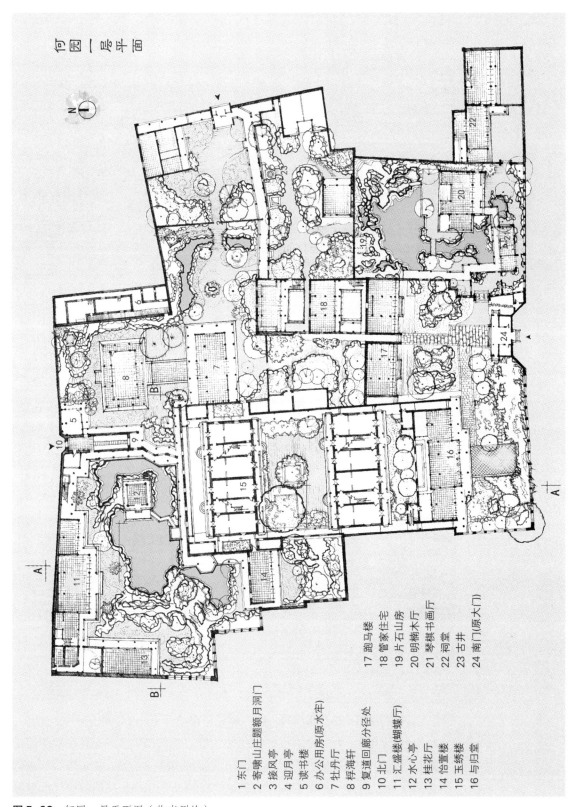

何园一层平面

1 东门
2 寄啸山庄题额月洞门
3 接风亭
4 迎月亭
5 读书楼
6 办公用房(原片牟)
7 牡丹厅
8 梓海轩
9 复道回廊分岔处
10 北门
11 汇盛楼(蝴蝶厅)
12 水心亭
13 桂花厅
14 怡萱楼
15 玉绣楼
16 与归堂
17 跑马楼
18 管家住宅
19 片石山房
20 明楠木厅
21 琴棋书画厅
22 祠堂
23 古井
24 南门(原大门)

图 5-82 何园一层平面图(作者测绘)

何园二层平面

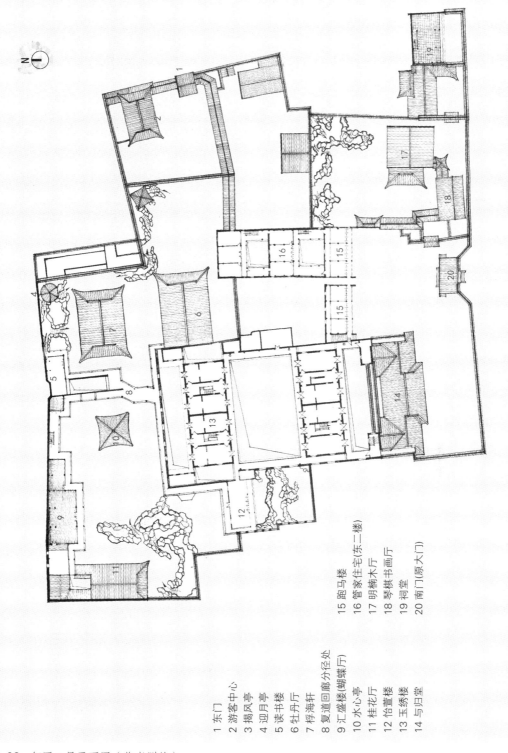

N

1 东门
2 游客中心
3 揭风亭
4 迎月亭
5 读书楼
6 牡丹厅
7 梓海轩
8 复道回廊分径处
9 汇盛楼(蝴蝶厅)
10 水心亭
11 桂花厅
12 怡萱楼
13 玉绣楼
14 与归堂
15 跑马楼
16 管家住宅(东二楼)
17 明楠木厅
18 琴棋书画厅
19 祠堂
20 南门(原大门)

图5-83 何园二层平面图（作者测绘）

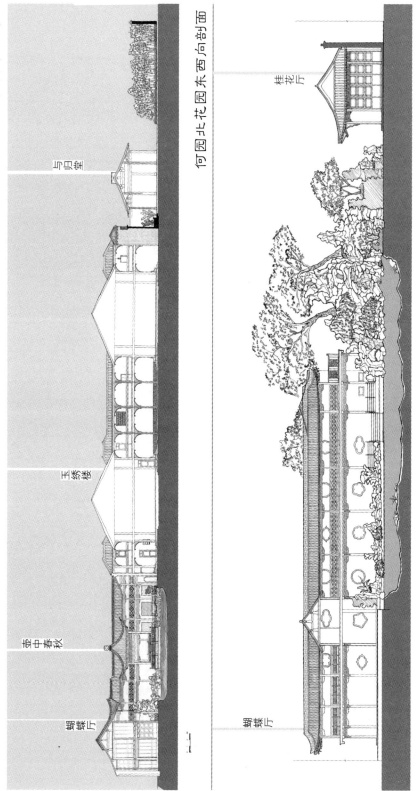

何园南北剖面

与归堂

玉绣楼

壶中春秋

蝴蝶厅

何园北花园东西向剖面

桂花厅

蝴蝶厅

图5-84 何园剖面图（张丹、吴晶晶测绘）

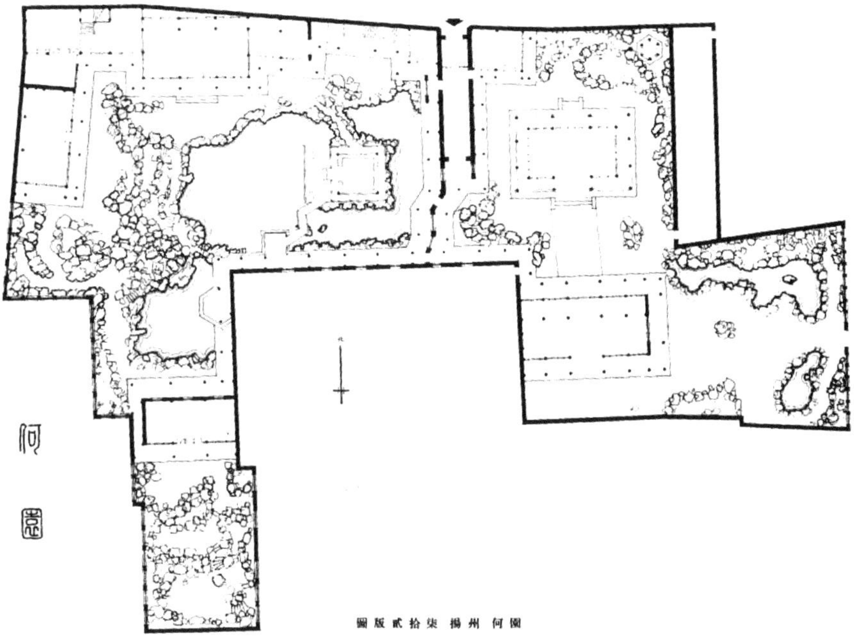

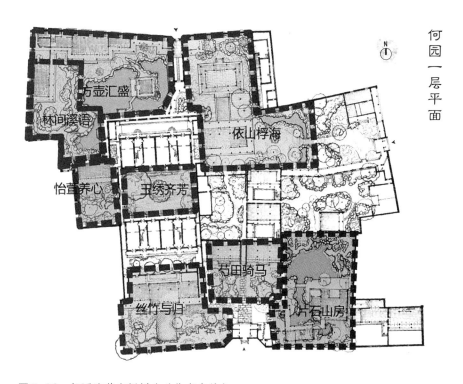

图 5-85 童寯教授测绘的 20 世纪 30 年代的何园

何园一层平面

图 5-86 何园院落空间划分（作者自绘）

住宅大致分为西、中、东三路，结构较松散，其间穿插园林小径，没有明显的火巷分隔。西路建筑体量最大，最为完整，是何家主人及子女的住房。第一进院落的主建筑与归堂为清代楠木大堂，是何家正式的会客礼仪场所。后为两进双层住宅楼房又称为玉绣楼，水磨砖墙，百叶门窗，前后均有走廊，廊柱为拱券形态，具有浓郁的西洋风情，内设套房并置壁炉、地窖等。

东中两路建筑主要是附属性的居住功能。中路仅存第一进，与西路第一进连为一体，称为"骑马楼"，是何家客房，著名画家黄宾虹曾客居于此。东路后面两进院落为账房先生、管家等家仆的住宅，保存完整。中路建筑轴线正对东花园的花厅与船厅，宅区与园区以月洞门相隔。

何园布局最突出的特点是立体交通的组织。何园主入口位于东南，只在重大节庆典礼时才开放，日常使用北门，现在的何园正门东入口及附属建筑是因为拓宽徐凝门大街后，为容纳大量游客增设。除了主厅堂与祠堂外，何园的其他居住空间均为二层楼房，结合贴壁假山与楼廊串联成环绕全园的路线，即著名的长达1500米的"复道回廊"，可使人免受日晒雨淋而穿行其中。在院落相接处均有门洞相通，因此园林虽大，却总有近路可走，十分便捷。全园以体量高大的建筑围合成功能、意境与主题均相对独立的院落空间，具有红楼梦大观园般的集锦式园林的特点。与扬州另一个大型私家园林个园比较，空间叙事的脉络有明显区别。个园是以一条四季轮回的线索为主线或轴线组织空间的关系，各个景致院落之间交融渗透，没有明显的界限；何园的空间没有贯穿始终的主线，而是一种明确的并置关系，彼此独立，以漏窗透景，仿佛蒙太奇镜头般切换出窗外别样的情境，引人心生遐想。

个园与何园在谋篇布局阶段就采取了完全不同的策略，前者是经典叙事文本，有明确的起、承、转、合，起因、发展、高潮、结局，环环相扣，一气呵成；后者则是章回体小说的模式，各成篇章，交相辉映。依照院落的主题，可将何园划分为方壶汇胜、倚山栌海、林间溪语、怡萱养心、玉绣齐芳、芍田骑马、丝竹与归、片石山房几个主要的院落，其主要功能分别是聚会、养心、奉亲、起居、客房、礼仪、山居（**图5-86**）。可归纳为（**表5-4**）：

何园院落功能及造景情境分析　　　　　　　　　　　　　　　　　　　　表5-4

名称	位置	主要功能	主要使用者	情境
方壶汇胜	北侧大花园西园	较大型聚会，举办家族盛宴、款待客人、表演堂戏，中秋赏月，展示字画珍奇等	男主人及重要客人	海上有方壶，演绎春秋景象，高楼广宇，金桂飘香，一幅别有洞天，精彩纷呈的画面
林间溪语	方壶汇盛西南角	北花园至怡萱楼的过渡空间，叠石植松，为园林至高处	所有人	山石奇峭嶙峋，间错植有松柏，仰望不可见其顶端，湖水收束蜿蜒不知所终，有深山大壑气象，兼有山林溪涧之趣

名称	位置	主要功能	主要使用者	情境
倚山桴海	北侧大花园东园	公子读书处、园主人约亲近好友品茗对弈或独处怡情养性	何家男子	入则九禄封爵，出则乘桴浮海，体现出儒家处事的价值观。扬派贴壁假山与旱园水作似乎暗合何家"书山有路勤为径，学海无涯苦作舟"的求知精神
怡萱养心	主楼西侧小花园	奉养园主人寡居的母亲，供其吃斋念佛，日常起居	何氏寡母	楼前厅堂山上下两层，颇有几分故宫御花园的气象。植物、栏杆、铺地均围绕延年益寿的主题，形朴意雅
玉绣齐芳	玉绣楼中庭院	何氏夫妇及子女寝室。公子与小姐合住，十分开明	何氏夫妇及子女	方正开敞的西式庭院空间，因名贵的玉兰绣球树而得名，体现出对后代的期望
芍田骑马	南门及骑马楼前院落	招待亲友留宿或长住	客人	两楼相连跨坐两边，形似马鞍，以"骑马"比喻在路上，慰藉离家在外的客人。楼前遍植扬州名花芍药牡丹，姹紫嫣红
丝竹与归	正厅及前院	家族正式会客场所	何氏夫妇	与归堂前大片竹林配以零散置石，侧门刻有"丝竹"匾额，喻归隐之意
片石山房	东侧花园	家庭成员游玩场所	何家成员	传为石涛所筑，有山居隐逸气质。目前"镜花水月，琴棋书画"的立意为21世纪初重修时所拟

位于花园巷西首的棣园布局与何园体现出惊人的相似，由于棣园兴建年代更为久远，故推测何园在参照棣园布局造景的基础上综合提炼并有进一步的发挥。两园均是集锦式布局，棣园的沁春彙景与何园的方壶汇盛处布局几乎雷同，均是湖石假山位于主楼西侧，从水池中升起；棣园中亦有"芍田迎夏"一景；两园均有大片的竹林，种植桂花环绕楼厅以赏月，水上建方亭，园中设置制高点以登高眺望等等。相较而言，何园高楼更多，并出现了中西合璧的洋楼，体现出晚清吸收外来文化创新的特色。比对清末至今地图上何园园址的变化，可以看出目前何园缺失四个功能空间。其一，按照宅园东祠西堂的风水习俗，西花园南侧应有一路三进房屋，最南端的西华楼应是家庙。"东祠西庙"的布局来源于皇家园林的模式，可能由于园主与光绪帝师孙家鼐、朝廷重臣李鸿章关系密切，多少受到宫廷趣味的影响，以彰显家族底蕴。何园资料室收藏的一幅民国时期扬州新城地

图在何园西南明确标记着家庙的符号，结合现状建筑遗迹推测，现有旧屋的南侧应是庙号位置。按照中国传统风水理论中"气化感应阴阳和合"的理论，天阳地阴，南阳北阴，"社主"即土神牌位当面北而设，其周围东南西三面环绕矮墙，以纳聚阴气。社代表土地，象征权位，社上不封顶，以贯通天地之气，因此，这个社稷很可能是亭台的样式。应敦促现占地的军工企业尽快搬迁，按原址复建。其二，祠堂北侧缺失原家族的签押房，也就是账房，为家族开支及管理物资之处，能生动体现封建大家族的经营用度之道，应当重建并复原室内陈设细节，成为展现清末民初社会经济状况的重要窗口。其三，是南部入口区域应修整，还原门房和照壁及照壁上的福龛，符合当时的风水理念，否则骑马楼火巷直指主入口，为建造阳宅大忌，不合常理。早年间，何园的正门在园子北面刁家巷内，门楼内为正门，形如月洞，额嵌隶书"寄啸山庄"。[1]南入口临花园巷，路南应有砖雕照壁。花园巷南侧的南花园（现已不存）应安置有轿厅与花圃、饲舍等，以供养全家族人的日常生活所需。史料记载何家1901年举家搬迁至上海落户于上海静安寺花园，"大的一望无际……草地上养着安静地奶牛，还有鸡鸭小狗在嬉戏，孩子们喝牛奶也不需外出……那似乎是一个万事不求人的小社会，据说有200余亩地……"[2]形象地体现了典型的晚清家族的生活饮食状态和文化，也可考虑予以恢复。其四，目前的西花园西侧原有成片的桃花林，推测应是女眷活动的小花园。何家虽较为开明，但清末女眷不随意见客仍是大家闺秀必须遵守的家规，如同期的汪氏小苑专为女眷修建的可栖迟小院，与公子们交往读书的园林分开，应是普遍现象。且扬州宅园西路建筑一般为主母与女眷居住，多数园林都将女儿的绣楼置于西路住宅最后一进，因此此处很可能是花香锦绣，莺声鸟语的闺园（**图5-87**）。

（三）叠山理水——山水幻境

问名"寄啸山庄"，应是一座以山景为基调的园林。何园基地平坦，完全依靠山水布局，利用有限的石料，在有限的空间以别出新意的设计、高超的技巧达到了纵贯交通、连接建筑空间、再现自然山间情趣的效果，体现出极高的艺术与技术水准。西园主峰高近10米，成为寄啸山庄的制高点，且并未在峰顶设置亭台等人工构筑，而是种植松柏，营造一种空山之美。如王维"人闲桂花落，夜静春山空"，皎然"孤月空天见心地，寥寥一水镜中山"，"空山新雨后，天气晚来秋，明月松间照，清泉石上流"。等诗句描绘的空灵廓落的灵气往来的空间，似淡若浓，传递出山林深深深几许的幽渺意境，体现出园主追求的，险峻雄奇的山居空间意境，以"登高舒啸"，寻求自我纾解。南北延伸的湖石假山有峰有岭，有峦有谷，与位于园中央的水池一起构成全园的骨架，使得建筑或居于山脚，或临于水上，犹如山水立轴画卷的构图布局，在竖向上形成依次错落的关系，这是何园的建筑密集却不显拥塞局促的主因。从造型结构来看，主峰内部中空，上下三层，由类似旋转楼梯的石阶构成垂直交通，与个园秋山非常相似，体现出"晚清叠石重叠不重置、重石不重土，强调

---

① 王林. 百年不衰的何园. 中国林业产业，2004，4.
② 宋路霞. 何园沧桑——何汝持家族五代传奇. 江淮文史.

依山桴海

怡萱养心

方壶汇盛

芍田骑马

丝竹与归

玉绣齐芳

片石山房

山林溪语

图 5-87 何园八境（作者自摄）

图 5-88 寄啸山庄北园湖石假山（作者自摄）

纵向堆叠、连锁和表现洞窟幽深回环的造园风格"①主峰南侧由块石叠成整体的悬崖峭壁形态，不求漏透而突出整体性，下临深渊，颇有高山深壑的危奇感受。更为难得的是山顶植有两棵扬州罕见的白皮松，在这座几乎是纯石叠就的山上历经百年沧桑而依旧生机勃勃，从侧面反映了此山的稳固**（图5-88~图5-91）**。

片石山房的假山为明代所叠，立意高古、气势磅礴、形态多变、苍翠欲滴，具陈从周先生考证为明末皇族后裔、画家苦瓜和尚石涛客居扬州时所叠。石涛提出"化平面为立体，殆所谓知行合一"的绘画艺术思想，在《卓然庐图轴》中题画诗"四边水色茫无际，别有寻思不在鱼。莫谓池中天地小，卷舒收放卓然庐"②。东侧山顶植明代罗汉松一株，至今仍生长茂盛。巧妙地是利用水岫中光线的折射，形成不逝的月影，映于水面，移步则月有圆缺，形态逼真。片石山房中有三处动态水景，一是入口处滴泉，即利用屋檐滴水形成水幕；二是室内"琴"的造景，即一眼泊泊不断的泉口；三是贴壁假山主峰西登道有槽可在雨天形成瀑布飞泻峰下直入深潭的景观**（图5-92~图5-98）**。

东园延绵一百余米的长岭如西峰余脉，为全国所罕见的贴壁假山，也是最具扬州特色的"扬派

① 王劲韬. 中国园林叠山风格演化及原因探讨［J］. 华中建筑，25.
② 广陵区志227

图 5-89 何园牡丹厅前石屏风贴壁假山（作者自摄）

图 5-90 寄啸山庄贴壁假山（作者自摄）

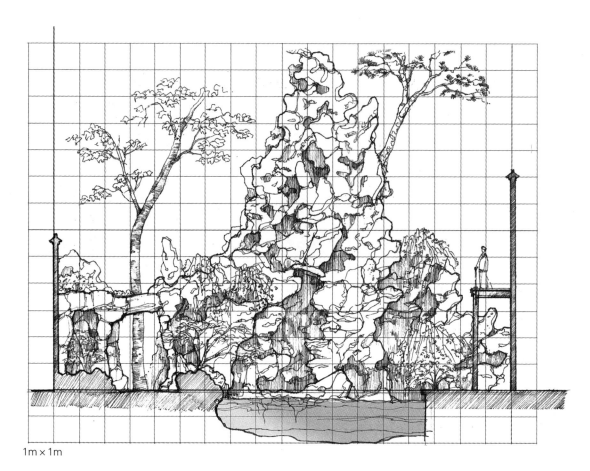

1m×1m

图5-91 何园北园假山东西剖立面图（作者测绘）

贴壁山"，后靠接近12米高的何园北墙，一路逶迤至东南部的片石山房，上有盘山道，下有空谷相接，既有悬崖险壁，又拾级可攀，与园内双层复廊构成环绕全园的立体交通。牡丹厅东侧孤置一方姿态婀娜的湖石屏风，周围环绕芍药牡丹花畦，一幅春光摇曳，姹紫嫣红的美景（**图5-89、图5-90**）。

  总的说来，何园以湖石假山纯石堆叠，构造出纵深起伏，外实中空，融合空灵通透与雄浑险峻的气势，技巧娴熟高超。虽不免有晚清商人造园，匠人堆山流露出的追求奇巧的猎奇或者炫耀心理，但其平衡了局促用地和功能需求的矛盾，在方寸之间上天入地，引人入胜，确是晚清城市山林造景中极为高明的手法和罕见的案例。整园虽区区千余平方米，水系并不十分充沛，平均水深一米左右，最深处也不足两米，但山水组织却十分巧妙，动静结合，光影相映成趣，来去不知所踪，如草蛇灰线，延绵隐约，给人极为丰富的体验。

（四）园林建筑——复杂穿越

  因园主何芷舠常年负责外事工作，又与李鸿章、李瀚章、孙家鼐这样的洋务重臣是世代姻亲，

图5-92 片石山房假山湖石山全景（作者自摄）

主峰　　　　　　　　　　山路　　　　　　　　　　岩洞

镜花水月　　　　　　　　　　　　　　　　　　　　山岭

图5-93 片石山房湖石山局部（作者自摄）

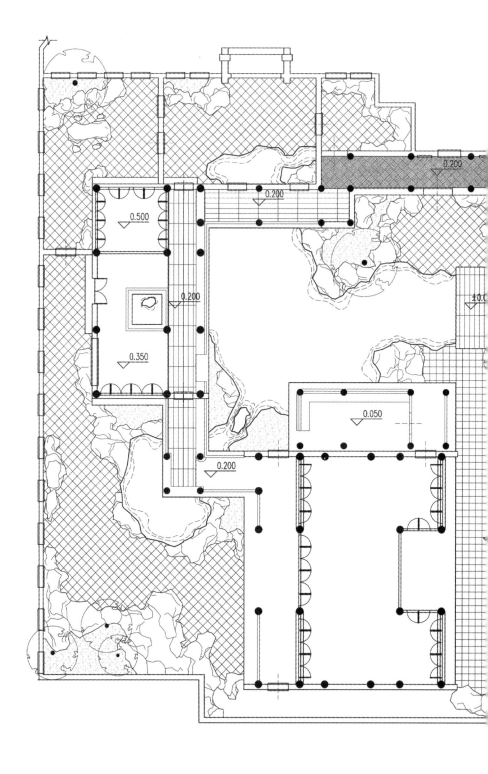

0.500

0.200

0.200

0.350

0.050

±0.

0.200

0.200

片石山房

图5-94 片石山房总平面图（马璐璐绘）

0.300

0.200

0.500

0.400

0.250

0.300

0.200

0.400

上

上

上

上

: 100

北

图 5-95 片石山房鸟瞰图（作者自绘）

片石山房鸟瞰图

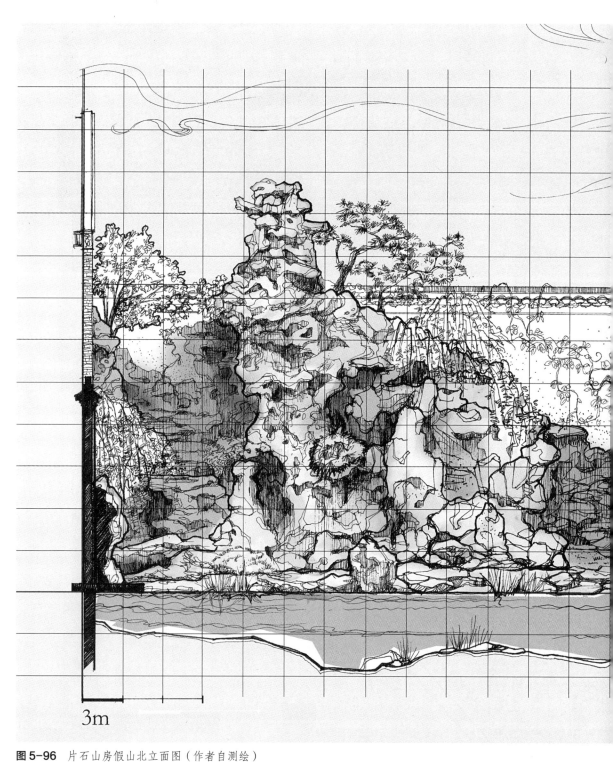

图5-96 片石山房假山北立面图（作者自测绘）

片石山房北立面

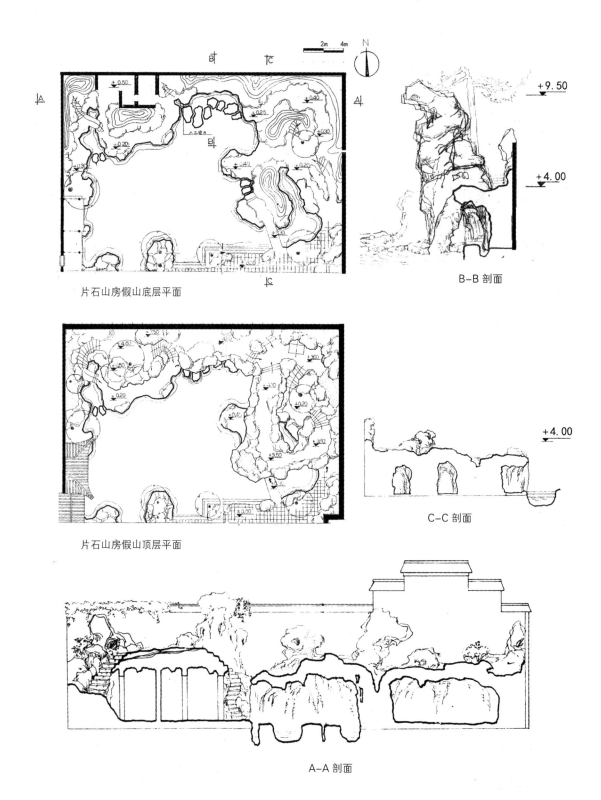

片石山房假山底层平面

B-B 剖面

片石山房假山顶层平面

C-C 剖面

A-A 剖面

图 5-97 片石山房假山平面及剖立面图（作者改绘自何园档案资料）

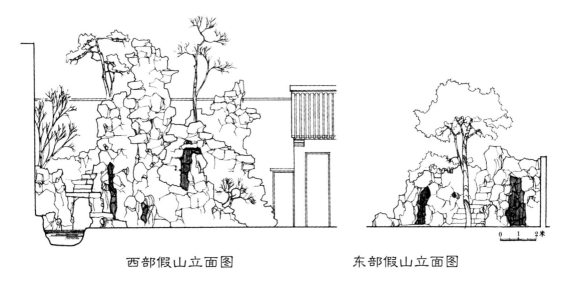

西部假山立面图　　　　　　　东部假山立面图

图5-98　片石山房假山修复前原貌（引自何园档案馆图纸资料）

家资丰足，有机遇和实力建造既有徽派传统大宅的格局，又有西洋风格的大型建筑群落。何园的建筑总体是传统坡屋面、梁柱结构，墙体则是砖石结合，形式追随功能，变化多样，在当时是十分创新时尚的理念和做法。由于园主曾在武汉工作，与洋人尤其是法国人来往密切，何园现存铸铜栏杆、彩色玻璃、瓷砖等均从法国进口，玉绣楼的拱券等做法与武汉法领馆建筑如出一辙，因此推测很可能有法国设计师参与了营造过程。园内主要的居住建筑如蝴蝶厅、玉绣楼、读书楼、怡萱楼、跑马楼、东二楼均为二层建筑，构成长达1500米的复道回廊，与湖石假山勾连串接了各个相对独立的院落空间，形成极为复杂的空间穿插关系。中国传统园林营造发展到最后阶段，建筑与叠石技术达到顶峰，因而可以更加密集高效地利用使用空间，同时保持传统山水园林的意境完整及美感，何园为其中最具代表性者（**图5-99**）。

何园西路建筑的中西合璧特色最为显著，主楼玉绣楼在当时即别称洋楼。（**图5-100、图5-101**）整个建筑为木构架转系墙体结构，不施粉饰，立面造型模仿欧洲文艺复兴建筑的拱券与柱廊样式，但采用中式木作的材料与工艺，用传统花纹的木雕替代欧式建筑厚重的石雕与铁艺。很可能这是由于当时缺乏砖石金属及玻璃这些原材料，更无力聘请善于此道的西洋工匠，因此不得不折中变通的结果。廊柱搭接的弧形撑牙来自西方传统砖石拱券窗的形态，取代了传统的挂落与雀替，收束的节点体量增加，模仿西方柱式柱头的比例但保留传统样式，撑牙内装饰镂空雕刻草龙等纹样木雕。

玉秀楼立面无窗，依次并置六扇宽约1.4米，高约2.7米的双开门扇，其上部为弧形砖拱券，镶嵌玉兰花栅格弧形楣窗，不能开启仅可用于采光；下部是2.2米高的对开百叶门扇，中间有铜轴可以从室内控制百叶的开启调节光线及视线。各种资料和证据表明何园洋楼很可能是当时的法国建筑师指导设计。这个建筑师未必十分专业，大多倚靠对本土建筑的记忆和经验实施建造与施工。

汇盛楼处

读书楼处

桴海轩处

玉绣楼处

蝴蝶厅与读书楼分径处

水心亭处

牡丹厅处

图5-99 何园内的复道回廊

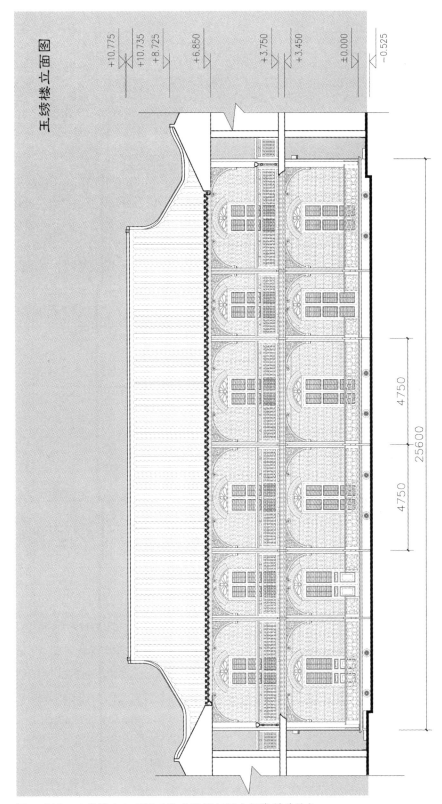

图5-100 玉绣楼南立面图（作者根据何园内部资料改绘）

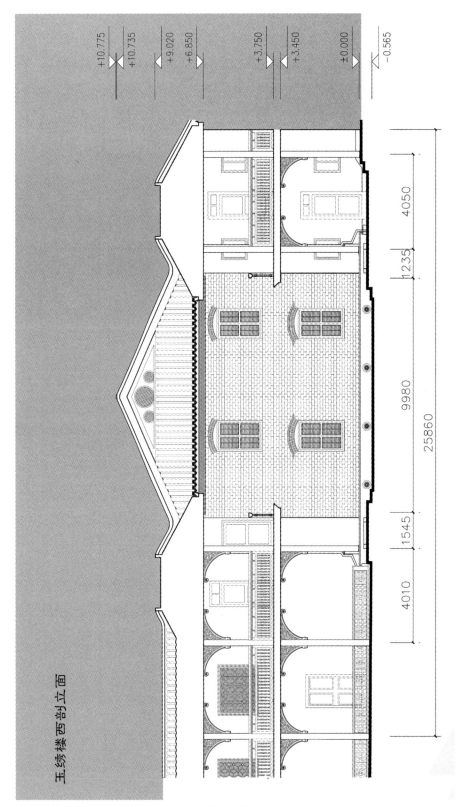

图 5-101 玉绣楼剖面图（作者根据何园内部资料改绘）

当时整个欧洲实行"窗户税",即根据住宅的窗户数量来收取百姓的税费,因此很长时间法国的民宅建筑不开任何窗扇,而在门的设计上作各种文章,因此不排除这个因素影响到何园住宅立面的设计的可能性。

洋楼的平面布局完全抛弃了传统民居中堂套厢房、耳房的规制,采用了19世纪欧洲住宅建筑平面布局的常见形式,每层平均划分出四间大小布局完全相同的卧室,每间40平方米,中间有平推仪门相隔,南侧是25平方米的卧室,北侧是15平方米的起居空间。楼东西两侧各有木质楼梯,楼梯左右的两间卧室单开侧门相对,应是平日进出房间的通道。玉绣楼墙体厚达半米,门窗开洞均作倒角处理,房间墙壁嵌有西式壁炉,相对于传统中式住宅,采光、采暖、通风、保温、隔音效果都更好,居住十分舒适。

玉绣楼北侧回廊的借景手法颇为独特,也是何园建筑最为精彩之处。墙面的什锦洞窗共有十二面,上下两行一字排开,窗框以水磨砖精心裁制,约30厘米厚,边饰线条挺拔饱满,接缝丝丝入扣,为全国孤例。由于墙南侧并无通道,因此这些洞窗未必是很多学者定义的"专供女宾看戏的戏格",而更像分隔与联系宅与园的交汇之处。窗内是西洋的楼宇装折,窗外是中式的山水画卷,通过视线的交汇联系起来。每一扇什锦窗都位于玉绣楼南门窗的轴线最北端,往南穿过八层门窗,形成极为深远撼人的纵深效果,借的正是西洋建筑轴线透视之景。这些洞窗内径在1.3~1.5米之间,位于人的最佳视觉范围内,构成十二幅生动的画卷。这视线的沟通是南宅与北园唯一的联系,令人顿生探幽好奇之意。

西路建筑南端与归堂是扬州现存最大最完好的清代楠木大厅,外带廊,歇山顶,面阔七间,是主人起居、待客的主要场所。建筑中三间为主厅,东西两间为副厅,并各向后收一廊架,平面成"凸"字形,大木构架全部使用金丝楠木,前后廊架带卷棚,明间面阔4.8米,檐高4.5米,面阔与檐高之比近1:1,更显庄重敞阔。与归堂廊下也没有传统建筑的挂落雀替,而是采用与玉绣楼纹样一致的弧形撑牙与檐柱搭接,形成连续的拱券效果。堂内东西两副厅均设有欧式造型的壁炉,烟囱顺山墙而上,融合在东西两侧的歇山墙里,仅略高出15厘米左右,既为扬州阴冷的冬季取暖,又完全没影响到中式建筑立面的形态,十分巧妙。与归堂的采光效果也非常好,正立面两边各用一块从法国进口的4平方米大、厚度达9毫米的玻璃,使主厅显得宽敞明亮,这么奢侈的做法直到20世纪70年代的民宅中也十分罕见(图5-102、图5-103)。

何园的园林建筑基本保持传统中式建筑的风格,仅是窗扇镶嵌彩色玻璃、局部采用金属把手等。北侧东园方壶汇盛区域的主建筑汇盛楼西接桂花厅依西北院墙呈"L型"布局,背风向阳,南面水池,形成极好的微气候环境,是花园举办家宴聚会的场所。汇盛楼高近11米,七架梁面阔七间,上下两层均有回廊,中间三楹稍突出,歇山顶式建筑四角昂翘形似蝴蝶,故名"蝴蝶厅"。整个建筑窗扇挂落等装修精美豪华,.多以喜、寿字、牡丹等热闹吉祥的装饰图案为主,室内饰以各种名贵材料刻制的名人字画、珍奇古玩,体现出晚清建筑繁复堆砌的审美偏好。

东园花厅桴海轩是何园园林建筑中的精品,亦是扬州船厅的典型样式(图5-104)。轩三开间连基座约14米宽,五架梁约9米进深,歇山顶,四周有廊及砖砌围栏,四面通透,南北皆有三层石阶。园主名"芷舠"意味乘着香草的小船,祖籍安徽望江即为一处三面环水,一面靠山之地。何氏家族以盐运起家,其本人经历宦海沉浮于四十九岁辞官出仕定居扬州,内心百感交集,或有难言之

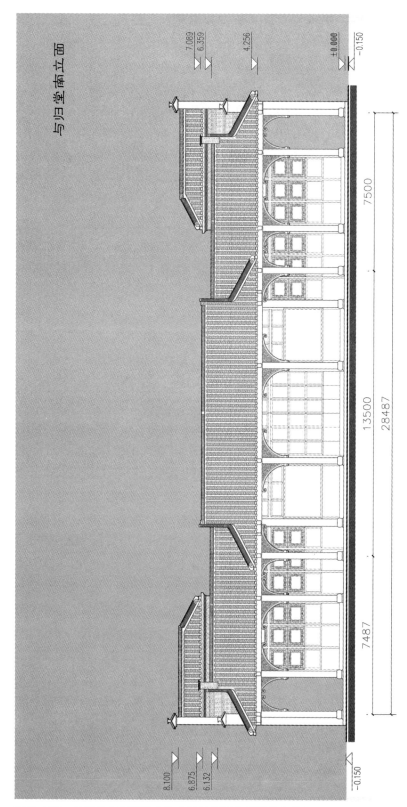

与归堂南立面

图5-102 与归堂南立面图（作者根据何园内部资料改绘）

图5-103 与归堂南面（作者自摄）

隐无从诉说。抱住楹联"月作主人梅作客，花为四壁船为家"。似乎是对其经历与心境的写照。"桴海轩"之名来自孔子的言论："道不行，乘桴浮于海。"意为若我的主张不能被君主接受，就坐船出海游历。这本是孔子赌气时的意气之词，被园主借用为轩名，值得玩味。轩周围有"九鹿连环"和"碧波荡漾"的花街铺地，又似乎暗示家族取得两代翰林，高官厚禄的履历，借着一帆风顺之势继续乘风破浪，续写辉煌。桴海轩南侧的牡丹厅是其对厅，体量稍大，是稍次要的会客空间。厅为歇山顶五开间七架梁结构，三面环廊，西侧紧靠玉绣楼北楼的东墙。北花园贴壁假山的两处墙角内分别置四角亭"揭风"及六角攒尖如意宝顶亭"迎月"形成呼应关系，体量小巧，增山势并掩墙围（**图5-105、图5-106**）。

（五）细部雕饰——因景随形

何氏家学深厚，有较高的文艺修养，对园林的室内装饰陈列、地穴花窗、砖雕铺地等细节十分讲究，很多构建装饰本身即为园主人收藏的珍奇物品，如碑廊石刻、室内木刻装饰等。

扬州园林的特色之一是由名家法帖摹刻而组成的碑廊，如刘庄（陇西后圃）、个园、棣园、二分明月楼等均有镶嵌名家碑帖的回廊，视为园主人品位喜好的表现。何园碑廊共有书法刻石三通二十一方，木刻六十八件，新中国成立后损坏遗失木刻二十二件。现存碑刻包括颜真卿《三表稿》刻石八方，唐人双钩《十七帖》刻石六方，苏东坡《海市并叙》刻石七方，木刻有北宋名相韩琦的《墨竹图》、苏东坡的《风竹图》、唐伯虎的大幅写意花鸟、郑板桥的兰竹、尤水村（瘦道人）的花卉清供图、郑谷口的隶书、刘墉的行书等。"在造园初始，主人就着意搜寻、鉴定和选择历代流传的法帖碑刻，多中求好，好中求精，勒石上墙的多为最好的版本，如《十七帖》是最接近王羲之苑

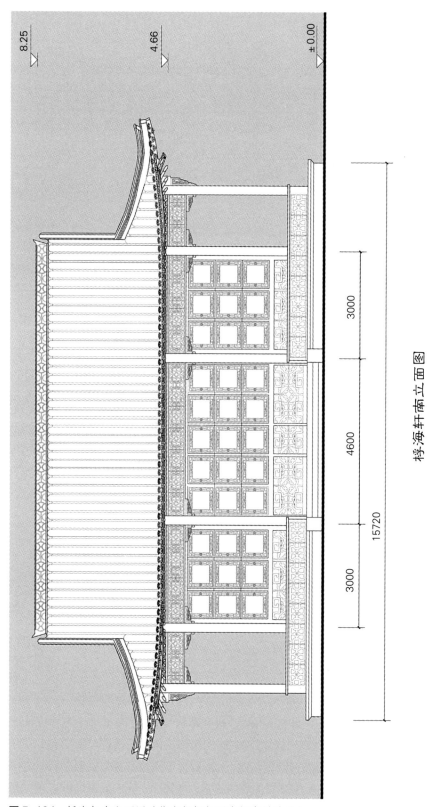

图5-104 桴海轩南立面图（作者根据何园内部资料改绘）

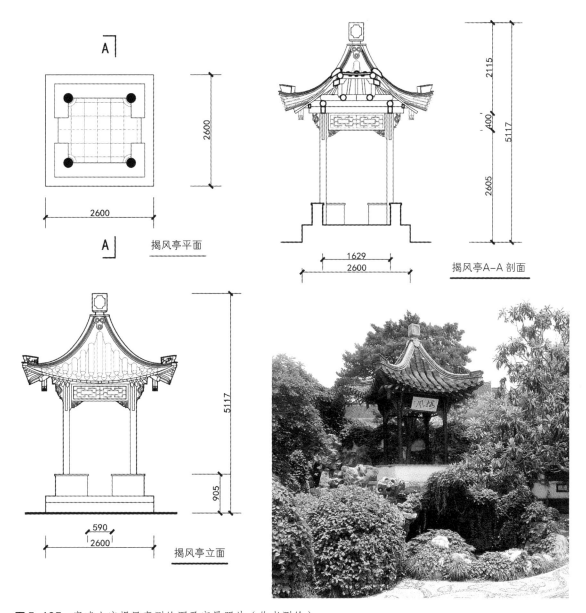

图5-105 寄啸山庄揭风亭测绘图及实景照片（作者测绘）

迹的版本，《三表稿》是明代的原石原刻，为此园所仅有……故何园碑刻数量不多而品味甚高。"[1]
何芷舠与国画大师黄宾虹交谊甚深，黄曾在何园居住数年之久，共同欣赏家藏的数千幅历代名家书
画，并在造园时精选部分书画勒于木石，聘扬州一流工匠，精工摹刻，立于长廊两壁之间，工艺精
湛，神气超逸，成为扬州八刻艺术的珍贵遗存。蝴蝶厅东耳房内陈列的"杏林春燕"、"三潭映月"、

① 徐永山. 何园名迹刻本集萃 [M]. 扬州园林文化研究所，

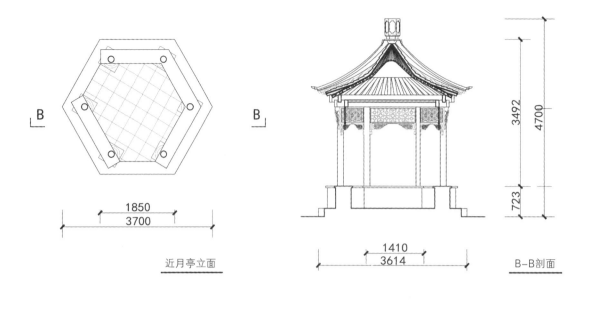

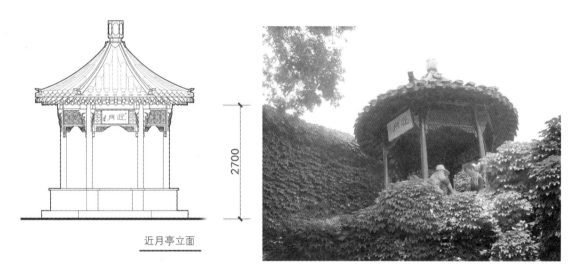

图5-106 寄啸山庄近月亭测绘及实景照片（作者测绘）

"昭君出塞"、"伴客弹琴"等四幅磁刻挂屏，刻工清秀俊逸，十分珍惜罕见（**图5-107**）。

何园的铺地式样大致有三类。一是祠堂、主要厅堂建筑前的地面，选用造型方正、纹理均匀的名贵石材铺设，显得稳重威严，如与归堂前的白矾石铺地等。二是海墁花街铺地，即《园冶》中提及的"鹅子地"在何园中有着大量的应用，多铺设于水岸、轩亭、花坛周边等不经常行走的区域，作为道路与园景的过渡。由于何园有大量的二层建筑和山石蹬道，人的视点较高，所以在二层建筑集中区域的地面设计为整体图案的画卷，便于俯瞰欣赏，且铺地的题材根据环境整体意境精

图5-107 寄啸山庄碑廊（作者自摄）

心设计：如东园读书楼及贴壁假山周围的铺地是一幅"九鹿连环"图样，一语双关，既暗示了园主曾经官至九禄的显赫经历，同时激励子孙苦读出仕。桴海轩周边的水波纹铺地象征着无边无际的宦海，也是一处旱园水作的例子。汇盛楼与水池间的铺地是寿字云纹图样，寓意吉祥，东园牡丹厅周边的花街铺地呼应花池中的芍药牡丹，做成卷蔓花卉的造型。东园湖石假山周边的铺地为线条感较强的藤蔓类植物造型，给人绿意丛翠的联想。第三类是道路铺地，大致有两种：主路常用花岗岩类石材整拼或冰裂拼，次要道路常见青砖一字、人字立拼，局部院落有扬州园林中少见的方形回纹（**图5-108**）。何园的铺地十分注重与排水功能的巧妙结合，海墁花街的边缘往往用圆润抹角青砖砌成明渠，起到汇水引流的作用。

与归堂前白矾石斜拼铺地

枵海轩周边水波纹花街铺地

东入口处花街铺地

汇盛楼前寿字纹海墁铺地

山林溪语处铺地

院落间砖铺地

读书楼下九鹿连环图样铺地

图5-108 何园花街铺地式样举例（作者自摄）

何园的地穴（门洞）样式繁多，有方门合角式、片月式、剑环式、汉瓶式、圈门式等，起到理想的框景效果。门洞的造型是根据环境的整体特点反复推敲而来的，如廊庑间的门洞选择与空间层次相近的套房造型；片石山房内的一处小院两侧的园门分别选择剑环和汉瓶式，形成互为套嵌的关系，一边是环中有瓶，一边是瓶中有环，十分巧妙。有些强调框景的画面感，如《园冶》所云"外边只可寸许，不可就砖"，以纤细的磨砖对缝收边；有些仅以白粉磨平（**图5-109**）。

何园各院空间较为封闭独立，透窗和花窗的借景起到延展视线、拓展空间的效果。玉绣楼的十二面水磨青砖对缝透窗正对玉绣楼内开窗的位置，形成极为深远的空间视觉层次。有些透窗与山石结合构成似有生趣的画面，如片石山房琴棋书画景区的透窗即为一幅刻意营造的竹石图。园内花窗有砖作有瓦作，造型主要有入角四瓣形、莲瓣形、海棠形、梅瓣形、六瓣形、八瓣花形、多瓣花形、十字花形、扇形等（**图5-110**）。

牡丹厅东立面正对东门，因而其东侧的三角山花雕刻选取"凤穿牡丹"的主题呼应了周围牡丹芍药花池的环境。其中凤凰的造型为适合三角形状做出艺术的夸张：将双翅平展，长尾伸向三角形的三个端点，周围填满牡丹纹样，以阴线细刻出翎毛、花筋、叶脉等，体现出扬州砖雕艺人的艺术修养、图案造型能力和娴熟技巧。扬州市作协主席评论："在大拙中见大巧，于细腻中藏神奇（**图5-111**）。"[①]

（六）花木配植——奇花异木

何园古树名木、奇花异草种类繁多，山石建筑与植物巧妙搭配，绿化覆盖率达85%，四季有花，香飘数里，春有寒梅夭桃，夏观玉兰女贞，秋赏金香桂，冬寻腊梅松柏（**图5-112**）。

查阅何园档案的《古树名木登记表》可知，全园现有17株百年以上的古木，其中片石山房山脚明代300年树龄的罗汉松最为古老，至今生长茂盛，苍翠欲滴。其他百年以上的古木包括：蝴蝶厅西南侧湖石假山上的两株白皮松和一株女贞、一株黄杨；玉绣楼内的广玉兰和绣球花；赏月楼南院的女贞、紫薇、西侧的朴树和北院的石楠；大花园东园的两株黄杨；以及桂花厅和赏月楼周边的四株桂花。蝴蝶厅南，水池北岸没有丰富的植物造景，只是种植了四株棕榈，颇具新奇的异国情调。有趣的是，在《棣园全景》碑刻中也有水池旁植棕榈的画面，可能是当时流行的做法（**表5-5**）。

（七）总结评价

何园（寄啸山庄与片石山房）成形于太平天国运动后，洋务运动晚期，扬州城日渐衰落之际，是扬州南河下花园巷八大园林中唯一的幸存者。何园吸取了中国传统造园艺术的精华，又融入了西洋建筑的格调，形成了独特的"中学为体，西学为用"的以人文本的风格。《扬州揽胜录》称其为"咸同后城内第一名园，极池馆林亭之盛"。

---

① 杜海. 何园［M］. 南京：南京大学出版社，2002：54.

何园布局并非严格的前宅后园形式，而是根据用地条件穿插建筑与园林，大致形成八个功能与立意统一的园中园，以复道回廊与假山蹬道相连，以透窗花窗取景借景，构成空间独立而景观渗透的园居空间。全园紧扣"山庄"意境，以西园湖石叠山与中心水池统领全局，向东延伸为长达一百余米的贴壁假山，与东南角的明代遗构片石山房成呼应之势。何园虽大多为二层建筑，却没有一处高于主峰，可见构园者追求深山岩居的设计用心。园内山石堆叠、建筑装饰、花木种植、地穴漏窗等构园要素细节都经过深思熟虑，因景随形，裁度得当，极少雷同重复。很多建筑构件等细节做法融合西式造型、结构与材料推陈出新，形成何园独有的个性语言。

何园是晚清江南富商私园的代表，央视《红楼梦》电视剧曾取景于此地，亦引发不少学者考证何园与大观园园林艺术的相似之处，扩大了其影响力，是扬州私园中维护与利用较好的案例。跑马

图 5-109 何园的门式样（图片由何园综合部主任尹建涛提供）

图 5-110 何园透窗（作者自摄）

楼、片石山房及何氏祠堂为近年修复，立意与造景基本与原址相符，但是南门口缺少轿厅、仪门与福祠，似缺少了宅园的特征；若能收回军工企业占地，复建签押房、西花园及家庙部分，将有助于完整展现晚清第一园的风采。

图5-111 何园牡丹厅三角山花西部纹样（作者自摄、自绘）

图5-112 何园种植图（作者测绘）

序号	树名	学名	树龄	位置	树高（m）	冠幅（m）	特点
1	罗汉松	*Podocarpus macrophyllus (Thunb.)D.Don.*	300年	片石山房假山	6.0	6.8	树姿秀丽葱郁，古雅。象征着超脱傲俗，不畏侵凌。历史、观赏价值并兼。保护等级：二级
2	白皮松	*Pinus bungeana Zucc.ex Endl.*	120年	蝴蝶厅南假山	11.5	10.5	碧叶白干，宛若银龙，树姿虬劲俊美，象征着寿高德重，老而弥坚。历史、观赏价值并兼。保护等级：三级
3	白皮松	*Pinus bungeana Zucc.ex Endl.*	120年	蝴蝶厅南假山	9.5	8.6	碧叶白干，宛若银龙，树姿虬劲俊美，象征着寿高德重，老而弥坚。历史、观赏价值并兼。保护等级：三级
4	大绣球	*V.macroce phalum Fort.*	120年	玉绣楼庭院内	6.0	8.5	玉绣楼主题树，繁花聚簇，团围如球。象征着家庭和睦、繁荣昌盛。历史、观赏价值并兼。保护等级：三级
5	广玉兰	*Magnolia grandiflora L.*	120年	玉绣楼庭院内	17.0	13.6	玉绣楼主题树，树姿端整、雄伟，树根蟠伏隆起。历史、观赏价值并兼。保护等级：三级
6	女贞	*Ligustrum Lucidum Ait.*	120年	赏月楼	15.0	10.6	终年常绿，苍翠可爱，是崇高、贞洁的象征。历史、观赏价值并兼。保护等级：三级
7	女贞	*Ligustrum Lucidum Ait.*	120年	桂花厅南侧假山	10.2	11.0	终年常绿，苍翠可爱，是崇高、贞洁的象征。具观赏价值。保护等级：三级
8	石楠	*Photinia sorrulata Lindl.*	120年	赏月楼北侧	8.0	7.2	四季常青，姿态优美，具观赏价值。保护等级：三级
9	紫薇	*Lagerstroemia indica L.*	120年	赏月楼南侧假山上	5.0	2.0	树干光洁，花瓣皱褶，似群蝶起舞。具观赏价值。保护等级：三级

序号	树名	学名	树龄	位置	树高（m）	冠幅（m）	特点
10	朴树	Celtis sinensis Pers.	120 年	赏月楼西侧	16.0	12.4	树冠宽广，绿荫浓郁，是朴素、自然的象征。具观赏价值。保护等级：三级
11	黄杨	Buxus sinica (Rehd.et wils.) Cheng ex M.Cheng	120 年	东大门牡丹花台内	5.0	5.6	枝条柔韧，叶厚光亮，翠绿可爱。具观赏价值。保护等级：三级
12	黄杨	Buxus sinica (Rehd.et wils.) Cheng ex Cheng	120 年	船厅南侧	6.5	7.0	枝条柔韧，叶厚光亮，翠绿可爱。具观赏价值。保护等级：三级
13	黄杨	Buxus sinica (Rehd.et wils.) Cheng ex Cheng	120 年	桂花厅东南侧	7.5	6.0	枝条柔韧，叶厚光亮，翠绿可爱。具观赏价值。保护等级：三级
14	桂花	Osmanthus fragrans (Thunb.)Lour.	120 年	桂花厅东侧	6.0	3.6	终年常青，树姿挺秀，是崇高和友善的象征。历史、观赏价值并兼。保护等级：三级
15	桂花	Osmanthus fragrans (Thunb.)Lour.	120 年	赏月楼南侧假山	5.8	3.0	终年常青，树姿挺秀，是崇高和友善的象征。历史、观赏价值并兼。保护等级：三级
16	桂花	Osmanthus fragrans (Thunb.)Lour.	120 年	赏月楼北侧	6.2	3.5	终年常青，树姿挺秀，是崇高和友善的象征。历史、观赏价值并兼。保护等级：三级
17	桂花	Osmanthus fragrans (Thunb.)Lour.	120 年	船厅南侧	5.0	5.6	终年常青，树姿挺秀，是崇高和友善的象征。历史、观赏价值并兼。保护等级：三级

六 小盘谷——苍岩藏溪谷

（一）历史变迁

小盘谷位于扬州市区南河下老城区的丁家湾大树巷42号，东南紧靠何园，南接平园，西接棣园、湖南会馆旧址，为光绪年间两江总督周馥旧居，现为全国重点文物保护单位（**图5-113**）。

小盘谷始建年代已无从考证，学界大致看法是始建于清乾隆年间[①]，后于光绪二十三年左右，由两江总督周馥购徐文达旧园建成。周馥，字玉山，安徽建德人。从一介书生成长为封疆大吏，曾任李鸿章的幕僚，历任两广、两江总督，袁世凯的第八子袁克轸是其女婿[②]，是洋务运动的中坚力量，其四子周学熙亦是与张謇齐名的实业家。1894年甲午海战失败后，周馥购园后曾作诗《蜗居》："少年匹马逐跳丸，白首蜗眠一室宽。"可见其渴求一方能安然终老，颐养天年的蜗居之所。周馥与徐氏为安徽老乡，又都从事过盐业经营，因此徐氏因债务问题将宅园盘卖与周氏的说法较为可信。周馥以文采得到李鸿章的器重发迹，对子女的教育也十分重视经学致仕、实业救国的思想灌输，其后世人才辈出，荣耀了四代，家族兴旺。直到20世纪60年代，小盘谷归国家所有，周氏后人才离开（**表5-6**）。有传20世纪80年代汪曾祺先生曾居住于此。文革期间小盘谷遭遇了较为严重的破坏，后作为置放杂物的仓库，疏于管理，遗失部分建筑构件，如对厅门槛两端的金刚腿等。直到20世纪80年代政府出资进行了修整。然而陈从周1984年在《周叔弢与小盘谷》一文中流露出对这次维修失望遗憾的感受："这座具有中国园林地方特色，而又在地方特色中别具一格的小盘谷……建筑本来不髹漆，全部的木材本色出之，很是雅洁，可是几年前为占用者油漆了……"当时学界对古典园林建筑的系统研究处于起步阶段，缺乏对历史遗存保护与利用的经验，恰逢改革开放初始对旅游业的需求猛增，情急之下造成了这样一些带有破坏性的修复（**图5-114**）。直至2000年前后，小盘谷成为私人经营的高端会所，仅对极少数高端客人开放，建筑与庭院做了较大改动，园林部分基本恢复了原貌。因此，陈从周评价为"山地拔峥嵘"的珍贵历史遗存常年"藏在深巷人未识"。2014年扬州市政府颁布法令取缔一切在文物保护单位经营的商业机构，小盘谷方得以重见于游人。

小盘谷历史变迁概要　　　　　　　　　　　　　　　　表5-6

时间年	所有者／使用者	概况
1881～1897	徐文达	购旧园费时两年多建成今日西宅东园格局和基本面貌
1897～20世纪50年代	周馥家族	1897购入徐氏旧宅，修缮半年后入住，未做大规模改造

① 周维权. 中国古典园林史 [M]. 北京：清华大学出版社，1999.
② 余东向. 扬州名门之间复杂的姻亲关系 [J]. 扬州史志. 2011,（3）.

时间年	所有者／使用者	概况
20 世纪 60 年代	二零速中学	破坏严重
20 世纪 70 年代	茶叶加工厂	作为生产和仓储空间，破坏严重
20 世纪 80 年代	扬州市政府招待所	1984 年整体修缮，刷漆改变了原貌，遗失部分建筑构件
2001	扬州市政府	全面修整及复建东部园林建筑
2010 至今	某高端会所	2008～2010 年大规模复建修整后作为经营场所，并未对外开放

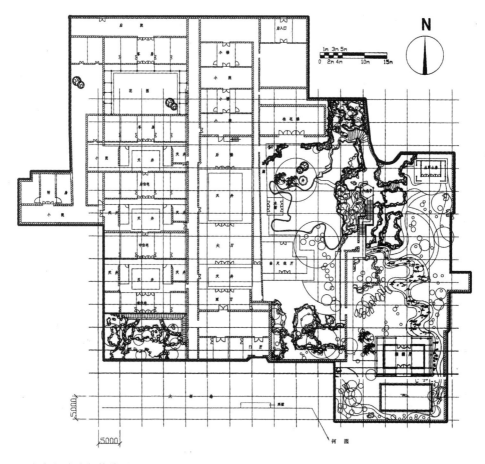

图 5-113 小盘谷遗址保护范围

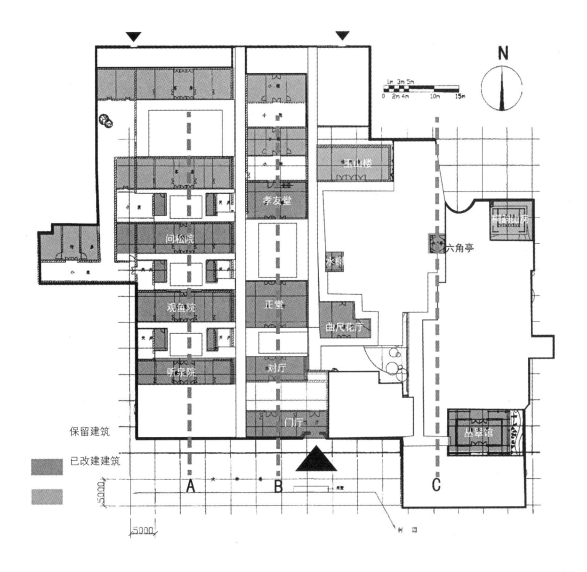

图5-114　小盘谷建筑改造变化示意图（作者改绘）

（二）总体布局——以小见大

小盘谷坐北朝南，南邻大树巷，北至丁家湾，占地面积为5505.84平方米，建筑面积有3273平方米，包括现存古建筑面积为1140平方米[①]（**图5-115、图5-116**）。小盘谷的整体空间布局分为两大部分，即西侧的住宅和东侧的园林，园门向西，门额刻隶书"小盘谷"三字，相传出自西冷八家印人之一陈曼生之手。入园门即为小盘谷园林部分，占地仅2000平方米，诸多学者专家游园后惊

---

① 数据资料来自扬州市房管局查勘报告。

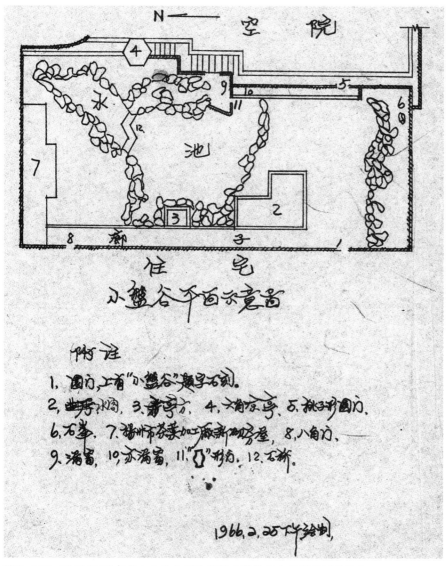

图5-115　20世纪60年代小盘谷的测绘图纸（资料来自扬州市档案馆）

叹其以小见大，以少胜多的造园布局手法。陈从周言："此园假山为扬州诸园中的上选作品，山石水池与建筑皆集中处理，对比明显，用地紧凑。建筑与山石、山石与粉墙、山石与水池，前院与后园，幽深与开朗，高峻与地平等对比手法，形成一时难分的幻景……妙在运用'以少胜多'的艺术手法"[①]。朱江在《小盘谷记游》中感叹："余不知曾有谁家山子野，在这一方小小天井里，做出这样大的文章来？……小盘谷之长，在于小中见大。园林西部东西宽约

---

① 陈从周. 扬州园林［M］. 上海：上海科学技术出版社，1980：7.

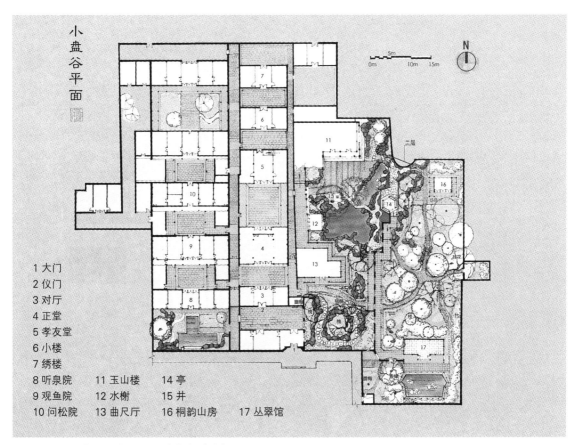

小盘谷平面

1 大门
2 仪门
3 对厅
4 正堂
5 孝友堂
6 小楼
7 绣楼
8 听泉院　　11 玉山楼　　14 亭
9 观鱼院　　12 水榭　　　15 井
10 问松院　　13 曲尺厅　　16 桐韵山房　　17 丛翠馆

图5-116　小盘谷现状平面图（作者测绘）

二十余步，南北长约五十步许……构筑这许多山石水池、亭台楼阁，又有蹬道，有回廊，有老树，有修篁，如果胸中没有大丘壑，是万万设计不出的。"①许少飞评价道："小盘谷妙在集中紧凑，以少胜多，即小见大。"②韦金笙评价为："造园者因地制宜将园林建筑毗邻住宅，既方便使用，又组成建筑群落，与对岸咫尺山林，互为因借，融为一体。"③

　　根据文献资料结合现状考察分析，小盘谷园林可分为五个区域，西侧的精华部分仅不足1300平方米，以叠石为主体，分为南北两部分。北部"九狮图山"④假山体量较大，占地约800平方米，是园林主景（**图5-117**）。

　　南部"群仙拜寿"以散落置石为主，占地约400平方米，两者以曲尺厅分隔，两园的面积比约

①　朱江. 扬州园林品赏录［M］. 上海：上海文化出版社，2002：14.
②　许少飞. 扬州园林［M］. 苏州：苏州大学出版社，2001.
③　韦金笙，许虹生. 试谈小盘谷［J］扬州师院学报，1985，4：129-135.
④　房政，张孔生. 小盘谷修缮拉开大幕［N］. 扬州日报，2009-2-17；B01：（文中将景区定名为九狮图山、群仙祝寿等）。

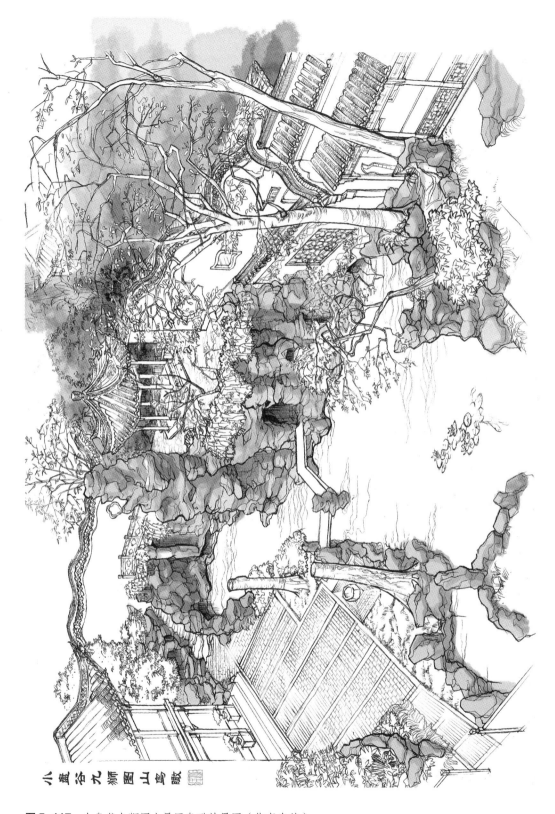

图5-117　小盘谷九狮图山景区鸟瞰效果图（作者自绘）

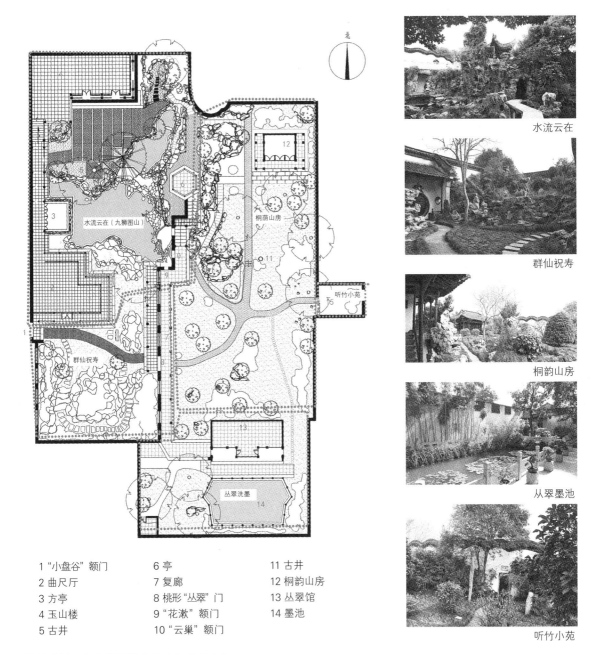

水流云在

群仙祝寿

桐韵山房

从翠墨池

1 "小盘谷" 额门	6 亭	11 古井
2 曲尺厅	7 复廊	12 桐韵山房
3 方亭	8 桃形"丛翠"门	13 丛翠馆
4 玉山楼	9 "花漱" 额门	14 墨池
5 古井	10 "云巢" 额门	

听竹小苑

图5-118 小盘谷园景分区（作者自绘）

为2:1。北部空间较开敞，以山水为核心，周围建筑倚墙而建呈向心环绕之势，应是园主延宾之所；南部空间较为幽闭，曲尺厅南向扩为五开间，厅前叠土石山，应是主人孝亲场所；东侧园林荒废已久，从遗存建筑来看原应为较私密的活动空间，可划分为北侧的桐韵山房和南侧的丛翠馆，馆前方池竹林为新修复，取墨池意象。最东端有一小院园门题额 "听竹"，面积不过二十平方米，似为扩大视觉空间感受所设 (**图5-118**)。

图5-119 小盘谷湖石假山北剖立面图（作者改绘自陈从周《扬州园林》）

　　小盘谷园林"以小见大"的空间效果与其布局特点有重要关系，主要体现在三个方面：一是以高耸的山体分隔东西二园，强化了空间层次：园内南北方向狭长，长宽比约3：1，全园东高西低，呈双层台地形态。以中部的山水亭廊为园林的中心，依地势而为，高处成山，低处为水，强化了4米多的高差，并且以岩壁为依托，主峰凸立而起，达到九米，缀以藤萝花木，营造出苍岩峭壁的气势，并且遮挡了东园的视线，形成互相套嵌，彼此隔绝的空间关系，路径相通而视线不通，使人无法一览无余，自然增加了空间的层次，扩大了空间感受。一般而言，基地原有高差会按照台地的思路处理，形成斜坡或台阶，如意大利的埃思特庄园等台地园林，或颐和园的画中游以建筑群与山石结合的方式凸显险峻多变的空间特质。小盘谷九狮图山这样以山水本身作为台地分隔边缘，并且大胆地往纵深发展，以壁立万仞的气势统筹仅1800余平方米的小园，手法别具新意，令人惊叹，给人苍岩幽谷，深山大壑的感受，意境也得到了无限的延伸（**图5-119**）。

　　二是游览动线中人的视线与景物的关系渗透交错：小盘谷园林空间层次丰富，路径曲折，转折点较一般园林更多，并且在路径停留点上视线能够看到多处景物，随着视线的移动交错变化，形成极为复杂的步移景异的体验效果。"经过测算，小盘谷的路径总长近600米，设平均宽度为1.2米，其道路总面积为720平方米，约占全园总面积的13.08%。这一数据与以大著称的拙政园道路占总面积的17%相比，也相差不远，更何况拙政园总面积为12000平方米"[①]。将东园部分的主要游览动线上的停留点标示为"路径点"，将主要景物归纳并标示为"景点"，可分析看出人在动态游览过程中视线与景物并非一一对应的关系，而是非常复杂的交错渗透关系。例如在C点可提前看见

---

①　包广龙. 扬州小盘谷造园艺术研究［D］. 南京艺术学院硕士学位论文，2012，2.

景点d，行至D点时，由于从翠馆的遮挡，C点看到的k、a转换为完全不同的b、c，而行至E点时，景点d再次出现，并展现出完整的近景。由此可见，路径与景物、视线的关系组织越复杂，环境的可欣赏度就越高，借景的层级就越丰富，人体验到的空间变化也就越多，从而感受到的空间就会远远大于实际空间（**图5-120**）。

三是通过组织景物隐藏园林中山顶、水口、水尾以及墙体、角落等边界，给人"山外有山，楼外有楼"的空间延伸的联想。如"听竹小苑"正对爬山复廊，是人行进时一个重要的视觉界面，因此拓路开门，增加一个空间延伸层次，以竹林遮蔽，实际院内空间极小，是类似彭一刚总结的"哑巴院"做法（**图5-121**）。小盘谷九狮图山部分的水体虽是小小一池静水，却给人深远感受，妙处就在于水口与水尾的处理。水源来自于形态与意象的"山谷幽涧"，水尾则藏在水榭与连廊间的接合处的曲隩，似乎水流从下面穿过，流向别处。三折石板浮桥置于整个水面最窄处，将水体分为两个部分，北侧南北走向，较为窄长，南侧东西走向，较为开阔，形成了形态与势的对比。

（三）营造意匠——盘谷归隐

根据文献梳理可知，小盘谷的园林造景主体部分可能先于徐氏、周氏入住就已经落成。徐、周作为湘军、淮军幕僚，生逢乱世，卷入太平天国、甲午海战等一系列重大动荡事件，亦无心力如普通商人般享受精致奢华的生活。从时间上看，徐氏修整小盘谷仅两年就陷入债务事件，周氏仅修整六个月即入住小盘谷，不太可能完成现在小盘谷的叠山效果。再者，若是新置地建园，以徐、周二人读书致仕的经历，应会按照规制礼仪选择园林位于西北，正门置于东南的前宅后园的布局。因此，小盘谷园林部分很可能是明末清初的旧园，徐氏、周氏按照故乡徽州的建筑形式扩建了住宅部分，新增亭廊门洞，刻匾额楹联等提炼意境。韩愈的《送李愿归盘谷序》中有"是谷也，宅幽而势阻，隐者之所盘旋"之句，后指文人隐逸修身的精神家园，如张家界武陵源，即陶渊明笔下的桃花源，也别称盘谷。同时期扬州城内另一处小盘谷是位于堂子巷的秦氏意园，相传名匠戈裕良为其叠山石，足以媲美苏州环秀山庄，可惜今日已片石无存。把私园命名为小盘谷、小盘洲（棣园曾用名）似乎体现出晚清扬州商宦的模糊的隐逸理想。

假山北侧入口即水口处题额"水流云在"，行至中部山洞北口与东山陡峭的石壁之间，名叫"水云深处"，明确题点了造景的立意。中国文人对水与云的关系有着哲学层面的理解，禅宗、道家皆有点示。水来自于云，亦形成云，两者以不同形态转换，水动云静，流水逝者如斯，象征不以人的意志为转移的宇宙运动规律，亦如命运不因世间生命的善恶美丑而有所偏颇；停云如孕育的母体，承载着化解和抚慰的能量。杜甫诗《江亭》有"水流心不竞，云在意俱迟"，王维《归嵩山作》中有诗句"流水如有意，暮禽相与还"及《终南别业》诗中名句"行到水穷处，坐看云起时"等都是借云水相生的自然规律表达自身的顿悟与情怀。江水中的孤亭、嵩山、终南山，与云、水的意象一起，构建出隐者的心境。古人有将湖石视作"云根"的观念，人间的山石是云在人间的化身。如清代文学家张潮在《论何者为宜》中写道："栽花可以邀蝶，垒石可以邀云。"北海公园快雪堂前"云起"石有乾隆御题《云起峰歌》："移石动云根，植石着云起，石是云之主，云以石为侣，翁翁蔚蔚出穷间，云固忙矣石乃闲。"此湖石假山正是一幅写意的云水隐逸的画面：湖石假山婷婷袅袅

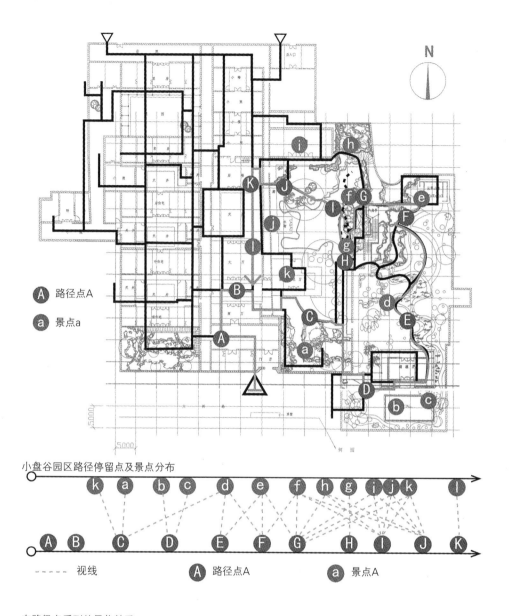

小盘谷园区路径停留点及景点分布

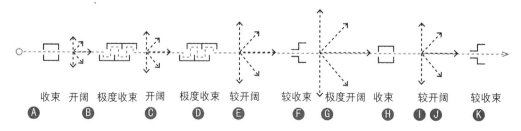

- - - - - 视线　　　Ⓐ 路径点A　　　ⓐ 景点A

在路径点看到的景物关系

收束　开阔　极度收束　开阔　极度收束　较开阔　较收束　极度开阔　收束　较开阔　较收束
Ⓐ　　Ⓑ　　　Ⓒ　　　Ⓓ　　　Ⓔ　　　Ⓕ　　Ⓖ　　　Ⓗ　　　Ⓘ　　Ⓙ　　Ⓚ

各个路径点的视觉感受

图5-120　小盘谷园区路径停留点与景物的视觉关系
（作者改绘自《扬州小盘谷造园艺术研究》插图）

从水中升起，古藤翠蔓勾画着山的姿态，崎岖的蹬道，漂浮于水面的步石将人引入神秘的幽谷中，可以化入山中，"偶遇樵人，笑谈而忘归"。那山顶的一方小亭，不正是诗中的江亭么？穿过溪谷，闲坐于亭中，邀明月清风，或俯观沧浪之水，俯仰之间，尽得山水真趣味。园西南的桃形门似乎暗示从此进入武陵桃源，东北角的桐韵山房似乎暗示了归隐岩居的愿望。

（四）叠山理水——苍岩立壁

小盘谷的湖石假山凝结了全园的造景艺术精华。陈从周在《扬州园林》中写道："此园叠山技术尤佳，足与苏州环秀山庄抗衡，显然出自名匠师之手。"[①]甚至不能排除如传言所说的园中山石为戈裕良或其他高人手笔的可能性。从山的总体形态来看，叠山者应是追求壁立万仞的气势效果。韩愈在《送李愿归盘谷序》中写道："谓其环两山之间，故曰'盘'。"小盘谷中部有通道、岩穴，其形态与名称相符，但并未明显强调塑造曲折深邃的"盘"与"谷"的深远感，而是突出塑造山体的高远、平远效果。"湖石假山依墙壁立，做峻岩峭壁之势，水体没有明显的萦回曲折，开阔变化不大，似江水绕山缓缓流过，让人觉得园子颇得长河蜿蜒，壁立万仞的寥廓意境，江边水际，山崖陡峭，崖上一峰直耸入云，峰后数步有亭，以增山之厚，似山后仍有千岩万壑奔来。"[②]另外，山的局部形态具有伸展顾盼的动态感，可能取扬州叠石常见的九狮图山意境。陈从周指出此山主要参照了董道士所叠卷石洞天及何园片石山房假山、棣园假山等优秀作品综合提炼而成，名"九狮图山"，在落雪时节会浮现出姿态各异的狮子造型。在西方佛教中，狮子名为狻猊，是佛国之兽。后比喻佛为人中的狮子，狮子座为佛之坐处，在禅宗中，高僧、法师即化身为狮。如苏州天如禅师所构狮子林，是不设佛像仅有法堂的禅宗寺庙园林。"九"在中国文化中是一个特别的数字，具有崇高、完满之意，并不特指数理上的九。因此雪中"九狮"现身的假山即呈现出群狮共舞，天降祥瑞的图景，具有禅宗寓意。

从堆叠理法来看，此山与计成的理念高度相似。笔者摘录《园冶 掇山》中相关语句如："假山之基，约大半在水中立起……峭壁贵于直立；悬崖使其后坚。岩、峦、洞、穴之莫穷，涧、壑、坡、矶之俨是……池上理山，园中第一胜也……就水点其步石……洞穴潜藏，穿岩径水……如理悬岩，起脚宜小，渐理渐大，及高，使其后坚能悬……理洞法，起脚如造屋，立几柱着实，掇玲珑如窗门透亮，及理上，见前理岩法，和凑收顶，加条石替之，斯千古不朽也。洞宽丈余，可设集者，自古鲜矣！上或堆土植树，或作台，或置亭屋，合宜则可。"[③]如前文分析，山体造型立意是"江边峭壁"，因此以点式纯石堆叠，几乎无土。山起脚于水池中，下窄上宽，起到柱子的承重作用，顶部的条石起到梁的作用，立面的湖石几乎垂直堆叠，作为"墙体"，并且大面积开窗采光借景，使得洞内始终舒爽宜人，山洞内可见明显的条石梁衍，局部悬有垂石钟乳。山体蹬道由南北两侧切入，北侧倚靠云头粉墙直上二层饰有汉白玉围栏镂空云纹的通道，可凭栏远眺，南路较隐蔽崎岖转

① 陈从周. 扬州园林［M］. 上海：上海科学技术出版社，1980：7.
② 阴帅可. 明清江南宅园兴造艺术研究［D］. 北京林业大学博士论文.
③ 张家骥. 园冶全译［M］. 山西：山西人民出版社，2012，1.

图 5-121　听竹小院（作者自摄）　　　图 5-122　小盘谷假山内部有石床、窗户及桌椅（作者自摄）

折，颇有"远上寒山石径斜"的情境。与片石山房相似，此山亦采用平台收顶，并立一孤峰封顶，形成全园的制高点和视觉中心，平台上立一六角风亭，配以草木拉开视觉层次，给人主峰后仍有山体的错觉。

　　扬派叠石家方惠指出："叠石创造山体越全越露境界越小，越是看不全的山境界反而越大……应以遮挡求高远不尽之意，以阻隔求平远不尽之意，以隐藏求深远不尽之意。"①因此，设计者刻意将游览路线靠近山脚，或引人进入宽阔的山体内部，山东侧以龙脊云墙遮挡，让人始终无法看全山的完整面貌，因此虽山体并不很大，却给人非常高峻幽深的感受（**图5-122~图5-127**）。

　　山体外部选用质量上乘的太湖石，色泽有青、白、灰、黑、微黄几种，大多圆润坚韧，婉转通透，很多从品相看应是湖底流水长期沁润出来的。这样大量使用珍贵的湖石在富裕的盐商宅园中亦不多见。小盘谷假山整体肌理皴法以柔美婉转的流水皴法为主，结合鬼脸皴、云头皴等较为细碎的笔法，显得格外丰富细腻，而整体有序峰峦部分山石形态以上述皴法仔细拼叠而成，峭壁中段到插入水中的山石隐约可见纵向线条的解锁皴法，增加了耸立挺拔的视觉感受。由于假山石料总体较小，一些大块石料主要使用在视觉和受力均比较重要的节点上，其他部分采用"拼、连"的手法，挑选纹理能够连续的石块组合成为视觉上较为整体的部分。为体现山的多姿，局部采用"挑、飘、悬"等技巧雕琢崖侧或石矶等近人处的细节（**图5-128**）。

　　从"水流云在"至"水云深处"，概括了人由远及近，由外至内，由表及里的游览路径过程。由三折石板桥过渡至汀步，再入山洞，区区数步即仿佛由城市入山林。"洞口与石壁水际，掇石衔

---

① 方惠. 叠石造山的理论与技法［M］. 北京：中国建筑工业出版社，2005，11：137.

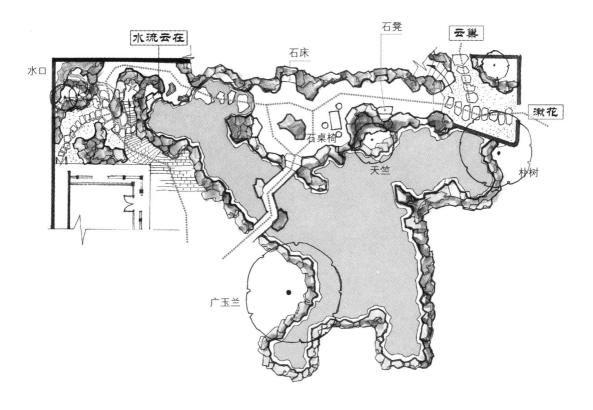

水流云在

水口

石床

石凳

云巢

漱花

石桌椅

天竺

朴树

广玉兰

小盘谷假山一层平面

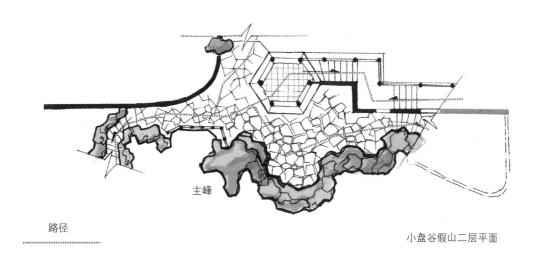

主峰

路径

小盘谷假山二层平面

图 5-123 小盘谷假山平面图（作者测绘）

图 5-124 小盘谷园林南北向东湖石假山全景（作者自摄）

图 5-125 九狮图山主峰（作者自摄）

立，若断若续，如桥之设，名之为'掇步'，即是《画舫录》所云之'约略'了。"①这种简约的低桥步石处理山脚池岸的手法极为精彩（**图5-129**）。

（五）建筑雕饰——因境衬景

大多扬州私家园林布局以花厅、抱山楼等作为主厅堂，而小盘谷园内建筑偏居四周作为环境意

---

① 朱江. 扬州园林品赏录 ［M］. 上海：上海文化出版社，2002：12.

图5-126 小盘谷九狮图山西立面图（作者测绘）

图5-127 小盘谷一层山洞内景（作者自摄）

境的延伸，环绕中心山水主景，而非园林的主角。主厅堂玉山楼与曲尺厅偏居园林西侧，以游廊相连，使人可以在建筑穿行停留的过程中完整地欣赏九狮图山景观。厅、榭、廊均浮于池上，凭栏可赏池中倒影，鱼莲相戏的生动画面。园中山洞、廊及景墙出均有题额，如"小盘谷"、"水流云在"、"水云深处"、"漱花"等，而楼、厅、榭这些建筑均没有题额，其他建筑如"桐韵山房"、"丛翠馆"的取名亦突出园景特征（**图5-130**）。

小盘谷的住宅建筑应是来自皖南徐文达、周馥时期新建，具有十分明显的徽派建筑民居特征，

图 5-128 小盘谷九狮图山叠石手法举例（作者自摄）

水流云在 水云深处

图 5-129 小盘谷湖石山驳岸处理

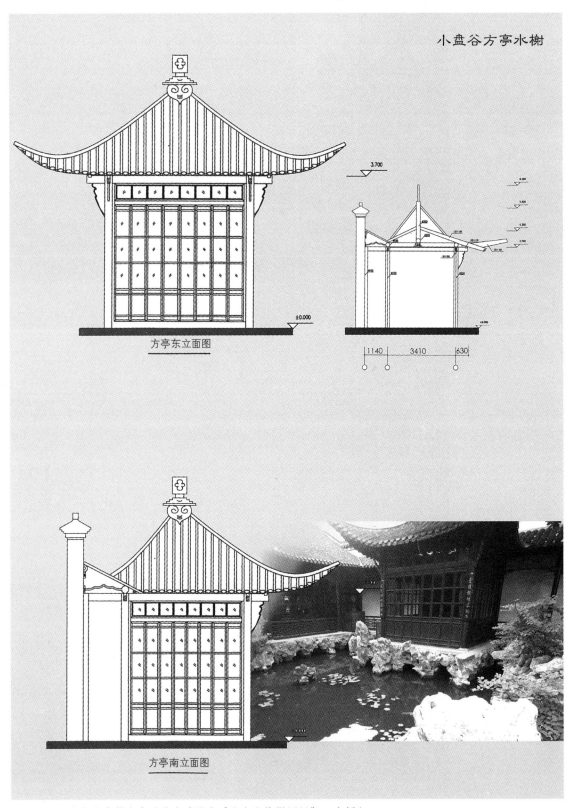

方亭东立面图

方亭南立面图

图 5-130 小盘谷水榭方亭（作者改绘自《小盘谷修缮图纸》，自摄）

多为硬山顶回字形院落，以狭长的火巷相隔；局部的马头墙、月洞门以及徽州三绝——砖雕、木雕、石雕也体现出明显的地域性。园林建筑中玉山楼、山房为后新建，曲尺花厅、方亭、六角亭、丛翠馆为原置修复，多为歇山顶抬梁式建筑，屋面起戗低平，饰以厚重的花瓦通脊，是比较常见的扬州本地建筑样式。与别处不同的是建筑装折大量运用玻璃长窗，使得视线极为通透，园林与建筑室内景观充分渗透交融。

园中由北至南贯穿全园游龙脊粉墙，事实上起到了构筑整个园区骨架的基础作用（从20世纪60年代测绘图可看出原先的墙体是连续的，现状是将北侧的游龙脊往东延至东院墙，显得与南部断开）。九狮图山叠石本质应是倚靠此墙而建的贴壁假山。北段墙体突出黑色游龙脊与贝白粉墙的对比关系，在"水流云在"景区起到画面背景的衬托作用；中段引入山石中，起到承重的骨架作用，往南演化为爬山廊与复廊，起到分隔园景与引导游览路径的作用；最南端至群仙拜寿景区，以寿桃园门框景收束。寿桃门以黑色石块镶边，顶部点缀彩塑枝叶，造型饱满，为扬州孤例（**图5-131**）。其中复廊直至九狮图山南端院落的空间组织极为精彩：复廊西侧屋面低于墙脊，增加了空间的视觉层次，并有花窗借景，起到了扩大空间的效果；北端的三角形小院是一个汇聚四条道路的交通枢纽，而山石、植物、花窗、透窗、花纹浮雕等要素的巧妙组织安排化解了拥促的空间，粉墙黛瓦的天井清晰地衬托出晨夕阳变换的光影效果，有壶中乾坤之意境。这种手法仍值得今天的设计者推敲学习（**图5-132～图5-134**）。

小盘谷的建筑雕饰富丽华美，多取民间吉祥福寿之意，少文人气，多匠心。园内的装饰细节极少重复，门景有月洞、葫芦、花瓶、栅栏、六角门、寿桃门、八角门等样式，非常丰富。园东游廊

图5-131 北部"水流云在"景区粉墙（作者自摄）

图5-132 "漱花、云巢"院落全景（作者自摄）

图5-133 "漱花、云巢"院落及寿桃门（作者自摄）

墙壁上的花窗以条形砖构建，有十字川龟景纹、六角菱形纹饰等，也是独特少有的样式，具有现代平面构成的图形感。洞窗有书卷式、四出莲纹、厚边八角形、扇面、圆角四方形、五瓣海棠等样式，最末者左右对称，下部一瓣改为两瓣，上面一瓣改成尖角，颇似寿桃，可能是与旁侧的寿桃园门相呼应。

（六）花木配植——漱花丛翠

小盘谷园内现有植物主要有26种，除中心院落的玉兰和群仙祝寿山石处的国槐外，其他多为后人补种，可谓四季有花，终年青翠，春有黄馨、迎春、蔷薇、玉兰、西府海棠；夏有牡丹、鸢尾、萱草、牡丹、桃花、木香、芭蕉；秋有金贵银桂和红枫；冬有腊梅，并配有罗汉松、竹、黄杨等常青植物（**图5-135**）。

按照园林不同区域的意境主题，植物的选择也各有特色。水流云在景区中最为精彩的九狮图山

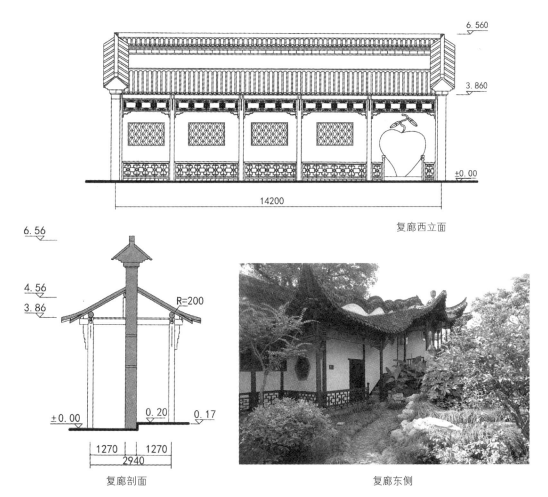

复廊西立面

复廊剖面

复廊东侧

图5-134 小盘谷园林内复廊（作者改绘自《小盘谷修缮图纸2002》，自摄）

主峰被地锦等攀援植物包裹，尤其山顶悬挂垂枝，类似国画中"点苔"的做法，既表现出朴茂幽深之境，又巧妙地弥合了山石与栏杆等构筑物的衔接处，更增添了小盘谷假山的苍翠之美。根据"漱花"门额提示意境，现水岸边植云南黄馨、鸢尾、萱草、八角金盘等花卉及线条感较强的草本或小木本，衬托得水岸石矶石濑越发浑然天成。院落中央的古玉兰和女贞枝繁叶茂，亭亭如盖，提供了舒适的荫庇空间。

群仙祝寿景区土石山为曲尺厅对景，山石多横向堆叠，留有大量植穴，围绕孤植的两株古槐，丛植有桂花、青桐、红枫、腊梅，局部点缀芭蕉、罗汉松及南天竹，突出繁茂有生机的气氛，也修饰了土石山造型的呆板线条。然而，曲尺厅应为园林中的花厅，通常厅前有花可赏。由于晚清扬州私家园林内常植有"芍田"，因此笔者推测，"群仙祝寿"区域的山石周边处有可能原是牡丹芍药花畦。丛翠馆周围墙体与水池间隙种植慈孝竹构成一幅"竹石画卷"，既点题又巧妙地掩饰了空间的局促；桐韵山房依惯例补种了一棵青桐；听竹小院内亦补种了丛竹。

现存主要问题是，园林东侧的植物种类虽多，却明显缺乏主题、空间层次和搭配的章法，显得

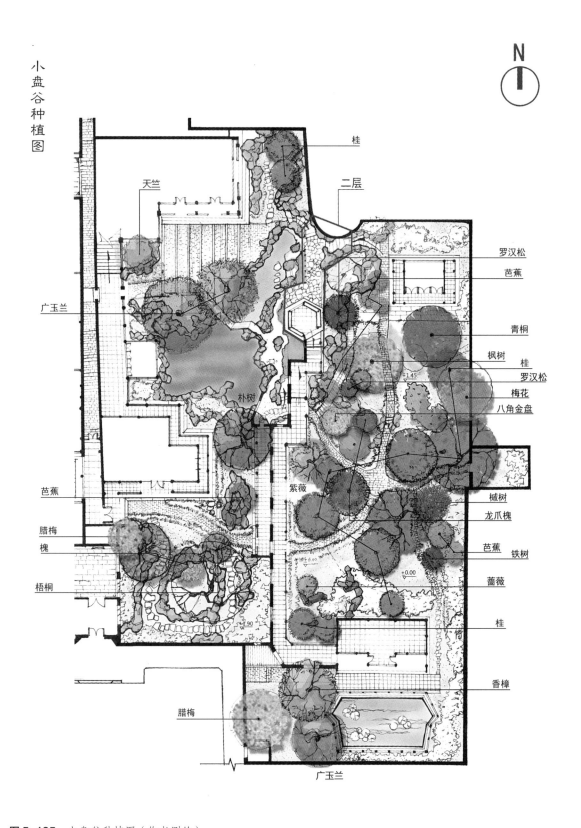

N

桂

天竺

二层

罗汉松

芭蕉

广玉兰

青桐

枫树

桂

罗汉松

梅花

八角金盘

朴树

槭树

龙爪槐

紫薇

芭蕉

铁树

芭蕉

蔷薇

腊梅

槐

桂

梧桐

香樟

腊梅

广玉兰

图5-135 小盘谷种植图（作者测绘）

图5-136 小盘谷园林东部北望全景（作者自摄）

混乱杂芜。园林中央选用现代西方园艺中常见的修剪成球状的黄杨为园林中心的主干树，似有不妥（**图5-136**）。若依园西桃形门及"丛翠"题额暗示联想，似乎可以桃花对景园门，往东过渡至竹林，林间点缀笋石；北侧"桐韵山房"应有大块山石起脚，其间点缀松、枫、梅等营造山居气氛；南侧丛翠馆可以增添些芭蕉、松或古藤与旧石搭配的小品，衬以粉墙花窗，似有画意。

（七）总结评价

小盘谷园林之长，在于布局紧凑，小中见大，九狮图山部分山水关系处理尤为精妙，似出自名师之作。园中部贴壁假山自池中升起，紧扣"归隐于盘谷云水之间，体悟佛禅之道"的立意，取"苍岩溪谷，壁立万仞"的情境，以娴熟精炼的叠石技法布局，并与《园冶》中所论述的立基、掇山理水等造景手法高度一致。小盘谷的造景以人的体验，尤其是游览路径中的停顿与起伏、视觉感受、心理联想等因素为核心组织建筑、花木等，构成了极为丰富的空间层次和体验过程，大大拓展了人的心理空间感。综览全园，虽无奇石嘉木，建筑装折亦属普通，更无名人题额典故，却令观游者感叹，如赵朴初《游扬州周氏故园》诗云：

> 竹西佳处石能言，听诉沧桑近百年；
> 巧叠峰峦迷造化，妙添廊槛乱云烟。

目前看来，小盘谷在保护和利用方面仍有一些需改进的地方。如玉山楼的形态与体量都不甚理想，既缺乏考证，也欠缺在领会园林意境基础上的设计，尤其是楼前的地面铺装是明显的现代做法，稍显生硬。园林的东部缺乏空间层次，植物选择较随意。住宅部分随意增添了一些粗陋的假山叠水等，尺度形态质地工艺都显突兀，破坏了园林空间原有的古雅意境。

七 汪氏小苑——栖偓探春深

（一）历史变迁

汪氏小苑是扬州市内保存最为完好，结构清晰，用途明确，规模庞大严整的住宅园林精品，是清末民初具有扬州传统民居三间两厢格局的盐商宅园历史遗存，是扬州民居的代表作品。汪氏小苑位于扬州双东历史街区东侧地官弟街18号，占地3000多平方米，存老屋近百间，建筑面积约1580平方米，目前是全国重点文物保护单位。扬州市文物局档案记载："保护范围即四面围墙范围，建设控制地带为东至围墙以东 20 米，南至地官弟巷以南 10米，西至马家巷以西15米，北至制花厂生产用房三层北墙以北15米"。（**图5-137**）汪氏小苑曾居住过清咸丰年间的盐商汪竹铭（1860—1928）祖孙三代人。汪家父辈因太平天国战乱，服装制作与销售的家业被毁，由安徽逃难来到扬州，白手起家，在汪竹铭30岁时经营的乙和祥盐号称为晚清扬州七大盐商的佼佼者，遂在地官第购地建筑。汪家1915年买入中路、西路住宅，民国二十二年（1933年）其四位儿子合力买入刘永赓产业扩充了东路住宅，并请住三祝巷的赵杏江翻修，落成今日面貌。

在抗战期间，汪家家业再次遭遇洗劫，老大、老三、老四或因操劳忧愤猝死，或因绑匪撕票，仅存次子汪泰麟逃往上海从事房地产行业，所购置房产1958年被政府公管。汪氏家族虽为贾者，咸进士风，贾而好儒，"富而教不可缓也，徒积资财何益乎？"经商与读书，是汪氏家族立世的根本，其后人也多是教授、校长、医生、总工程师等。汪氏迁居上海后，汪氏小苑曾先后为日军司令天谷、伪军熊育恒部、蒋军黄伯韬部所占用，原先种植的花草等用于喂马，仅存几株女贞石榴等。建国初期，汪氏后人汪礼真回扬州定居，先后将小苑租给苏北行政署、扬州制花厂使用，竭力保护故居，并得到当时的市长钱辰芳的支持，于1962年将小苑定为市级文保单位，才使得汪氏小苑免遭浩劫，得以基本完好保存（**图5-138**）。2000 年由扬州市园林局出资修缮，并于 2002年4月18日对外开放。[①]

（二）总体布局——穿插渗透

汪氏小苑空间布局以住宅为主、花园为辅，建筑组群与庭院园林相互穿插。总体是常见的南宅北园样式，不同的是东南和西南两处庭院布置成精致的花园，似是园林围绕着住宅，室内外空间通过漏窗、月门、花墙有机组织起来，给人内外相望不尽之感。小苑宅门设置在中路建筑南端偏东处，即风水中推崇的"青龙门"。入大门迎面倚壁构建有砖雕福祠，左为磨砖对缝仪门，入内为中路正厅树德堂，门厅左右各有耳房一间；后接两进明三暗五的格局院落，为主人汪竹铭及长子、三子的住房；东路建筑修建较晚，体现出中西合璧的特色：由福祠东入竹丝门庭园即主厅春晖室，同

---

① 扬州市文物局档案. 汪氏小苑卷宗.

汪氏小苑位置（图像来自百度地图） 汪氏小苑鸟瞰（图像来自百度地图）

图5-137 汪氏小苑航拍图（改绘自网络）

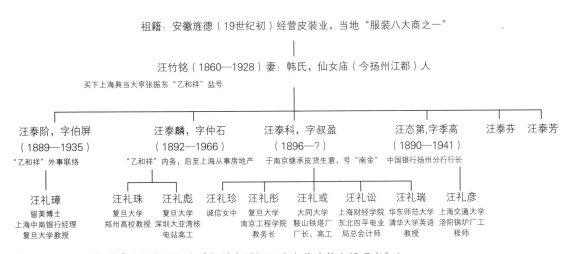

祖籍：安徽旌德（19世纪初）经营皮装业，当地"服装八大商之一"

汪竹铭（1860—1928）妻：韩氏，仙女庙（今扬州江都）人
买下上海典当大亨张振东"乙和祥"盐号

汪泰阶，字伯屏（1889—1935）
"乙和祥"外事联络

汪泰麟，字仲石（1892—1966）
"乙和祥"内务，后至上海从事房地产

汪泰科，字叔盈（1896—？）
于南京继承皮货生意，号"南金"

汪态第，字季高（1890—1941）
中国银行扬州分行行长

汪泰芬　汪泰芳

汪礼璋
留美博士
上海中南银行经理
复旦大学教授

汪礼珠
复旦大学
郑州高校教授

汪礼彪
复旦大学
深圳大亚湾核电站高工

汪礼珍
诚信女中

汪礼彤
复旦大学
南京工程学院教务长

汪礼或
大同大学
鞍山铁塔厂厂长、高工

汪礼讼
上海财经学院
东北四平电业局总会计师

汪礼瑞
华东师范大学
清华大学英语教授

汪礼彦
上海交通大学
洛阳锅炉厂工程师

图5-138 汪氏家谱①（引自周文逸《扬州东圈门汪氏小苑建筑空间研究》）

样后接两进明三暗五格局的院落，由南及北分别为四子、次子的宅院。整个住宅建筑部分是三横三纵，中轴相贯，两厢相对的布局形式。所谓的"三横"，是指前面厅堂与主房东西方向一共三进；"三纵"，是指南北方向的西路、中路、东路竖向三列房屋。东路与中路间有宽约1.6米，长约40余米的火巷直抵位于住宅建筑北侧的主庭院"小苑春深"**（图5-139）**。

小苑的砌房造屋取奇数为组合，构架为三、五、七架梁的悬山或硬山顶建筑，主房三进、五进连贯，体现出奇数为阳，偶数为阴的风水意识。汪氏小苑的建筑与园林、立意与布局是融为一体的，根据居住和使用的人来决定其空间形态与营造意匠，应一处典型的"以人为本"的民居设计案例，并可从中解读到这个百年前扬州儒商家族的精神面貌。汪氏小苑的三路建筑分别以春晖室、澍

---

① 周文逸. 扬州东圈门汪氏小苑建筑空间研究［D］南京艺术学院硕士论文，2012，5：5.

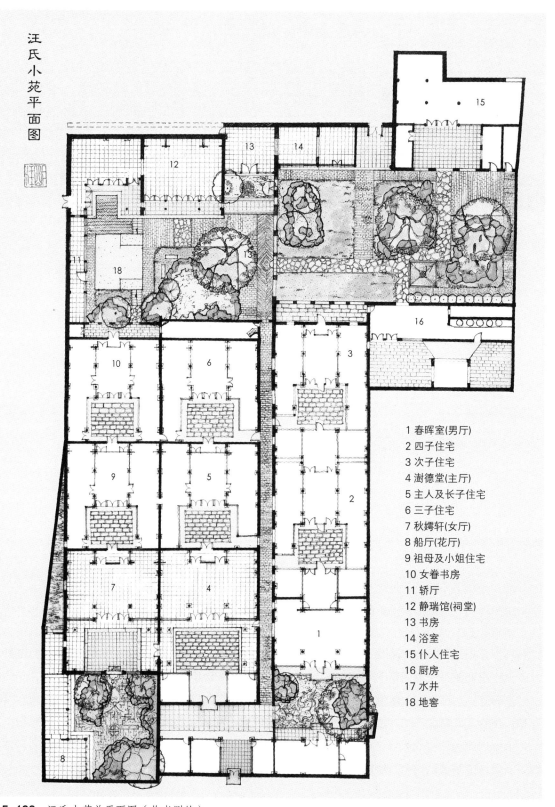

汪氏小苑平面图

1 春晖室(男厅)
2 四子住宅
3 次子住宅
4 澍德堂(主厅)
5 主人及长子住宅
6 三子住宅
7 秋嫮轩(女厅)
8 船厅(花厅)
9 祖母及小姐住宅
10 女眷书房
11 轿厅
12 静瑞馆(祠堂)
13 书房
14 浴室
15 仆人住宅
16 厨房
17 水井
18 地窖

图5-139 汪氏小苑总平面图（作者测绘）

德堂、秋嫮轩为核心空间组织家族成员的生活起居，与红楼梦描绘的大观园相似，为不同性格的人物塑造了不同意境特征的院落空间。

西路建筑为女眷居住场所。由位于建筑群西南角的前园"可栖偃"、中厅"秋嫮轩"及住房两进组成。秋嫮轩内庭院占地约160平方米，包括西侧一间建筑面积约40平方米的船厅，供汪家两位女儿和其他女眷招待客人，这种专门单独的女性社交空间在当时的确有开明文雅之风。《词源》中解释"嫮"含义为美女或美好，在楚辞和汉书中多指美丽女子，"秋嫮"即取秋水伊人之意，也通"秋户"，喻美丽的景色。步入天井南侧题有"可栖偃"行书匾额的月亮门即为小苑最为精雅的园林空间。"偃"字在《说文解字》中的解释是"久也"，即长久逗留的意思，指园林虽小，也可赏玩盘桓。园门内侧的题额是"挹秀"二字，可谓一语双关，既指园内的女眷，也指小院的小巧秀美。

东路建筑为汪家公子的住宅，"春晖室"院落南有庭园及照厅、北有倒座合围，天井不足60平方米，布置成精致小巧的庭院，其布局设计极具扬州特色。中路建筑是主人及长子的住宅，以澍德堂、静瑞馆为主体构成整个宅园的核心，具有礼仪空间特质。祠堂静瑞馆前庭院"小苑春深"是整个家族聚议的场所，布局方正、简约实用，分为东西两园，周围根据功能需要布置轿厅、祠堂、书房、浴室、厨房等，东北角的园中院"惜馀"为佣人居住的三合院。静瑞馆面阔三间，七架梁半歇山顶，东接一间独立的小书斋，西接耳房一间。院落西侧沿墙而建的是东西宽3米有余的轿厅，北侧接后门直临马监巷。

（三）营造意匠——景深意简

小苑春深的"深"字体现在设计者通过开辟深远的透视线获得了空间的纵深感，并在视线的终端设置花窗或庭院景观作为收束，从而扩展了人的心理空间想象。汪氏小苑三路建筑均有庭院，厅堂不设屏门挡中，中部较窄，主要的功能空间分布在建筑两侧的厢房耳房，扩大了实际的使用功能空间。为加强框景效果和空间的深远感，设计者在火巷的两端、厨房、仆人院等处添置园门，并题写不同字体的门额，使人在穿行过程中产生一个短暂的停顿阅读的行为，亦从心理上延长了游览时间，从而强化了心理上的"庭院深深深几许，帘幕无重数"的感受（**图5-140**）。

汪氏小苑园林面积很小，是建筑庭院空间的延伸，造景意象多取自"古藤旧石"等文人画小品的写意手法，于墙角边缘空间点缀零星置石，以静观为主，突出景致的画面感；或借助精致的构筑细节、色彩材料的对比等拉开景物的层次，形成视觉的中心。西侧的船厅设计堪称因地制宜的妙笔之作。小苑基地西北角多出的一块封闭围合的狭长三角形地块，正好成为船厅的"船尾"，与西南的"船头、船身"构成完整的船厅空间。船厅的基座是约40厘米高的白矾石，仿佛水波托起了整个船身，基座周围的地面正是彩色卵石铺地，寥寥数尺之间呈现了船行于粼粼波光之中的意象。园东侧的贴壁假山以粉墙为纸，青石和攀援植物为笔墨，正是一副"古藤停云"的小品图卷，与西侧精致的船厅建筑形成对景（**图5-141～图5-144**）。

（四）建筑装饰——中西合璧

　　汪氏为徽商，因此小苑建筑有明显的徽派特色，又具有"中体西用"的特点。全园整体布局遵照长幼尊卑、男女有别的传统礼仪规范，建筑的框架结构也严格遵守规制限定，丝毫未有僭越。建筑群落屋顶以院落为单位构成"回"字形，在每个天井上方的屋檐设斜沟落水槽，角落设排水口，有四水归堂的寓意，是典型的徽派民居特征。小苑的建筑梁架结构以抬梁式和穿斗式结合为主，澍

图 5-140　汪氏小苑内建筑不设挡中，视线十分深远（作者自摄）

德堂、春晖室、船厅和仆人房都是五架梁抬梁构架；秋嫭轩、静瑞馆、浴室装有吊顶，其他房屋基本都是穿斗式。

　　建筑的小木作装修局部借鉴舶来建筑材料和做法，造型新颖别致，并提高了空间的使用效率和舒适度。例如建于民国初年的东路住宅建筑出现了不同于传统中国民居的木制对开门移门和单扇门：春晖室后的住宅卧室与照厅的门为西式移门，包裹铜皮轨道，雕刻中西结合的装饰纹样；后两进的住宅堂门则是装有铁质把手的单扇门，已经很接近现代门的样式。窗扇框上设有槽口，窗外框

可栖徛小院由北往南望

船厅由南望北

可栖徛小院由南往北望

船厅南部"船尾"

可栖徛小院东侧全景

图5-141　可栖徛院落（作者自摄）

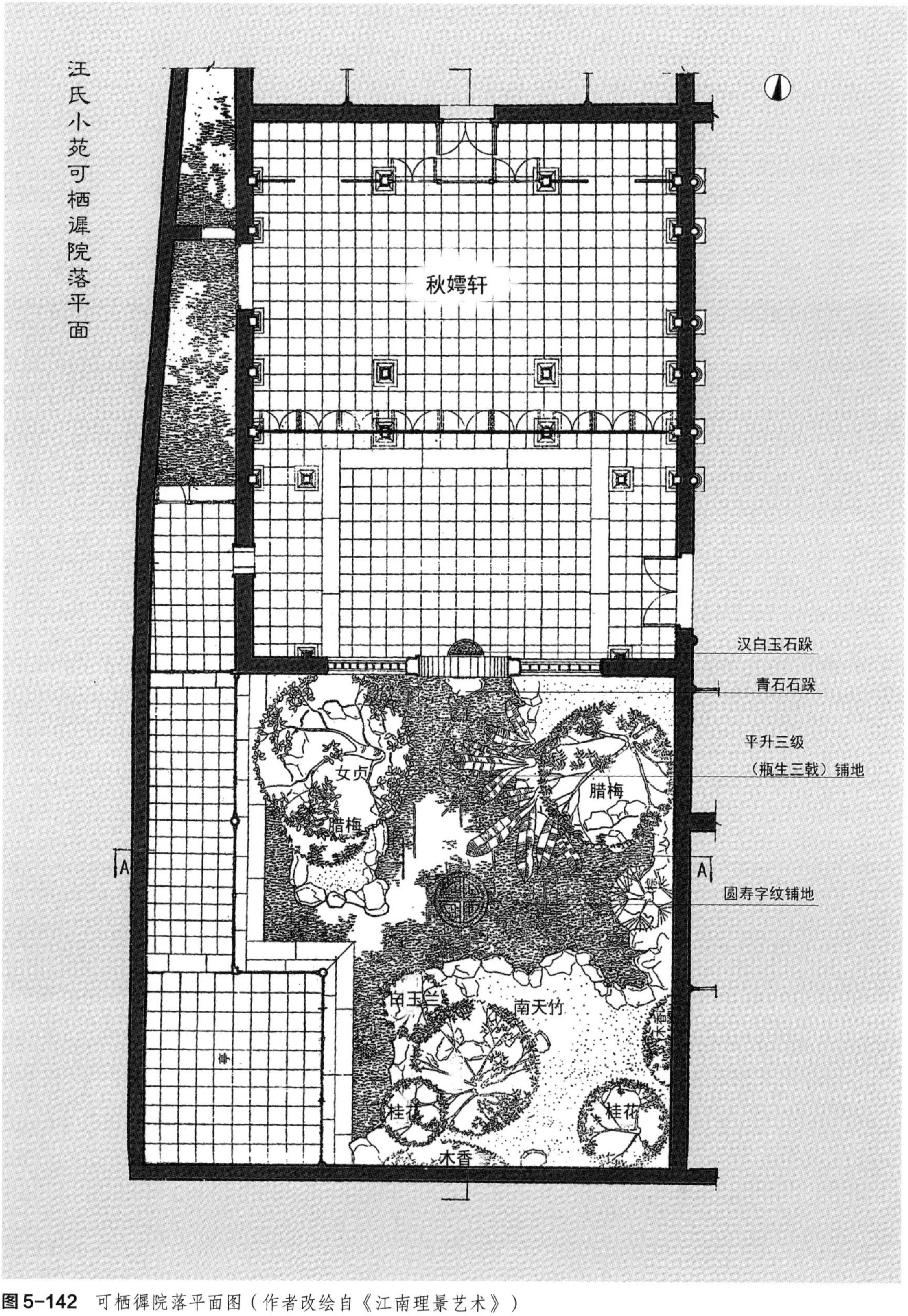

汪氏小苑可栖徏院落平面

秋嫮轩

汉白玉石跥

青石石跥

平升三级
（瓶生三戟）铺地

女贞

腊梅

腊梅

圆寿字纹铺地

白玉兰

南天竹

桂花

桂花

木香

A

A

图5-142 可栖徏院落平面图（作者改绘自《江南理景艺术》）

22-4 地官第十四号庭院南视剖面

图 5-143 可栖徲院落 A-A 剖立面图（引自《江南理景艺术》）

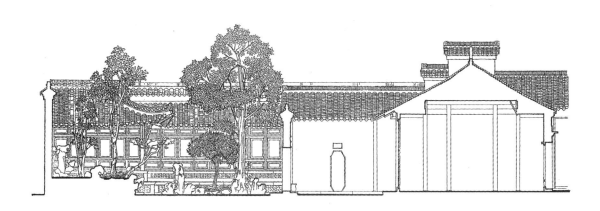

图 5-144 可栖徲院落 B-B 剖立面图（引自《江南理景艺术》）

与内扇之间用木头插销连接固定，夏天可以取出玻璃、更换成纱窗通风纳凉（**图5-145**）。

汪氏小苑建筑墙体大多为扬州本地常见的清水乱砖墙，建筑两端为徽州建筑的马头封火墙，园林围墙则是晚清扬州私家园林常见的云山式（游龙脊）墙，局部以蛎灰粉白墙衬托贴壁山石造景。小苑内的园门起到非常重要的空间转折与借景作用，造型简洁，仅有圆形与八角形两种，门首的题额内容恰当地提示出空间的功能和意境，耐人品味（**表5-7、图5-146**）。

汪氏小苑园林门洞（地穴）及题额统计　　　　　　　　　　表 5-7

位置	内容	朝向	字体	门形
可栖徏小院	可栖徏	北	楷	圆形月洞门
	挹秀	南	篆	
西路最后一进天井	静观	南	篆	长八角
	居易	北	楷	
火巷北端	藏秘	南	行草	长八角
	遗庵	北	篆	
北园	迎曦	东	篆	圆形月洞门
	小苑春深（小苑风和）[1]	西	楷	
船厅	绮霞	东	魏碑	长八角
厨房	调羹	南	隶	长八角
仆人院	惜馀	北	行草	正八角

小苑园林主要由园门和花窗借景，如可栖徏北院墙、北园"迎曦"院墙、西路住宅北端院墙及火巷"藏秘"门额上部的磨砖花窗等，《园冶》中被称为"漏明墙"，亦称为"花墙洞"，一般用望砖或屋瓦砌筑。磨砖窗比花瓦窗工艺更加复杂，材料及造价更昂贵。汪氏小苑全园花窗几乎均为精细的水磨青砖砌筑，尺寸宽大，以直线条的书带、金线、川龟纹、六角纹的组合为主，局部做入角处理。如西路住宅北端天井院墙镶嵌的五面长方花窗，图案各不相同，其中间一扇在中部装饰三条砖雕腰线，雕刻铜钱、蝙蝠、大象等，取谐音寓意"福在眼前、必有后福、吉祥平安"，是扬州花窗中非常特殊的一例（**图5-147**）。

可替换刻花玻璃内心仔的窗扇   单扇门

厢房移门轨道

图5-145 西洋做法的建筑构件（作者自摄）

    春晖室庭院用瓦片、瓷片、砖条、各色卵石整体铺设的花街铺地，仿佛一幅画卷展开，成为春晖室前华丽"地毯"，由卵石编排成松树、仙鹤、梅花鹿、蝙蝠、寿桃和松子、麒麟的图案。虽经岁月洗礼，铺地中仍可见彩色瓷片与彩色玻璃熠熠生辉，这在当时应是非常新颖的做法。其立意表达了"六合同春"、"松鹤延年"或"麒麟送子"等吉祥美好，兴旺发达的愿景。

    西南院女厅前园门的入口垛踏是由一块半圆形汉白玉石雕和一块自然形态的青石合并而成，园外是雕工精细的汉白玉石雕垛踏配合院落空间中简洁素雅的白矾石方砖铺地，园内是自然古朴的青石垛踏配合繁复华丽的花街铺地，处理得巧妙自然又别具一格，不落俗套。汉白玉垛踏上雕刻的纹样为"暗八仙"中的几样物品。园中的铺地由条砖、瓦片，以及大小不一、色彩各异的卵石组合铺就，由北向南的地面图形分别是银锭花瓶插入三只戟的"一定平升三级"，其后是圆形寿字，其余地面由条砖铺满"卍"字纹样作为底衬，寓意"万寿无疆"（**图5-148、图5-149**）。

    汪氏小苑的室内装修精致，并且几乎是原物完全保存，十分难得。春晖室的内部梁架为卷篷式，月梁部分和撑拱上有花卉走兽的雕刻，悬挂着汪家长孙汪礼璋从英国留学带回的展销会上德国工匠手工制作的玻璃吊灯，据传当时世界仅有两盏，另一盏由英国王室收藏。挡中饰有六块金丝楠木雕刻的岁寒三友、柏木透雕、海梅花梨浮雕屏风，中间嵌大理石天然山水画，内容分别是古木老干、涧水清流、云海翻腾、双龙游潭、悬崖峭壁和奇草异木，十分珍奇罕见。堂中对联由民国扬州

北园"迎曦"门　　　　　　　北园"小苑春深"门　　　　　　　可栖徛园门

"惜余"仆人院门　　　　　　春辉室园门　　　　　　"居易"园门

"藏秘"八角门　　　　"调羹"厨房门　　　　"遗庵"八角门　　　"绮霞"船厅门

图5-146　汪氏小苑门洞地穴（作者自摄）

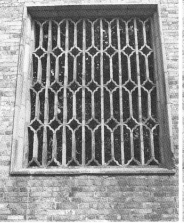

六角十字川龟纹　　　　　　　　书带入角锦纹　　　　　　　　金线蝠象锦纹

书带阴阳入角锦纹　　　　　　　　　　海棠十字穿龟锦纹

图 5-147　汪氏小苑西路住宅北侧水磨砖花窗（作者自摄）

图 5-148　汪氏小苑可栖徏园门汉白玉垛踏（作者自摄并绘制）

春晖室庭院松鹤铺装

可栖徛小院瓶戟铺地

书房前福寿纹铺地

万字纹铺地　　　　铺地形成高差利于排水　　　冰裂地　　　可栖徛小院圆寿铺地

青砖铺地　　　　云纹如意垛踏

廊下方砖铺地　　　　宅院内水泥地

图5-149　汪氏小苑内主要铺地样式（作者自摄）

书画大家陈含光于1929年撰写，浅刻篆书于柏木之上，上联"既冇构，亦冇堂，丹膔墼茨，喜见梓材能作室"，下联"无相扰，式相好，竹苞松茂，还从雅室咏斯干"。上联取自《尚书·大诰·梓材》，下联摘自《诗经·小雅·斯干》，表达了兄弟和睦团结共进退，家族事业生活蒸蒸日上的美好愿景（**图5-150**）。

上方横额由清代书法家邓石如撰写，并篆刻唐诗人白居易的《庐山草堂记》。可栖徏小院内的海梅木透雕的隔扇落地罩（花罩中间的门板是飞罩的形式，两边的竖板是隔扇的造型）分割了"船头"与"船身"空间，材料与工艺上乘，为晚清室内装折中的精品。这幅隔扇两侧是花牙镶边的玻璃竖板隔扇，中间飞罩雕有松鼠、葡萄、蝙蝠、莲花、猴子等内容，象征着女孩子的活泼可爱，同时表达了多子多福、望夫封侯及廉洁做人的美好愿景（**图5-150**）。"惜徐"院落西侧原本是花房，后改为浴房。门窗是中国传统的木雕灯笼锦式，而墙角线的瓷砖与地砖都是民国初年从国外进口。内间的浴缸由水磨石嵌入地面，长1420毫米，宽825毫米，深约300毫米，带有靠背和搁脚的台面，内部置有排水口。浴房西面墙壁用来放置洗浴用品的壁龛。浴室外间可能是按摩房或花房，有木雕圆形落地罩，四角饰有双面木雕冰纹，其间夹有梅花、竹叶等图案，横楣上有篆体浅刻"花好月圆人寿"六个大字，旁跋文："伯屏先生及诸昆仲既构新居，复辟小园于其后。幽榭曲廊，带以花木，每碧云初合，明蟾甫园，诸昆季情怡其间，不知太白之宴桃李园有此乐否？嘱篆此六字榜之楣间，既以祝诸君皓首相娱如一日也。"落款为"陈延韡"。

汪氏小苑内的其他装饰如福祠、抱鼓石、通风口、下水口等处的砖雕多采用传统民间的草龙夔龙、马上封侯、双钱环带、暗八仙、九狮盘绣球、五福拜寿、松鹤延年等主题，造型较为写实饱满，体现出晚清盐商喜好精细繁复的装饰的审美趣味及扬州工匠的熟稔技巧。汪氏住宅门楼的大门为对开式木门，为防火外加铁皮包镶，钉饰"五福盘寿"图案，这种做法直到今日仍在扬州城内的民居大门上运用。建筑墙角有雕刻成动物或植物图样的砖雕出风口，花纹各不相同；院落中庭四角汇水口安装雕刻成铜钱式样的方砖，象征财富（水）流入家族中，也是徽派民居的典型特征之一。

（五）花木配植——孤植点景

汪氏小苑植物配植手法多以孤植名花名木作为庭院主景，取其象征寓意烘托园林意境；选用爬藤植物作为山石配景；配植花坛、地被植物与墁砖铺地衬景。

春深院落是较为公共开放的空间，人行走频繁，植物主要起到遮阴避雨的作用，以孤植庭院主景大树搭配低矮的草本花灌，保证了交通的顺畅和视线的开放。东园的核桃象征男子的坚韧，女贞象征着女子的贞洁，石榴象征着家族多子多福，长兴不衰（**图5-151**）。

"可栖徏"小园的植物搭配虽少，却十分讲究诗画意境。女贞、茉香、花椒这类相貌轻柔的植物不仅有着女性美的姿态，也象征着人的贞洁、优雅，如花般美丽。枸杞等攀援植物与山石蟠绕缠结，增加了石景的生命感，同时遮掩了建筑和墙面，使得本来窄小的空间不觉逼仄反而亲切怡人，生机勃勃。地被植物是扬州本地的书带草，其修长茂密的叶片修饰了山石花池的边缘轮廓，显得错落有致。院南墙脚下由湖石假山围合成约半米高的种植池，池边缘左右有两块立石，以灵巧活泼的小动物作揖的形态之意为前景，其中孤植的女贞已有120年树龄，在满是爬藤植物的青砖扁砌

图 5-150　上、中：春晖室；下：船厅海梅木照落（作者自摄并绘制）

北园东院孤植石榴、核桃、松、女贞

北园东院湖石芭蕉桂花

图 5-151 春深院落植物配植（作者自摄）

院墙前更显古雅，后补种的一株红槭树为庭院点缀了一抹红艳，以色彩的对比形成视觉的中心（**图 5-152**）。

（六）总结评价

汪氏小苑与逸圃皆为晚清扬州城富商私家园林，前者中西合璧，后者忠于传统。汪氏小苑在钱辰芳等人的保护下得以幸存，室内装修及家具陈设等基本完好，是现存扬州园林建筑中原真性最高的一处。

"汪氏小苑"因园内"小苑春深"题额得名，也体现出其"小"而"深"的特点。"小"体现为建筑规制等级较低而尺度合宜；"深"体现为层层渗透，"帘幕无重数"的纵深视线的借景手法。小苑园林置于宅园的四角，实为建筑院落空间的延伸，因晚清扬州逐渐衰落，园林的规模与数量锐减，造园亦无裁山分水的气魄。小园造景唯以片石曲枝配以粉墙花街，点缀香花红叶，以文人画的写意手法造静观之景。而汪氏小苑的建筑与构件极尽精美巧思，凡题额、花窗、裙板、地砖等石作和砖瓦作、木作均无重复图样，虽大多以福寿禄财等较为民俗的主题做装饰造型，然而图案与工艺饱满精湛，体现出较高的设计与工艺水平。尤其是部分中西合璧的设计如移门、玻璃推窗、水泥铺地、嵌入式浴缸等，兼顾了实用与美观，体现出一定的创新性。正如朱江先生评价的，"综观其园景，于平淡无奇中，给人以妩媚爽朗之感"[1]。

---

① 朱江. 扬州园林品赏录［M］. 上海：上海文化出版社，2002：247.

图5-152 可栖偲小院植物配植

八 逸圃——曲尺借云光

（一）历史变迁

　　逸圃位于扬州"双东商业区"的东关街356号，南邻东关街，东邻个园，是晚清最后一座颇具规模的城市宅园。宣统二年（1910年），"惠馀钱庄"主人李松龄（字鹤生，1871—1937）购入朱姓老屋后增修成逸圃。1935年钱庄歇业，1937年日寇侵占扬州，李鹤生受惊成疾去世，日军驻扎逸圃。民国后期转入国民党第九军军长颜秀武名下，新中国成立后于1952年收为公管，初始驻解放军，1960年左右苏北行署区农林处宿舍，又为扬州广播电台、国画院，虽然1962年定为市级文物保护单位，但仍然未得到很好的保护，成为大杂院（**图5-153**）。据扬州市古建专家赵立昌先生回忆，"逸圃的毁坏实际始于20世纪60年代"[1]直到2007年8月，扬州市政府组织搬迁了38户居民，按照李氏后人所提供的《大宅平面图》《大宅记》等历史资料，大致复原了逸圃历史原貌。2013年逸圃被评为国家文物保护单位，作为"长乐客栈"的一部分对外营业。园主后人现住扬州和台湾。据《李氏族谱》载，李鹤生所生的9男5女中有5人在幼时夭折，1人失踪，目前李氏后人的第五代李凤娟仍居住在扬州。

图5-153　逸圃修缮前旧照（资料来自扬州市文物局档案）

---

①　引自《扬州时报》2007年10月17日，A8版。

（二）总体布局——曲尺乾坤

逸圃总占地3521.44平方米，坐北朝南，南北纵深达100余米，新中国成立后尚存房屋70余间，目前已完成修缮完成6进及花厅等，建筑面积计1496.64平方米，复建部分建筑面积866.68平方米。清代扬州宅园多是前宅后园的形式，而逸圃稍显特别，陈从周先生认为这是扬州宅园中唯一的一例西宅东园的布局。由于地块狭长，东西两路建筑中间由1.3米宽、南北约56米长的火巷分隔，前花园位于东南，南北约28米，东西约5米，占地约140余平方米（不含建筑）；后花园位于西北角住宅后，占地约320平方米（含建筑占地约156平方米）。主入口位于全宅的东南，是风水中青龙门的位置，磨砖对缝砌筑，旁立汉白玉石雕门枕石一对。入口门堂右接一间门房，供守门佣人居住（图5-154、图5-155）。

下门堂台阶步入天井，此处地坪低于东关街马路，说明宅内建筑地基历史久远，最晚应是清中期。天井西侧为仪门，青灰磨砖门墙，一对汉白玉抱鼓石，黑色门扇配古铜门钯，重叠三飞式磨砖飞檐，整体显得庄重肃穆。入仪门内为西路五进住宅。首进面北照厅三间，用作轿厅，其西接书房、客座各两间（现已不存）。客座原有门通往东关街，即358号，后关闭。西路住宅第一进是对合二进六间二廊围之四合院格局，主厅堂是正厅三楹，前置十八扇木雕隔扇，厅明间后步柱间置屏门六扇，两侧次间置木雕落地罩，地面铺方砖，这也是扬州民居中大户人家常见的布置形式。后三进住房为三间二厢的格局，明间置六隔扇，后设屏门，方砖铺地。第五进住宅连同后花园是女眷活动的场所，建筑是二层楼廊，也是三间两厢的格局。逸圃每进厢房屋面均呈向内一面坡落水形式，俗称"道士冠"，便于排水、防火防盗，并且显得屋宇挺拔轩昂（图5-156）。

火巷东侧，包括东路建筑在内主要是附属功能空间，是半开放半私密性质，如厨房、仓储、账房、家仆住宅、花厅（客厅）等。在这样局促的空间内园主并未删减任何必要的礼仪空间，而是使它们发生了有趣的位移。如一般的三路或五路按奇数布置的宅房会按照"西庙东祠"的习俗置放供奉神灵及祖宗的空间。而逸圃前院花厅前的五边形半亭澄瀛阁在李氏后人提供的图纸记载为"大仙阁"，根据扬州本地供奉神灵一般是半开敞空间的模式，澄瀛阁即为家庙，很可能有香火供奉。天井院落八角门东侧为砖雕福祠，墙北接一硬山三开间建筑带有一方天井，据传是李家祠堂，现闲置未修复。

陈从周先生评价逸圃的布局道："与苏州曲园相仿，都是利用曲尺形隙地布设，但比曲园巧妙，形成上下错综，境界多变"，应是指后院的立体交通。从火巷北端尽头左转穿过寿桃形园门进入后花园供访客及仆人行走，而园主家人尤其是女眷应有另外的通道。火巷题有"别趣"的骑马楼似乎暗示出其中的玄机，它和假山、二层回廊巧妙连接了后花园与签押房，构成隐藏的二层的交通路线，山石与植物搭配倚靠墙壁建造的蹬道节省了空间且十分隐蔽。

（三）营造意匠——陋巷家风

《扬州民国建筑》的主编杨正福先生回忆道："余儿时尚见墨漆大宅门扇上浅刻朱红色对联'扬

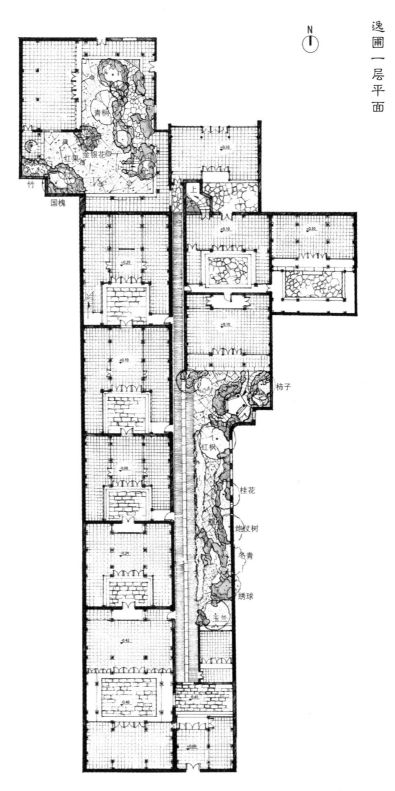

N

青桐

红果 金银花

竹

国槐

上

柿子

红枫

桂花

炮仗树

冬青

绣球

玉兰

图 5-154 逸圃一层平面图（作者测绘）

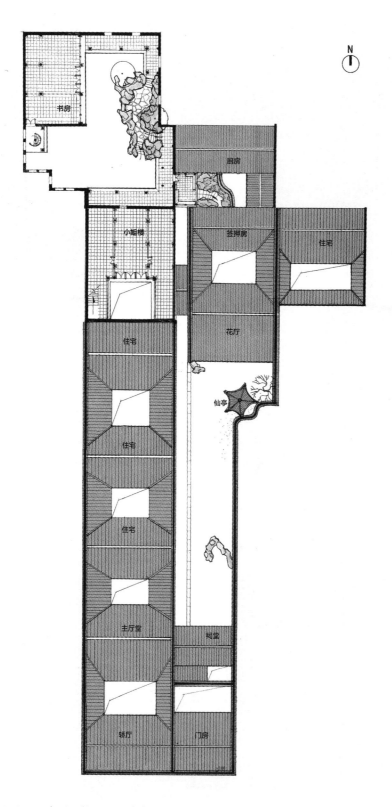

书房

厨房

小姐楼

签押房

住宅

花厅

住宅

仙亭

住宅

住宅

主厅堂

祠堂

轿厅

门房

逸圃二层平面

N

图 5-155 逸圃二层平面图（作者测绘）

图5-156 逸圃南向北鸟瞰图（资料来源于网络）

州古明月，陋巷旧家风[1]'，字体凝重有力。"逸圃的名字，体现出主人与世无争的理想。"逸"有游离、安闲、休息的含义，旧时称避世隐居的人为"逸民"，正是一个祈望在晚清乱世中求得安稳平静的普通小资产者心态的写照。新华字典对"圃"字解释为：种植蔬菜瓜果的园地，或是从事园艺工作的人。前院花厅楹联"半亩方塘，领取天光云影；数弓余地，商量种竹栽花"体现出园主追求淡泊宁静的生活态度。园林虽小，却可以借云光之境体察自然的美妙，在精心布置花木、耕种劳作的过程中享受闲逸生活的诗意。而这份平静之中多少蕴藏些许不得已的无奈，在动荡的乱世中坚持理想抱负，想有所作为谈何容易！旧时读书考取功名以匡济天下是所有儒商的梦想，然而晚清的腐败、时局的动荡和光绪变法后思想的进一步压制使得园主已无力将理想化为行动，甚至多说无益，不愿谈及。从后花园书房楹联"花如解语还多事，石不能言最可人"可以体察到李氏对传统知识分子读书出仕的理想的彻底失望。但是，报国虽无门，做人仍应有担当。正厅悬匾额"忠恕堂"，点明了"陋巷旧家风"的精神实质，是儒家道德信仰的浓缩，即对己要求"忠"，坚守孝、诚信的品质；对人应"恕"，以仁爱、宽厚之心推想别人。

逸圃入口天井与别处不同，仪门位于西侧，正对一面青墨磨砖贴面八角门，门额由砖刻平浮雕回纹景框围绕中间的浅刻隶书"逸圃"二字，字体圆润飘逸，

---

① 杨正福. 扬州民国建筑 [M]. 扬州：广陵书社，2011：75.

为后人补刻。不同于通常所见框景取均衡构图的画面，此处所借的是青砖夹持着白石板的火巷甬道，笔直往北延伸至花厅西墙，之上有题额"别趣"的过街楼，显得悠远深长，延绵不尽。晚清扬州私家园林中似乎刻意营造特别深远的视线以扩大空间感，如何园玉绣楼的透窗、汪氏小苑中的视觉轴线等。此处接近60米的火巷甬道"夹巷借天"使人产生强烈的"庭院深深"的视觉与心理印象。甬道左侧是青砖高墙，右侧是藤萝山石，隐约漏出亭檐门窗，似有壶中天地之感（**图5-157**）。

书斋即藏书楼题额"尘境常磨"很可能出自《河洛理数》中的卦诀"古镜重磨扫日尘，梅花先报陇头春"，也是常用的中秋诗词。古镜代表月亮，古镜重磨指月圆，象征着（经历磨难）回归美满的状态。而"尘镜"一词颇具禅理的意味：月亮被荫蔽正如古镜蒙尘，当心灵迷茫时更需时刻自省，不断磨砺的心灵才能成长，保持澄明的正见。一词语义双关，令人寻味，匾额正对东侧假山洞内圆月的造景，可谓情景相映（**图5-158**）。

（四）叠山理水——拳山勺水

李渔在《闲情偶寄》的《居室部》中谈到："开窗莫妙于借景……四面皆实，独虚其中，实者用板，蒙以灰布，勿露一隙之光……（虚者）纯露空明，勿使有纤毫障翳。"[①] 以强化明度对比的界面获得形式感极强的框景效果，能使景观主题更为明确、突出。后花园的书房山的借景可谓绝笔。书斋距离东侧院墙仅仅9米，山石占去5米，且周围都是二层建筑，尺度十分局促。通过巧妙地组织视线，从书斋一层穿过山洞可以看到东侧墙的圆形漏窗，在山洞幽暗背景的映衬下仿佛一轮永恒的满月置于空中，窗内透出东院中植物枝叶，随着四季更替枯荣变幻。这道视线的开辟化解了狭小的空间给人的压抑感，并形成极具构图形式和诗意的立体画卷（**图5-159~图5-161**）。

以拳山勺水造景更需将景物与诗词、天光云影等尽可能多的元素联系起来，给人多层次、多维度的感受与想象空间，构成"意"与"象"的共鸣，从而拓展空间的意境。花厅楹联"半亩方塘，领取天光云影"取自宋朱熹的诗《观书有感》："半亩方塘一鉴开，天光云影共徘徊，问渠哪得清如许？为有源头活水来。"花厅前的小池宛如一面镜子映衬着天空云动的景象，似是人心的徘徊变化，只要不断吸收新的知识，就会保持一种平和清净的心境。景由境出，意在言外，正是"方寸见天地，瞬间悟人生"（**图5-162**）。

（五）建筑雕饰——质朴精美

逸圃的建筑装饰以砖雕为主，未见清晚期流行的西洋元素的融入，保持了较为传统纯粹的扬州本地风格。如后花园二层书房为《园冶》图版中描绘的小五架式，也是书房、小窄、亭子常用的列架式样。逸圃所有住宅的左右次间卧室上有木板天花吊顶，地面架龙骨铺木地板，周围墙壁置和合墙板，当地俗称"板笼子"。住宅次间的耳房、厢房配有木雕灯笼锦式和合窗扇。这种全木装修的

---

① ［清］李渔. 闲情偶寄［M］. 李树林译. 重庆：重庆出版社，2008：269.

仪门　　　　　　　　　　　　八角门　　　　　　　　　　　　廊桥

图 5-157　逸圃园门借景（作者自摄）

图 5-158　逸圃别趣花园书房假山（作者自摄）

图5-159 逸圃别趣花园南剖立面图（作者测绘）

图5-160 别趣花园鸟瞰图（作者自摄）

做法耗资不菲，体现出主人对生活品质的考究。住宅临天井两面次间耳房厢房窗为木雕灯笼锦式和合窗扇。女厅及后花园的装饰更为精美。厢房槛墙镶嵌磨砖斜角锦，也称为吊角萝底砖；二层廊檐镶嵌砖雕回纹、叶蔓牡丹图样的裙边，共四十三片，三面环绕并起到防雨防潮的实际效果。逸圃在用材和制作上都很讲究，据说李鹤生亲自监管施工，为保证品质，规定每日只能砌筑两行墙砖。砖雕装饰大都取自扬州民间常见题材，如福祠雕刻"平升三级"图样，书斋南墙窗饰为暗八仙，竟然无一重复；火巷北侧东墙镶嵌的寿字砖雕尺幅达一米余见方，刀工洗练，为扬州罕见。宅院东墙为五山屏风封火墙，南北延绵数十米，从视觉上统一了花厅等建筑与园林的整体造型关系，其上花瓦漏窗式样亦无一雷同，图案洗练雅致，绕以藤萝枝蔓，有怀古幽情（**图5-163、图5-164**）。

（六）总结评价

逸圃是晚清扬州城内最后一座私家园林遗存，具有典型的扬州本地特色，并未受到当时西洋流行样式的影响。由于基地狭长不规则，全园以火巷为中心布局分为东西两园，以复道回廊及廊桥相连，充分利用空间的同时又以八角门框景展现出无限深远的空间，非常巧妙。逸圃布局小而全，如以东园的花亭代替家庙，仪门改为朝东，北园书斋复廊设旋转楼梯通达等，曲尺隙地给人幽深静谧之感。

逸圃园林以拳山勺水，借天光云影及诗文意境营造空间的手法今天仍值得借鉴，北园的湖石山及东园的贴壁假山为晚清纯石叠山的写意佳作，虽体量小巧却有山林气象。园内的桃形门洞，寿字纹砖雕、方形暗八仙浮雕窗框等细节装饰亦十分精美独特。

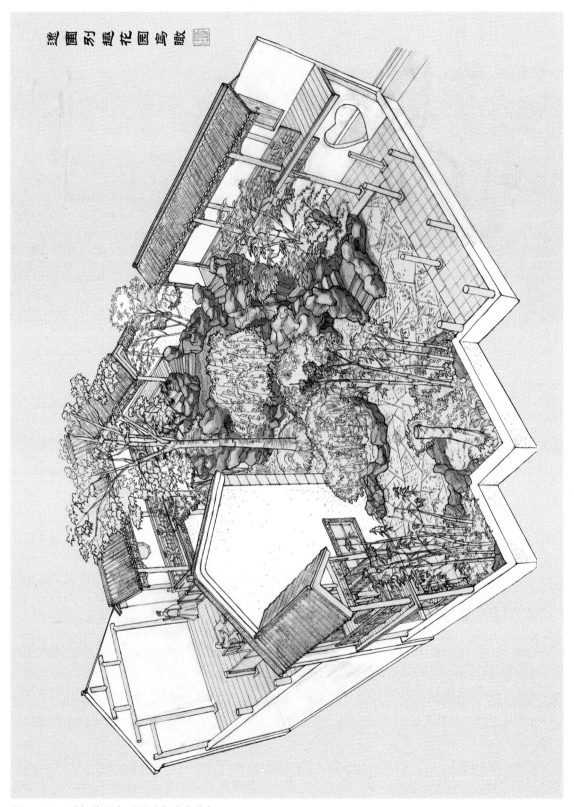

逸園列趣花園鳥瞰

图5-161 别趣花园鸟瞰图（作者自绘）

东园贴壁假山

涵清阁（原花厅）、水池及五角亭（原大仙阁）

图 5-162 逸圃前花园及花厅（作者自摄）

图 5-163 别趣小院方窗雕刻暗八仙纹样装饰（作者自摄）

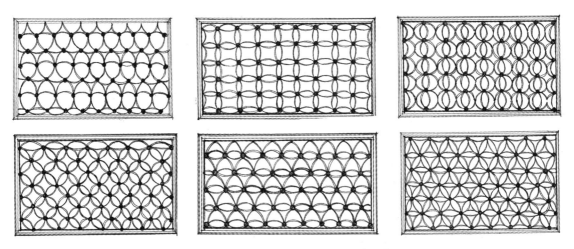

图 5-164 逸圃前园贴壁假山院墙上的灰瓦花窗图案各不相同（作者自绘）

图5-165 逸圃前院贴壁假山东立面图（作者自摄）

　　逸圃紧邻个园，是双东历史街区的重要历史遗迹，长期为长乐客栈经营使用，并未对外开放。修复后现状与原貌存在较大差别，如李鹤生后人李树德《大宅记》中回忆道，他少年时期生活的大宅中的假山"东厅对面有座假山，有石阶可以登山，亦可进入山洞。洞中设有石凳4张，假山前面广场亦设有石凳4张……"而现在东园的贴壁假山人工痕迹较重，不可登亦无山洞可游，后园的假山也使用水泥贴面的台阶，未能完全"修旧如旧"，略有遗憾。**（图5-165、图5-166）**。

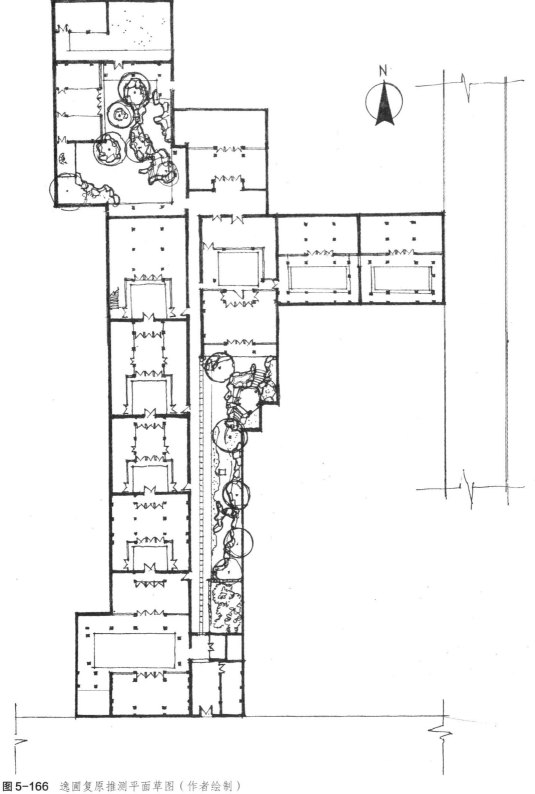

图 5-166 逸圃复原推测平面草图（作者绘制）

结语

综上案例分析，晚清扬州私家园林的理法特征主要体现在这样几个方面：

一是拳山勺水的意境：

晚清扬州私家园林擅长营造壶中天地，追求以"一峰则太华千寻，一勺则江湖万里"的手法表现深远的自然景致。较早期在旧园基础上扩建的园林如个园、棣园、小盘谷、何园、瓠园延续了计成、张涟以来的追求真山气象的原则和手法，模仿南宗山水绘画构图，以简练的山石花木元素再现自然山林中的峰、峦、涧、谷、壑、岗等形态。例如将园路紧贴山脚，模仿自然山林在山腰或山顶种植完全不加修剪的高大树木，使人只能仰视山体并且始终无法窥得山形全貌，越发产生置身于深山的感受；受清中期湖上园林鼎盛时期风格影响，晚清的城市私家园林中亦体现出复杂穿越的空间关系，运用扬派叠石的大空间跨度的优势结合贴壁假山构建真实尺度的山洞、涧谷，给人真山的联想。另外，长江之滨的悬壁立仞、运河沿岸的长楼绵延、水路上的行舟景象亦被写意的手法在园林中再现，如黄黑卵石铺地模仿长江流动的旱园水作的手法等。

清末扬州城内的大家族均迁居他处或逐渐没落，新建园林无力营造真山水格局，转而模仿文人画的象征性创作手法，结合匾额楹联的诗句暗示综合表达有意味的情境。粉墙黛瓦、精心选择的植物、地面精美的图案、几块玲珑垒石以写意表现的手法组成简约清雅的小品，耐人寻味，如逸圃、汪氏小苑、蔚圃、民国四庐内的庭园等。

二是场景并置的时空：

晚清的社会动荡反映在私家园林的营造中，似有一种牡丹芍药之富丽与秋桂腊梅之香寒并存，绚烂处有悲凉的气息，体现了扬州儒商的心理诉求。园主人多倚借垄断敛财发家，为保有财富强烈渴望进入官场，另一方面也有学习西方先进文化，发展实业的愿望。其心理与行为是复杂且矛盾的。被称作中国"睁开眼睛看世界"第一人的魏源于1820～1832年间客居扬州准备《海国图志》的编修，并与当时的两江总督陶澍、棣园主人包松溪、官员梁章钜等交好。因此，晚清扬州城市私家园林的布局体现为多重场景并置的特点，在狭小的空间中占有多种时空。其中桂堂花厅戏台等表演聚会空间为生意往来而设置；觅句廊、艻田是联络士族文人举办修契雅集的场所；藏书楼、公子读书楼是子孙为科举入仕苦读之处；为维护家族理法而有祠堂家庙等空间；为孝亲养老及女眷活动专门辟有女园；而濠濮山房、曲沼观鱼、水流云在、九狮图山等具有禅学道家理念的空间为园主人寄情抒怀、寻求内心宁静的场所。这些不同功能与意境的空间被重叠或并置，以园中园的形式构成整体的集锦式布局；长楼、假山、高台等纵向空间的延展强化了穿插渗透的效果。另一方面，晚清江南文士讲究四时园居的生活美学，将节气变化、气象与物候特征融入生活起居的行为中，亦体现在晚清扬州城市私家园林的营造中。扬州四季分明，植物与气象条件均有利于表现四时景观，因而在园中分别体现春夏秋冬特征的做法十分普遍，如个园的"四季假山"通常的做法是早春赏梅、笋石与新竹；仲春赏桃柳、琼花玉兰；初夏赏芍药牡丹，盛夏入山房听蛙鸣，雨打芭蕉，观莲赏荷戏鱼；初秋金桂飘香，赏月拜月；深秋登高望远，丹霞古松，做濠濮间想；冬季赏雪景，嗅腊梅暗香，画古藤旧石。不仅是个园，这些景物在何园、棣园、瓠园、小盘谷、二分明月楼等晚清私家园林中都有完整或片段的体现。

三是多重关联的借景：

《园冶》中写道："夫借景，园林之最要者也。"计成认为借景是造园最重要的，却并未具体阐述。陈植先生认为"借景"不只是从游赏的角度考虑景境之间空间的有机联系，而是包括园林的总体规划和具体情境（物境与人境）的"意境"构思，是一种思想方法。"借景"其实是一种寻找世间万物的联系的思考方式，无论是实物景观还是自然现象，或是人的思想和情感，都存在关联性，"借景"的奥义在于发现、组织，以及再现情、物、景、境之间的关联，并且追求真实自然不造作的效果。事物间的关系越复杂多样，所呈现的面貌就越接近艺术的真实，合乎美的规律，即为"虽由人造，宛自天开"。晚清扬州城市私家园林大多封闭于城市一隅，不若杭州、无锡等城市园林有湖光山色美景可资借，因而发展出独特的空间渗透结合意象引申的借景手法，实现了在"螺蛳壳内作道场，密不插针，疏可跑马"的小中见大的空间体验效果。

晚清扬州私家园林中具体的借景手法特色主要是：

其一，借平面轴线。通过引导视线穿越多层次的平面轴线，收束于花窗或是山石植物小品，营造视觉上"帘幕无重数"的无尽深远的空间感。别处的古典园林多宅园分离，园林营造时注重平面路径的曲径通幽，因此在花窗或地穴框景时只能获得较少的景观层次，而晚清的扬州私家园林布局多宅园合一，空间相互渗透，并且"明三暗五、明三暗四"的建筑结构减少了堂屋的面积，取消了挡中，因而可以利用住宅的空间轴线结构营造多层框景，并且轴线的两端都有景可借，极大地扩展了空间感。如何园玉绣楼北侧水磨花窗正开设于西路建筑的门窗轴线上，当门窗全部开启时能够借助重重框景营造出"什锦万象"的深邃意境。汪氏小苑的西路建筑南端的可栖徲院落月洞门居于中门轴线，延伸至北墙的青砖花窗墙，其后有竹林桂丛，形成穿透八层空间的纵深视线，给人庭院深深之感。逸圃则借八角门框景火巷的轴线，精心设计地面和空中连廊的式样，显得别致悠远，是十分罕见而巧妙的借轴线的案例。

其二，借纵向空间。由于城市繁华区域土地稀缺，扬州私家园林布局十分注重空间的使用功能及利用效率，宅园用地十分紧凑，建筑的墙、柱子极尽可能地合并利用，以至出现了个园长达三十米的长楼，何园前后错落的蝴蝶厅，二分明月楼等。园内多以复道回廊结合点式堆叠的贴壁假山共同构筑复杂多变的流动空间，路径立体交错贯通园林空间，并且交通分流，主人和仆人均有贯穿全园的专属交通路线，互不干扰，经巧妙设计遮挡可使人免于日晒雨淋之苦。园中极少见孤赏的峰石，而是以山石连绵不断的气势取胜，中空外奇，游其间者，如蚁穿九曲珠，又如琉璃屏风，曲曲引人入胜。

其三，借四时光影。扬州宅园造景比较重视营造小环境中的光影效果，尤其是叠山理水时能够巧妙利用明暗对比加强造型特征或是开启天窗引入天光，利用水中倒影延伸景致等，可谓"天然去图画"。因此扬州园林假山中的丘壑岩洞多干爽开敞通透，采光通风良好，给人冬暖夏凉的舒适感受。如逸圃后院贴壁假山利用山石洞口与月洞透窗，通过光线的明暗对比形成"夜空明月"的画面，配合"尘镜常磨"的题匾，巧妙地营造出具有深远意味的"情境"。片石山房中的"镜花水月"情境是利用山石洞形在水中的倒影变化营造出动态变换的"水中月"，对应天上月亮的朔望变化，引人感慨。个园的秋山、夏山、卷石洞天假山洞穴以结顶留空的方式将天光引入岩穴内，置石桌石凳，为悠然之境。小盘谷湖石山麓围合院落形成天井，以粉墙黛瓦空窗枯枝为纸面，朝夕光线为笔墨，可令人清晰地体察时辰变换的光影效果，有壶中乾坤之意境。扬州私家园林造景随四时所宜，体现出时空融合的思想。《园冶》中描述的春寒料峭，卷帘邀燕，高架秋千，扫径护兰芽，夏日听林荫莺歌，幽人即韵于松寮篁里，秋日赏池中残荷，听虫草鸣幽，冬日平台眺雪，岭上探梅等情境交融的四时之美在扬州宅园中或多或少均有所体现。若空间开阔宽敞如个园，可依天文地理人文之理营造四时晨暮兼备的时空交融之境，若只有残山剩水，片石寸土，也可以概括象征的手法将局部的情境融入广阔的自然中，引申出关于时间流逝，生命轮回的感悟。

其四，借诗情画意。与明清江南文人园林相似，晚清的扬州私家园林也是以诗画意境为主导审美因素的艺术创作。"主人"通过题词、楹联、碑刻等赋予空间强烈的文学叙事和抒情特性，景物也因而具有鲜活的生命力，展现出丰富的人格特征。如梅妻鹤子，石令人古，水令人远等，被拟人化的景物反过来也可以塑造富有意味的空间，组成情感空间，如探入书房窗口的顽石，掩映门后的丛竹等。这种寄情于万物的诗意正是《红楼梦》中贾宝玉"情不情"的博爱理想，反映出晚清文人精神审美追求的一个侧面。扬州园林中直接借用诗文书画对应园林造景的做法也十分常见。如个园厅堂悬挂郑板桥的竹图配合园林竹林景观；汪氏小苑春晖室题额引用诗经诗文勉励家族兄弟团结奋进，与建筑所用材料、图案等巧妙呼应；寄啸山庄叠石种松柏营造空山新雨的山林景象，"寄啸"其名正来源于道家"孙登长啸"的典故等等，应当说，扬州私园中的造景是"俯仰皆诗画，静待有情人"。

四是潇洒雅健的风格：

谈及扬州园林的总体艺术风格，大多观点认为扬州园林介于北方皇家园林和南方私家园林之间，融南秀北健于一身，直中带曲，以直为主；雄中蕴秀，以雄为主。王朝闻先生谈到扬州园林与苏州园林的差异时说："以花窗为例，苏州的花窗是以曲线表现曲线，而扬州是以直线表现曲线。苏州、扬州虽然都是江南园林的类型，就像《红楼梦》中一母所生的尤氏姐妹。二姐温柔委婉，三姐清秀中隐含着刚毅之气。"陈从周在《园林谈丛》中说道："扬州园林受徽州派影响大，徽州画家的艺术风格，本来就是清淡平和，安闲轩畅，萧疏高简，伟俊沉厚，其审美情趣是以天真幽淡为宗。"

具体而言，康乾盛世皇帝南巡等一系列重要事件对扬州造园风格的影响主要体现在运河及蜀瘦西湖一带湖上公共园林，"扬州瘦西湖可以进行定义为北方多景大观园林的相应的南方版本，是在特定历史发展条件下出现的特例，同样也是表达了相应的皇家园林的审美方向对于扬州园林影响的一个良好的例证……所采用的营造之法同样也是较多的模仿京师的风格，较为具体的表现在建筑的尺度、色彩与翼角相应的做法上面……"而城市私家园林兴盛主要是晚清同光中兴时期，受到造园主体徽商的文化趣味偏好及洋务运动及留学浪潮等多重因素的影响，体现出以徽派审美为主，兼有法、意等西洋元素点缀的融合风格。并且，徽州对扬州园林产生的影响具体表现在徽商的审美风格，苏州对扬州园林的相应的影响则更多地体现在工匠进行流动进而带来的相应的技术交融。

五是技近乎道的艺匠：

"艺匠"现象是中国农业文明中极为重要的组成部分。扬州手工艺匠的高超水平保证了园林的营造品质，其中比较突出的是扬派叠石技艺和砖石雕刻艺术。

园林艺术的精华在于裁山分水，掇山理水，而山水之美又来自于相师（叠山者）心中的诗画意境。"扬州以亭园盛，亭园以叠石盛"，扬州园林用于叠山的石料较小，种类较杂，要实现真山气势更为仰赖叠者的修养和经验。扬派叠石艺匠自清初的计成、石涛、张涟至清中期董道士、王庭余、仇好石的进一步发展，到民国的余继之、当代的方惠、孙玉根、王鹿枝的传承已有四百余年历史。晚清扬州城市私家园林叠石的主要特色是：其一，整体布局上分峰用石。晚清扬州城内私家园林往往多石并用，黄石山雄峻阳刚，湖石秀美阴柔，一阴一阳谓之道，构成城市山林的主体，宣石和石笋通常与植物搭配组成点缀的小景。其二，山体多为以条石为骨的框架结构或直接借助墙体叠贴壁假山，外部包镶小块碎石取得自然的效果，因此山体的空间跨度与高度具有较大的自由，可与建筑连构成上下通达的复杂穿插空间，洞室较类似拱券结构的苏派"环透拼叠"手法所叠的假山更为宽敞通透，并可以留出较大的树池培土于山体外部种植高大乔木。其三，扬州私家园林中的黄石湖石皆以横纹拼叠为主，因此有利于表现山体的动势和险峻感，尤其是飘、挑、连等堆叠技法的大量运用构成扬派叠石独特的潇洒飘逸，大开大合的姿态。其四，杨派叠石虽是纯石叠山，却极为重视植物与山体的搭配，尤其是崖壁垂枝、凿洞穿藤、山腰植松的做法既突出了真山的气氛，又巧妙修饰了不完美的叠石背面，使得山石与植物浑然一体，充满生机。随着采石方式、结构技术的进步，生产工具和生产方式都发生了颠覆性的革新，更重要的是现当代中国人的生活方式与审美已经发生了根本性的改变，扬派叠石的应用空间几乎消失，扬派叠石技艺也面临失传的危机。另外，晚清扬州私家园林中的清水砖作品质高，应用广泛，如门楼、照壁、山墙、福祠、垛头、花窗透窗、抛枋、犀头、门景、地穴、月洞等处，多为墙面贴饰或装饰构件，如园林中的主厅堂山花通常是一幅完整的砖雕图案，有风吹牡丹、和合二仙、流云蝙蝠等题材，构图饱满，层次丰富，刀工洗练。砖质较木料雕刻困难，需用软硬劲，全凭手法技术。扬州园林中砖雕创作的主题常见云纹、如意、铜钱蝙蝠、草龙等民俗主题图样，也有暗八仙、花卉、戏文人物故事等题材，多见高浮雕、圆雕、透雕等难度较高的工艺，其水准与徽州及苏州一带相当。

而岁月如歌，总有曲终人散，再美妙的艺术也只属于某一特定的时代、地域和人群。扬州园林艺术是基于集权政治背景下的江南农耕文明与运河商贸文明结合孕育的绮丽花朵，是中国传统儒道释文化演进至尾声的篇章，也是中国古代园林历史中文化艺术和工艺技巧最为兼容并蓄的一派。扬州园林中展现了文人写意的诗性、神形合一的画味，小中见大的空间和时空流转的意境。在营造意境和技巧方面，晚清的扬州园林接受并大体实践了计成在《园冶》中所阐述的造园思想，尤其是叠石技艺吸收了苏州香山帮的技艺和北方山水绘画的形态格局，发展出中空外奇，具有真山气象、以纯石堆叠为主的扬派叠石技艺，为其最高成就。

[1][清]钱泳. 履园丛话[M].

[2][清]郑庆衣古. 扬州休园志八卷[M].

[3][民国]王振世. 扬州揽胜录[M].

[4][清]李斗. 州画舫录[M]. 南京江苏广陵古籍刻印社，1984.

[5][清]张万寿. 扬州府志四十卷[M].

[6][清]阮亨. 广陵名胜图记[M]. 南京：江苏广陵古籍刻印社，1984.

[7][明]史起蛰，张榘. 两淮盐法志[M]. 北京：方志出版社，2010.

[8]董玉书. 芜城怀旧录[M]. 合肥：建国书店，1948.

[9]都铭. 扬州园林变迁研究[D]. 同济大学建筑学院，2010.

[10]顾凯. 明代江南园林研究[D]. 东南大学建筑学院，2009.

[11]陶元. 扬州地区明清时期私家园林[D]. 河北大学，2010.

[12]黄薇. 扬州东关街历史街区保护与整治研究[D]. 上海交通大学，2008.

[13]张彦. 苏州、扬州古典私家园林对比研究[D]. 北京林业大学园林学院，2010.

[14]吴涛. 基于地域文化的扬州历史园林保护与传承[D]. 南京林业大学，2012.

[15]冯媛媛. 扬州园林的"秀"与"雄"——兼与苏州园林比较[D]. 苏州大学，2007.

[16]高磊. 徽州园林与扬州园林之比较[D]. 合肥工业大学，2003.

[17]杨玉臻. 扬州城市大园林推进对策研究[D]. 扬州大学，2008.

[18]胡秀娟. 江南古典园林细部研究[D]. 南京林业大学硕士学位论文，2007.

[19]宋奕. 影像江南[D]. 南京艺术学院，2012.

[20]刘红娟. 李渔生活美趣研究[D]. 首都师范大学博士学位论文，2012.

[21]杨欣. 扬州盐商住宅园林旅游资源可持续开发研究[D]. 扬州大学，2008.

[22]徐明. 论植物主题造景及在江南地区园林中的应用研究[D]. 南京农业大学，2005.

[23]倪明. 历史园林的保护与开发研究[D]. 南京林业大学，2011.

[24]包广龙. 扬州小盘谷造园艺术研究[D]. 南京艺术学院，2012.

[25]王理娟. 扬州老城区盐商宅居空间特征研究[D]. 华南理工大学硕士学位论文，2012.

[26]端木山. 江南私家园林假山研究[D]. 中央美术学院，2011.

［27］陈莹莹. 扬州个园假山叠石中形态语言符号的研究［D］. 扬州大学，2011.

［28］魏菲宇. 园林路径空间量化研究［D］. 南京农业大学，2011.

［29］金芸. 江南私家园林路径空间量化研究［D］. 北京林业大学，2009.

［30］王筱倩. 扬州老城区建筑遗产形态特征的整体性研究［D］. 江南大学，2012.

［31］陈羽. 江南私家园林景观意境分析［D］. 安徽农业大学，2008.

［32］周文逸. 扬州东圈门汪氏小苑建筑空间研究［D］. 南京艺术学院，2012.

［33］薛晓飞. 论中国风景园林设计"借景"理法［D］. 北京林业大学，2007.

［34］阴帅可. 明清江南宅园兴造艺术研究［D］. 北京林业大学，2011.

［35］董艳. 明清戏曲与园林文化研究［D］. 陕西师范大学，2012.

［36］秦岩. 中国园林建筑设计传统理法与继承研究［D］. 北京林业大学，2009.

［37］王欣. 传统园林种植设计理论研究［D］. 北京林业大学，2005.

［38］刘永. 江南文化的诗性精神研究［D］. 上海师范大学，2010.

［39］杨晓东. 明清民居与文人园林中花文化的比较研究［D］. 北京林业大学，2011.

［40］闫安. 清初扬州画坛研究［D］. 中央美术学院，2006.

［41］李世葵. 园冶园林美学研究［D］. 武汉大学，2009.

［42］于亮. 中国传统园林"相地"与"借景"理法研究［D］. 北京林业大学，2011.

［43］孙明. 清朝前期盐政与盐商［D］. 东北师范大学，2012.

［44］贺志朴. 石涛绘画美学思想研究［D］. 中国人民大学，2004.

［45］熊伟. 园冶新读［D］. 南京艺术学院，2012.

［46］何佳. 中国传统园林构成研究［D］. 北京林业大学，2007.

［47］王鑫. 盐商郑氏家族文学文化活动研究［D］. 扬州大学，2010.

［48］张婷婷. 中国古典园林研究文献分析（2006—2011）［D］. 天津大学，2012.

［49］尹玉洁. 基于空间结构分析探究留园造园理法［D］. 北京林业大学，2012.

［50］孟兆祯. 园衍［M］. 北京：中国建筑工业出版社，2012.

［51］朱江. 扬州园林品赏录［M］. 上海：上海文化出版社，2002.

［52］童寯. 江南园林志［M］. 北京：中国建筑工业出版社，1984.

［53］陈从周. 扬州园林［M］. 上海：同济大学出版社，2007.

［54］董玉海. 历史深处的画舫——清代扬州北郊园林景观文献对照及复原探索［M］. 南京：东南大学出版社，2013.

［55］金川，李晋. 扬州古代园林花窗［M］. 扬州：广陵书社，2012.

［56］顾一平. 扬州名园记［M］. 扬州：广陵书社，2011.

［57］朱福烓. 扬州史述［M］. 苏州：苏州大学出版社，2001.

［58］周维权. 中国古典园林史［M］. 北京：清华大学出版社，1999.

［59］汪菊渊. 中国古代园林史［M］. 北京：中国建筑工业出版社，2012.

［60］扬州建设志续修编审委员会. 扬州建设志［M］. 扬州：广陵书社，2009.

［61］高居翰，黄晓，刘珊珊. 不朽的林泉——中国古代园林绘画［M］. 北京：三联书店，2012.

［62］居时阅. 园道——苏州园林的文化含义［M］. 上海：上海人民出版社，2011.

［63］吴肇钊. 夺天工——中国园林理论、艺术、营造论文集［ ］北京：中国建筑工业出版社，1995.

［64］张家骥. 园冶全译［M］. 太原：山西人民出版社，1993.

［65］曹永森. 扬州风俗［M］. 苏州：苏州大学出版社.

［66］赵明. 扬州大观［M］. 合肥：黄山书社，1993.

［67］杨鸿勋. 江南园林论［M］. 上海：上海人民出版社，1994.

［68］李保华. 扬州诗咏［M］. 苏州：苏州大学出版社.

［69］金学智. 中国园林美学［M］. 北京：中国建筑工业出版社，2005.

［70］彭一刚. 中国古典园林分析［M］. 北京：中国建筑工业出版社，1986.

［71］王鸿. 老扬州［M］. 苏州：苏州大学出版社，2011.

［72］陈从周. 说园［M］. 上海：同济大学版社，1995.

［73］郭俊纶. 清代园林图录［M］. 上海：上海人民美术出版社，1993.

［74］王其钧. 中国园林［M］. 北京：中国电力出版社，2012.

［75］李世葵. 《园冶》园林美学研究［M］. 北京：人民出版社，2010，9.

［76］方惠. 叠石造山的理论与技法［M］. 北京：中国建筑工业出版社，2005，11.

［77］宗金林. 扬州印记·人物［M］. 扬州市档案局，扬州市地方志办公室编，扬州：广陵书社，2011.8.

［78］徐永山. 何园名迹刻本集萃［M］. 扬州园林文化研究所编，扬州：广陵书社2008，6.

［79］顾风. 扬州园林甲天下——扬州博物馆馆藏画本集萃［M］. 扬州博物馆、扬州市历史文化名城研究会编，扬州：广陵书社，2003，8.

［80］李亚如. 扬州园林［M］. 南京：江苏人民出版社，1983，9.

［81］蒋华. 南京镇江扬州园林掇英［M］. 石家庄：河北教育出版社，2006，5.

［82］宗金林. 扬州印记·遗韵［M］. 扬州市档案局，扬州市地方志办公室编，扬州：广陵书社，2011，8.

［83］张理辉. 广陵家筑——扬州传统建筑艺术［M］. 北京：中国轻工业出版社，2013，7.

［84］何小弟，边卫明，肖洁，汪清香. 中国扬州园林［M］. 北京：中国农业出版社，2009，10.

［85］唐纪军. 苏州园林营造技艺［M］. 北京：中国建筑工业出版社，2012，1.

［86］鲁晨海. 中国历代园林图文精选［M］. 上海：同济大学出版社，2006，8.

［87］陈从周，蒋启霆. 园综［M］. 上海：同济大学出版社，2011，5.

［88］程国政编注，陆秉杰主审. 中国古代建筑文献集要［M］. 上海：同济大学出版社，2013，5.

［89］秦岩. 中国园林建筑设计传承［M］. 北京：中央民族大学出版社，2010，12.

［90］陈从周. 梓翁说园［M］. 北京：北京出版集团公司北京出版社，2011，2.

［91］王徽. 古代园林［M］. 北京：中国文联出版社，2010，8.

［92］孙筱祥. 园林艺术及园林设计［M］. 北京：中国建筑工业出版社，2011，6.

［93］林木. 明清文人画新潮［M］. 上海：上海人民美术出版社，1991，8.

［94］魏宪田，黎光. 相宅者说——解读藏风聚水的中国建筑文化［M］. 北京：中国物资出版社，2010，3.

［95］张道由. 落日辉煌话扬州［M］. 合肥：黄山书社，2001，6.

［96］刘训扬. 民国扬州风情［M］. 扬州：广陵书社，2009，11.

［97］韩良顺. 山石韩叠山技艺［M］. 北京：中国建筑工业出版社，2010，3.

［98］朱正海. 园亭掠影之扬州名园［M］. 扬州：广陵书社，2005.

［99］石荣. 造园大师计成［M］. 苏州：古吴轩出版社，2013，10.

［100］杨杏芝主编，扬州市广陵区地方志编纂委员会. 广陵区志［M］. 北京：中华书局出版社，
　　　　1993，10.

［101］马恒宝. 扬州盐商建筑［M］. 扬州：广陵书社，2007.

［102］朱福烃，许凤仪，谈宝森. 扬州风物志［M］. 南京：江苏人民出版社，1980.

［103］吴涛，张晓冬. 浅议扬州园林的叠山置石艺术［J］. 陕西教育，2006（12）.

［104］剪秀，何珊. 虽由人作宛自天开——扬州园林艺术初探［J］. 长江建设，1997（03）.

［105］封云. 试论中国园林的山石之美［J］. 中国园林，1996（12）.

［106］孔锦. 试论扬州寄啸山庄雕刻艺术［J］. 艺术百家，2004（03）.

［107］赵龙祥，徐亚萍，江杉. 扬州园林的创作精神［J］. 现代园林，2009（03）.

［108］傅岩，石佳. 历史园林：活的古迹——《佛罗伦萨宪章》解读［J］. 中国园林，2002(03).

［109］赵昌智. 扬州文化概述［J］. 苏州大学学报（哲学社会科学版），2001（01）.

［110］彭亦扬. 扬州文化内涵及其特征散论［J］. 扬州大学学报. 人文社会科学版，1997（01）.

［111］赵昌智. 扬州文化概述［J］. 苏州大学学报(哲学社会科学版)，2002（01）.

［112］王兴国. 论"扬州画派"对当代书画艺术的启迪［J］. 书画艺术，2007（01）.

［113］顾泽旭. 论清代扬州画派形成的地域文化背景和社会时代条件［J］. 学术探索，2003（05）：
　　　　85-87.

［114］孔凡中. 扬剧生涯五十年：记华素琴的艺术生活［J］. 南京：江苏文艺出版社，1993.

［115］陈建勤. 清代扬州盐商园林及其风格［J］. 同济大学学报（社会科学版），2001.

［116］王伟康. 两淮盐商与扬州文化［J］. 扬州大学学报(人文社会科学版)，2001（03）.

［117］赵昌智. 扬州文化概述［J］. 苏州大学学报(哲学社会科学版)，2002（01）.

［118］赵昌智. 试论扬州文化的特点(下)［J］. 扬州教育学院学报，2004（03）.

［119］陈建勤. 清代扬州盐商园林及其风格［J］. 同济大学学报(社会科学版)，2001（10）.

［120］韦金笙. 扬州园林史观［J］. 中国园林，1994（10）.

［121］周武忠. 浅论扬州园林［J］. 中国园林，1991（02）.

［122］华干林，黄椒成. 论扬州文化的传承与弘扬［J］. 扬州人学学报(人文社会科学版)，2001.

［123］钱辰方. 个园历史极其特色［J］. 中国园林. 1994（1）.

［124］金川，赵群，黄春华. 个园盐商文化遗产的保护与传承［J］. 盐业史研究，2011(3).

［125］王劲滔. 中国园林叠山风格演化及原因探讨［J］. 建筑历史. 2007，25.

［126］韦金笙. 扬州园林史观［J］. 中国园林，1994，10（2）

［127］阴帅可，杜雁. 以境启心 因境成景——园冶的基础设计思维［J］. 中国园林，2011.

［128］"精致扬州"建设专题调研组. "精致扬州"建设的分析与发展思路［R］2012.

［129］盛长元，徐莉君，徐菊芬. 扬州城市空间发展战略［R］. 2011.

后记

　　研习扬州园林的过程于我而言是一段难以形容的经历。好像采访一位面目清冷，不苟言笑的智者，起初只能言不达意地试探着了解些许日常，而后就是漫长的相对无言……不知是某一个瞬间的某一个表情还是别的什么开启了一个对话的契机，使我得以开始真正的看见，了解，从而懂得她。

　　古代园林承载了太多的故事，历经风霜世事的面貌即使经过精心装扮，也难掩沧桑失意的表情。故人已去，故里不在，那些山水楼阁还存有几分真实呢？在调研扬州私家园林遗迹的过程中，我时常在或光鲜或残败的旧日园景中，恍然感受到一丝悲凉而孤寂的情感。"寄啸山庄""镜花水月""尘镜常磨""水流云在""悔余庵"……似乎在隐隐低诉着晚清人们的无奈、放逐、矛盾和感叹。晚清的扬州园林是中国古典造园的最后篇章，一个无法画得圆满的句点。它的成败兴衰都由无法掌控的外力所致，而园主人只能在即时享乐中暂时忘却无法回避的无奈与痛苦。即使如此，古典造园发展一千多年的最高成就与最高超的技术工艺集萃于此，甚至过犹不及，流露出些许炫耀的意味。同光中兴时期南北中西的文化艺术在扬州得到了相当深度的交流与融合，使得晚清的扬州私家园林形成自成一体而兼容并蓄的风格，守护着农耕社会中商宦乡绅家族们最后的体面与尊严。

　　中国园林是一个谜，谜底是时间。世人总是希望穿越时空留下自己存在过的印记，而中国人选择了园林。这人工营造的自然看不出何时生，何时灭，只要人还有情感和想象，就还有园林。衷心地感谢我的恩师刘晓明教授引导我走入造园的世界。感谢宋立民教授、方晓风教授、李雄教授、王向荣教授、叶菊华总工在写作进程中给我的关键点拨，感谢孔楠、赵珂、邹京康、杨斌、潘伟、马泊等好友的智慧建议与真诚鼓励；感谢刘毅娟、刘滨、徐姗、张冬冬、齐羚等兄弟姐妹们与我探讨给我启发；感谢扬州园林部门的领导赵御龙、王海燕、胡安荣、尹建涛、洪玉杰、梁玉荣等同志的慷慨相助，提供了大量珍贵一手资料和研究线索；感谢我的学生孙睿、张丹、程子杰、杨铭佩、郑智桐、吴晶晶、林秋月等同学在测绘和资料整理方面给予的大力支持。

　　深深地感谢我的父母和家人的宽容与支持，给我任性追求诗与远方的自由，陪伴我走过生命中最难忘的一段时光，珍爱你们！

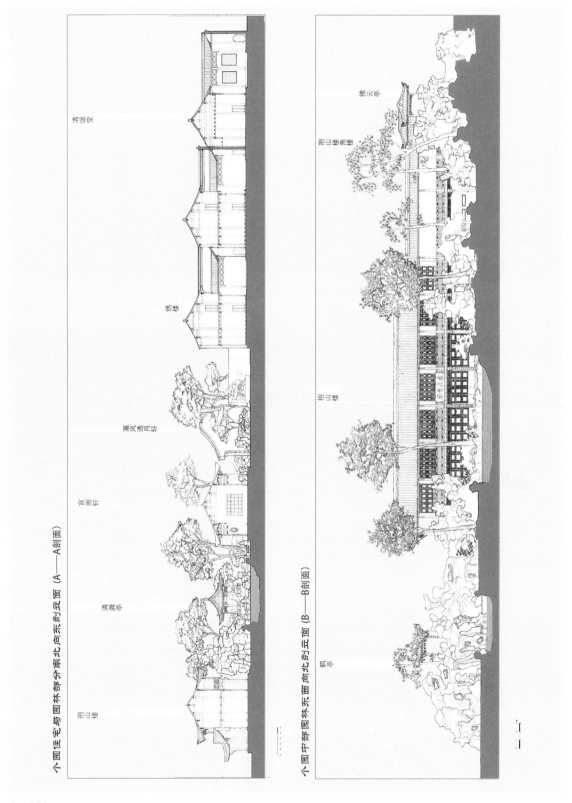

个园住宅与园林部分南北向东剖立面 (A——A剖面)

个园中部园林东面向北剖立面 (B——B剖面)

个园剖立面

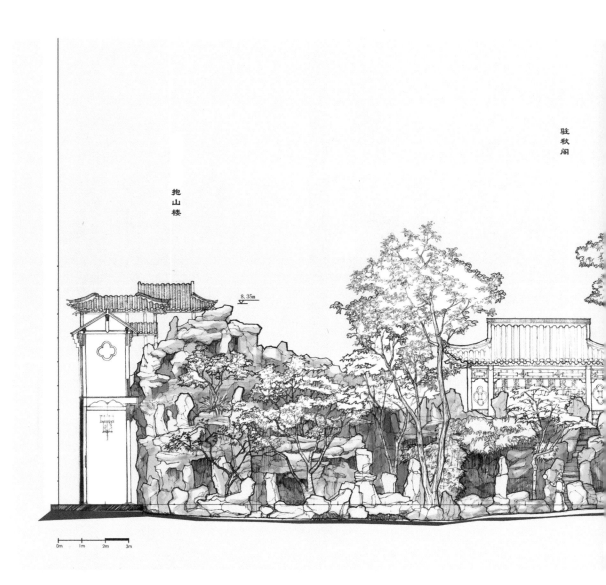

抱
山
楼

驻
秋
阁

8.35m

0m   1m   2m   3m

秋山西立面

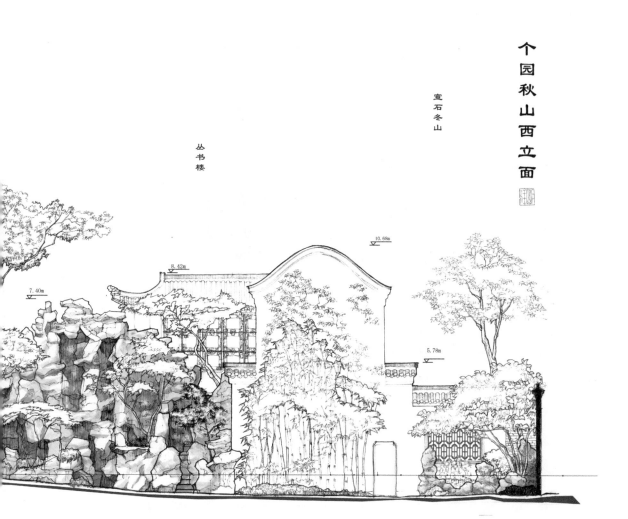

丛书楼

宣石冬山

个园秋山西立面

10.68m

8.42m

7.40m

5.78m

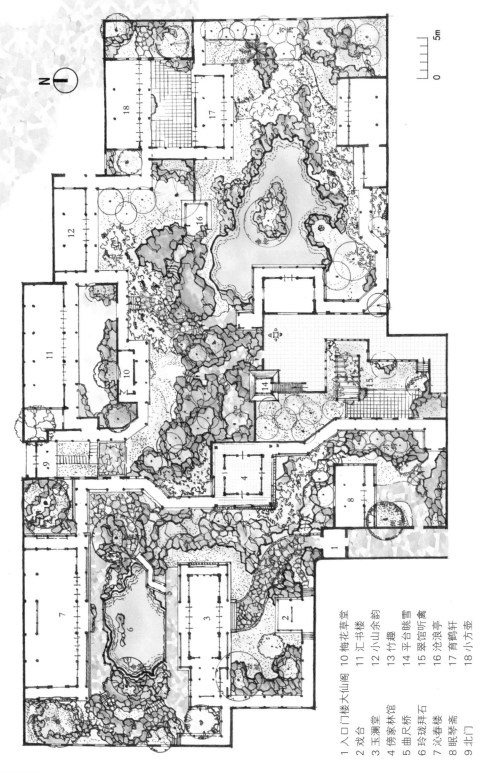

棣园平面

1 入口门楼大仙阁　10 梅花草堂
2 戏台　　　　　　11 汇书楼
3 玉澜堂　　　　　12 小山余韵
4 傍家林馆　　　　13 竹趣
5 曲尺桥　　　　　14 平台眺雪
6 玲珑拜石　　　　15 翠馆听禽
7 沁春楼　　　　　16 沧浪亭
8 眠琴斋　　　　　17 育鹤轩
9 北门　　　　　　18 小方壶

314　晚清扬州私家园林

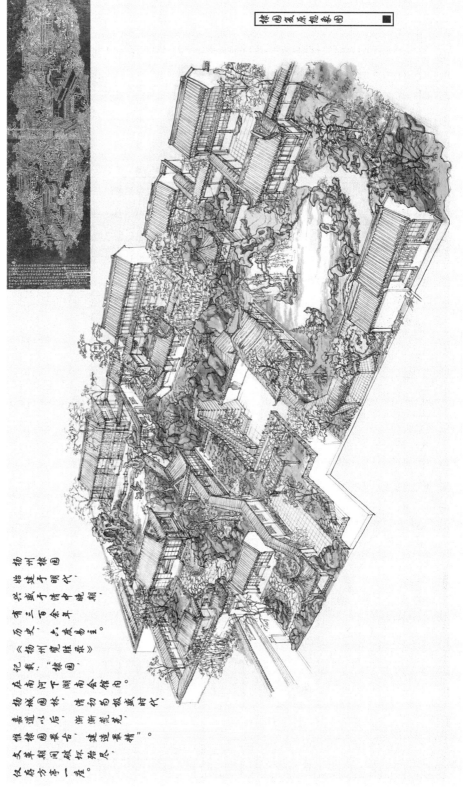

扬州棣园 始建于明代，兴盛于清中晚期，有三百余年历史，屡易其主。

据载《扬州览胜录》：在城南河下湖南会馆内。扬城园林，清初多极盛。

嘉道以后，渐渐荒芜。惟棣园最后，建造最精。

文宗时间城怀桔尽，仅存方寸一垄。

棣园鸟瞰

315

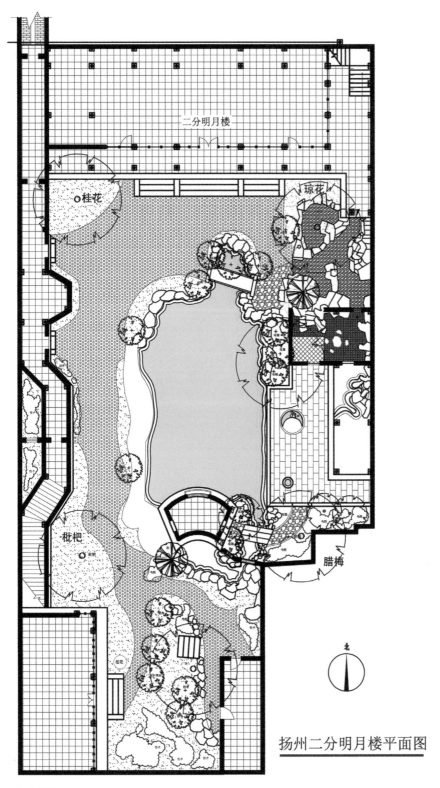

二分明月楼

桂花

琼花

枇杷

腊梅

北

扬州二分明月楼平面图

二分明月楼

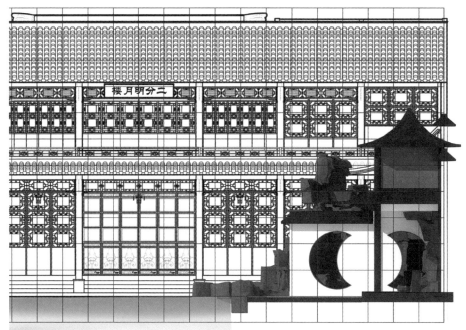

注：方格网为1m×1m

二分明月楼园林西南往东北鸟瞰

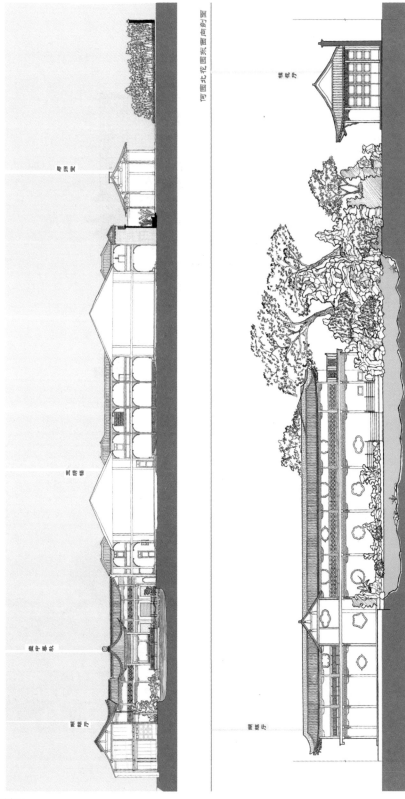

何园剖面

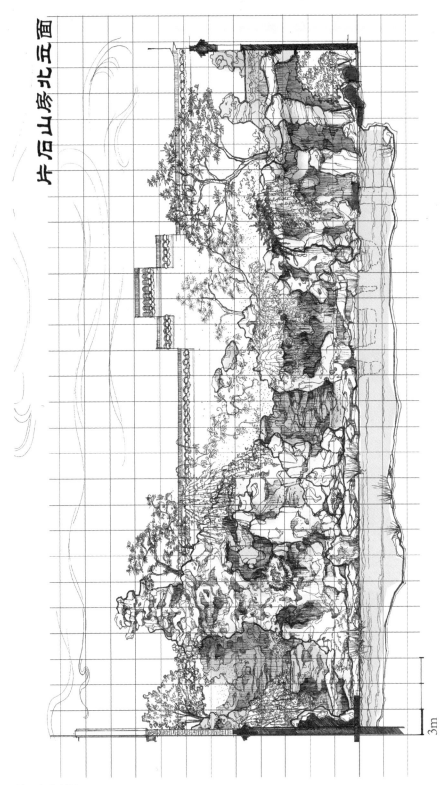

片石山房北立面

片石山房立面

3m

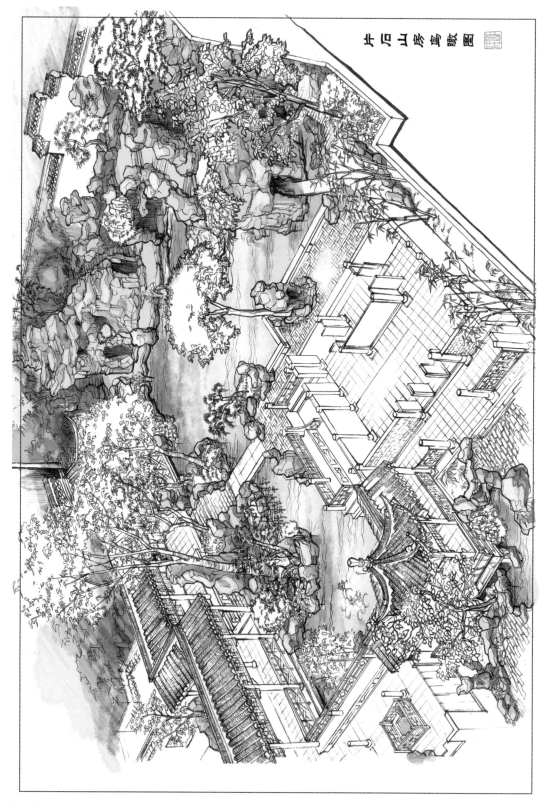

片石山房鸟瞰图

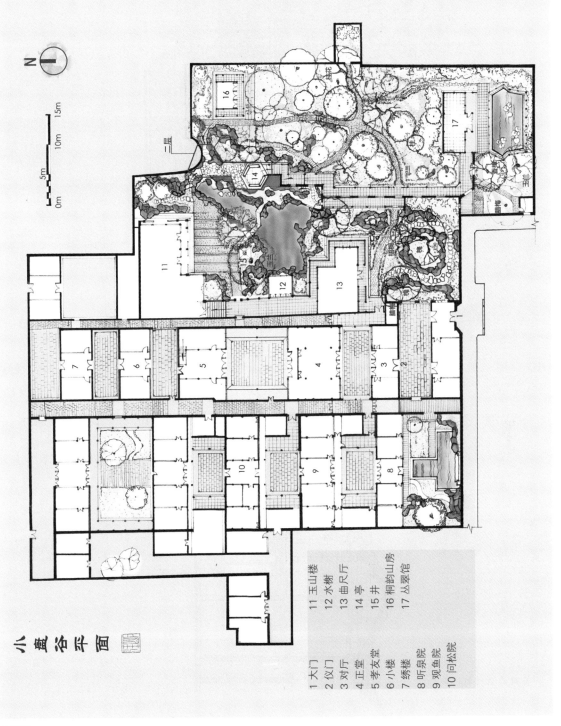

N

15m

10m

5m

0m

一层

二层

小盘谷平面

1 大门
2 仪门
3 对厅
4 正堂
5 孝友堂
6 小楼
7 绣楼
8 听泉院
9 观鱼院
10 问松院

11 玉山楼
12 水榭
13 曲尺厅
14 亭
15 井
16 桐韵山房
17 丛翠馆

小盘谷

小盘谷假山立面

小盘谷鸟瞰

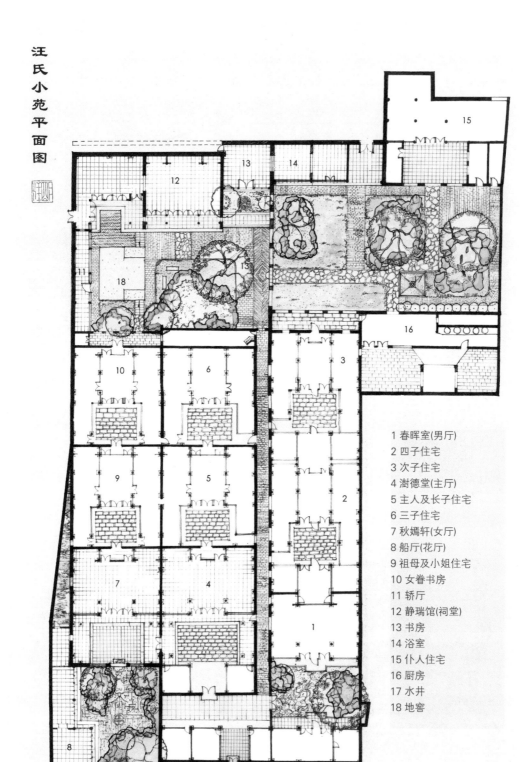

汪氏小苑平面图

1 春晖室(男厅)
2 四子住宅
3 次子住宅
4 澍德堂(主厅)
5 主人及长子住宅
6 三子住宅
7 秋嫣轩(女厅)
8 船厅(花厅)
9 祖母及小姐住宅
10 女眷书房
11 轿厅
12 静瑞馆(祠堂)
13 书房
14 浴室
15 仆人住宅
16 厨房
17 水井
18 地窖

汪氏小苑平面

逸圃别趣立面

逸圃别趣花园鸟瞰